Reinforcement Learning

Uwe Lorenz

Reinforcement Learning

Aktuelle Ansätze verstehen –
mit Beispielen in Java und Greenfoot

2. Auflage

Uwe Lorenz
Neckargemünd, Baden-Württemberg
Deutschland

ISBN 978-3-662-68310-1   ISBN 978-3-662-68311-8   (eBook)
https://doi.org/10.1007/978-3-662-68311-8

Die Deutsche Nationalbibliothek verzeichnet diese Publikation in der Deutschen Nationalbibliografie; detail-
lierte bibliografische Daten sind im Internet über http://dnb.d-nb.de abrufbar.

Planung/Lektorat: David Imgrund
Springer Vieweg ist ein Imprint der eingetragenen Gesellschaft Springer-Verlag GmbH, DE und ist ein Teil von
Springer Nature.
Die Anschrift der Gesellschaft ist: Heidelberger Platz 3, 14197 Berlin, Germany

Das Papier dieses Produkts ist recycelbar.

Vorwort

Man muss die Dinge so einfach wie möglich machen. Aber nicht einfacher.

(A. Einstein)

Ziel des Buches ist es, nicht nur eine lose Auflistung gängiger Ansätze des „Verstärkenden Lernens", engl. „Reinforcement Learning" (RL) zu liefern, sondern auch einen inhaltlich zusammenhängenden Überblick über dieses faszinierende Gebiet der Künstlichen Intelligenz zu geben. Gleichzeitig sollen die Konzepte einem möglichst großen Leserkreis aufgeschlossen und z. B. auch Impulse für den Schulunterricht ermöglicht werden.

Wie kann dieser Spagat gelingen? Notwendig hierfür ist es, einen möglichst umfassenden Grundriss zu zeichnen, der zwar die wesentlichen Ideen beinhaltet, dabei aber von handwerklichen Details, die nur in spezifischen Anwendungskontexten relevant sind, absieht. Eine vereinfachte Darstellung ist nicht falsch, wenn sie innere Konsistenz und Zweckmäßigkeit aufweist. Im Sinne der „Spirale des Begreifens" kann ein solcher Grundriss als Ausgangspunkt für tiefere und detailliertere Einsichten, weitere Untersuchungen und auch diverse praktische Anwendungen – auch mit Hochleistungswerkzeugen – dienen. Um dieses Buch zu verstehen, sollten die Mittel der höheren Schulmathematik ausreichen. Zudem benötigen Sie einige grundlegende Kenntnisse in der Programmiersprache Java.

Das Forschungsgebiet „Künstliche Intelligenz" war Anfang der 2000er Jahre, in der Zeit meines Studiums in Berlin, in einem fundamentalen Umbruch. Der Ansatz der „good old fashioned artificial intelligence" (GOFAI), der davon ausgeht, dass Kognition durch Suche in wissensbasierten Modellen der Außenwelt entsteht, war in einer Krise, es war noch die Zeit des sogenannten „KI-Winters". Gleichzeitig sorgte die Entwicklung der allgemein zugänglichen Rechenleistung bereits dafür, dass mit künstlichen neuronalen Netzen immer erstaunlichere Resultate produziert wurden. Es gab eine Debatte zwischen „Konnektionismus" vs. „Symbolischer K.I.", also die Frage nach der prinzipiellen Leistungsfähigkeit von verteilten, subsymbolischen Repräsentationen einerseits und formalisiertem Spezialwissen, aus dem logisch geschlossen wird, andererseits.

Der fundamentale Unterschied zwischen den Ansätzen besteht nicht nur in der Art der Repräsentation von Wissen. Es geht vielmehr um einen Unterschied in der Stellung der Basiskonzepte „Modell" (Abbildung, Darstellung für einen bestimmten Zweck) und „Verhalten". Welches der beiden Prinzipien sollte eine dominante Position einnehmen? Die Bedeutung des verhaltensbasierten Ansatzes für das Thema KI wurde mir bei dem Versuch klar, einen objektiven Begriff von „Ähnlichkeit" zu bilden, im Zusammenhang mit Forschungen an der Mustererkennung mit sogenannten „tiefen neuronalen Netzen" Anfang der 2000er Jahre. Diese Bemühungen führten zu einer grundlegenden Einsicht: „Ähnlichkeit" und somit auch „Klassifikation" allgemein sind eigentlich nichts Anderes als evolutionär gewachsene Mittel, um die für das Leben notwendigen Unterscheidungen treffen zu können. So etwas wie eine „zweckfreie Beschreibung" ist im Prinzip unmöglich. Dies führte mich zu der Idee, dass es bei den Bemühungen im Feld der Künstlichen Intelligenz nicht zuerst darum gehen kann, logisch „denkende", sondern sich zweckmäßig verhaltende Maschinen zu konstruieren. Die weiteren Entwicklungen bestätigten diese Überlegungen.

Bei verhaltensbasierten Systemen wird Handlungskompetenz aus der Differenz von Vorhersage und Beobachtung generiert. Bei „Trial and Error" können sehr viele Beobachtungen entstehen, deren Bedeutung sich erst zu einem späten Zeitpunkt mehr oder weniger zufällig herausstellt. Eine zentrale technische Herausforderung beim Reinforcement Learning ist es, „Beobachtungen" die hierbei entstehen, für die Optimierung der Agentensteuerung nutzbar zu machen. In den letzten Jahren wurden auf diesem Gebiet große Fortschritte gemacht und das gesamte Gebiet entwickelt sich weiterhin außerordentlich dynamisch.

Meiner Schwester Ulrike alias „HiroNoUnmei" (https://www.patreon.com/hironounmei; 27.12.2022) möchte ich noch ganz herzlich eigens manuell gefertigten lustigen Hamster-Illustrationen an den jeweiligen Kapitelanfängen danken. Über originelle Aufträge freut sie sich immer sehr.

Zu den Begleitmaterialien (Java-Programme, Erklärvideos usw.) gelangen Sie über die Produktseite des Buchs (https://github.com/sn-code-inside/Reinforcement-Learning) und über die Facebook-Seite (https://www.facebook.com/ReinforcementLearningJava; 27.12.2022). Posten Sie gerne inhaltliche Beiträge zum Thema oder interessante Ergebnisse. Dort finden Sie ggf. auch eine Möglichkeit Verständnisfragen zu stellen oder offen gebliebene Punkte anzusprechen.

Neckargemünd   Uwe Lorenz
Juni 2023

Einleitung

*Verständnis wächst mit aktiver Auseinandersetzung: Etwas zu
,machen', zu beherrschen, bedeutet zugleich besseres Verstehen.
Angewandt auf die Erforschung geistiger Prozesse führt das auf die
Nachbildung intelligenten Verhaltens mit Maschinen.*

(H.-D. Burkhardt[1])

Zusammenfassung

In diesem einleitenden Abschnitt wird dargestellt, worum es in diesem Buch geht und
an wen es sich richtet: Das Thema „Reinforcement Learning" als ein spannendes Teil-
gebiet der Künstlichen Intelligenz bzw. des Maschinellen Lernens soll in einer Form
dargestellt werden, die es Einsteigern ermöglicht, die wichtigsten Ansätze und einige
der zentralen Algorithmen schnell zu verstehen und auch selbst damit zu experimentieren. Über einige „philosophische" Fragestellungen oder Kritiken am Forschungsgebiet der KI wird kurz reflektiert.

Dieses Buch ist vielleicht nicht ganz ungefährlich, denn es geht in ihm um lernfähige
künstliche Agenten. Auf dem Digital-Festival „South by Southwest" im US-Bundesstaat
Texas sagte Elon Musk im Jahr 2018 „Künstliche Intelligenz ist sehr viel gefährlicher
als Atomwaffen". Vielleicht ist dies etwas dick aufgetragen, allerdings ist es sicherlich
von Vorteil, wenn möglichst viele Menschen verstehen und beurteilen können, wie diese
Technik funktioniert. Das ermöglicht nicht nur zu beurteilen, was die Technik leisten
kann und sollte, sondern auch, ihren weiteren Entwicklungsweg mitzugestalten. Der Versuch einer Einhegung von verwertbarem Wissen wäre in der Welt von heute sicherlich
auch ein vergebliches Unterfangen. Künstliche Intelligenz und disruptive Anwendungen wie „ChatGPT" sind derzeit in aller Munde. Das „Verstärkende Lernen" hat hierbei

---

[1] Prof. Dr. Hans-Dieter Burkhard war einer meiner ehemaligen Hochschullehrer an der Hum-
boldt-Universität Berlin, – 2004, 2005 und 2008 Weltmeister in der Four-Legged Robots League
beim RoboCup mit dem „German Team".

sogar eine gewisse Rolle gespielt, um das Verhalten des Chatbots an menschliche Erwartungen anzupassen. Der Ansatz des Reinforcement Learning ist jedoch nicht aus dem Versuch entstanden, Texte zu verarbeiten. Vielmehr geht es in diesem Ansatz um autonom agierende Maschinen, die ähnlich wie biologische Lebewesen in einer bestimmten Umgebung mit Problemen konfrontiert werden und durch aktive Prozesse ihr Verhalten verbessern.

Beim RL handelt es sich um einen der faszinierendsten Bereiche des Maschinellen Lernens, welcher im deutschsprachigen Raum oft noch wenig behandelt wird, obwohl immer wieder spektakuläre Erfolgsmeldungen aus diesem Gebiet der Künstlichen Intelligenz nicht nur das Fachpublikum, sondern auch die breite mediale Öffentlichkeit erreichen. Einige Beispiele: Eine in der Geschichte der Künstlichen Intelligenz mit am längsten untersuchten Domäne ist die des Schachspiels. Es gelang schon vor geraumer Zeit, Programme zu schreiben, die menschliche Champions schlagen konnten, diese nutzten allerdings ausgefeilte, spezialisierte Suchtechniken und handgefertigte Auswertungsfunktionen sowie enorme Datenbanken mit archivierten Spielzügen. Programme seit „Alpha Zero" von „Google DeepMind" dagegen können innerhalb weniger Stunden allein durch Lernen aus Spielen gegen sich selbst übermenschliche Leistungen erreichen (Silver et al. 2017). Es übertrifft schließlich auch die bislang besten Programme, welche die zuvor erwähnten Methoden nutzten, deutlich. Spektakulär hierbei ist auch, dass das System nicht nur auf ein einzelnes Spiel wie Schach festgelegt ist, sondern in der Lage ist, alle möglichen Brettspiele selbsttätig zu erlernen. Darunter zählt auch das wohl in vielfacher Hinsicht komplexeste Brettspiel „Go", welches in Asien schon seit tausenden von Jahren gespielt wird und eigentlich eine Art „intuitive" Interpretation der Situation des Spielbretts erfordert. Alpha Zero kann sich an vielfältige hochkomplexe Strategiespiele überaus erfolgreich anpassen und benötigt dafür kein weiteres menschliches Wissen, – es reichen hierfür allein die Spielregeln. Das System wird damit zu einer Art universellem Brettspiel-Lösungssystem.

Wie kann diese Maschine solche Erfolge erzielen, ohne auf das in Jahrtausenden gesammelte menschliche Wissen über Spiele zurückzugreifen? Bis vor kurzem bestand noch große Übereinstimmung darin, dass ein „intuitives" Spiel mit einer derartig großen Zahl von Zuständen wie „Go" in absehbarer Zeit nicht von seriellen Computern zu bewältigen ist. Ähnlich spektakulär sind Durchbrüche beim erfolgreichen Agieren in dynamischen Umgebungen, z. B. von „Deep Q Networks" beim autonomen Erlernen beliebiger Atari-Arcade-Spiele (Kavukcuoglu et al. 2015) oder die Ergebnisse im Bereich der Robotik, wo Systeme durch selbständiges Ausprobieren lernen, komplexe Bewegungen wie Greifen, Laufen, Springen etc. erfolgreich auszuführen und Aufgaben in vorbereiteten Arenen zu meistern, wie sie z. B. in den zahlreichen Robotik-Wettbewerben gestellt werden, die es mittlerweile für alle möglichen Anforderungsniveaus und Altersgruppen gibt. Eine große Rolle spielen hierbei sogenannte „tiefe künstliche neuronale Netze" mit besonderen Fähigkeiten bei der Generalisierung.

In letzter Zeit wurden aufwendige Machine Learning Frameworks von einschlägigen Playern teilweise kostenlos zur Verfügung gestellt. Warum schenken Unternehmen wie Google, OpenAI, Amazon usw. solche aufwendigen Produkte der Allgemeinheit? Es ist anzunehmen, dass es auch darum geht, Standards zu definieren und somit auch Abhängigkeiten zu schaffen. Philanthropische Großzügigkeit ist bei Kapitalgesellschaften sicherlich nicht als primärer Beweggrund anzunehmen. Das Buch möchte auch Mut machen, das „Räderwerk", das sich hinter den Frameworks verbirgt, genauer anzuschauen und von Grund auf zu verstehen, und zeigen, dass dies möglich ist, auch wenn man nicht bspw. mit der Programmiersprache Python sozialisiert worden ist.

Konkrete Umsetzungen des Reinforcement Learning erscheinen oft recht kompliziert. Die „Lernvorgänge" hängen von vielen Parametern und praktischen Gegebenheiten ab. Sie benötigen viel Rechenzeit und gleichzeitig ist der Erfolg oft ungewiss. Die Ideen der Algorithmen, die hinter den lernfähigen Agenten stecken, sind jedoch meist sehr anschaulich und leicht verständlich, zudem werden wir in den Experimenten Live-Visualisierungen einsetzen, mit denen der Lernfortschritt und der aktuell erreichte Lernstand des Agenten beobachtet werden kann. Das Thema „Verstärkendes Lernen" soll hier in einer Form präsentiert werden, welche auch Einsteigern zügig die wichtigsten Ansätze und zentrale Algorithmen vermittelt sowie eigene interessante Experimente ermöglicht.

Dabei kommen Werkzeuge, wie sie bspw. in Einsteigerkursen oder im Programmierunterricht verwendet werden, zur Anwendung. Sie werden im Buch auch Anregungen für Unterricht und Lehre finden. Es soll in erster Linie nicht um die Bedienung einer Hochleistungsblackbox gehen, sondern um das Verstehen, Begreifen, Beurteilen und vielleicht auch das innovative Weiterentwickeln der Algorithmen in eigenen Versuchen. Ein Auto zu fahren ist das eine, zu verstehen, wie der Motor eines Autos funktioniert ist eine andere Sache. Obwohl beides eng verknüpft ist: Zum einen erfordert das Fahren gewisse Kenntnisse in der Funktionsweise eines Autos und umgekehrt bestimmt der Konstrukteur eines Autos auch, wie das Fahrzeug gefahren wird. Im übertragenen Sinne werden wir jeweils nach einigen theoretischen Vorüberlegungen einige „Motoren" und „Seifenkisten" selbst bauen und ausprobieren, um zu begreifen, wie die Technik funktioniert. Darüber hinaus wird aber auch das Fahren mit marktreifen Produkten erleichtert. Es ist ja auch bei weitem nicht so, dass die Nutzung von fertigen Bibliotheken zum Reinforcement Learning auf Anhieb problemlos funktioniert.

„Schachbrettwelten", sogenannte Gridworlds, wie Abb. 1, spielen in Einführungskursen in die Programmierung eine große Rolle. Hierbei handelt es sich jedoch nicht um Brettspiele, sondern um zweidimensionale Raster, in denen sich diverse Objekte, also „Schätze", „Fallen", „Mauern" und ähnliches, sowie bewegliche Figuren befinden.

Weiterhin ist in der Lehre robotische Hardware, die in der Regel mit einem Differentialantrieb und einigen einfachen Sensoren, wie z. B. Berührungs- oder Farbsensoren, ausgestattet ist, weit verbreitet, bspw. mit Bausätzen des Spielzeugherstellers LEGO, wie in Abb. 2. zu sehen, Fischertechnik oder OpenSource-Projekten wie „Makeblock".

Mit solchen Hilfsmitteln werden algorithmische Grundstrukturen, wie Sequenzen, bedingte Anweisungen oder Wiederholungsschleifen, gelehrt. Allerdings ist die Funktionsweise der elementaren algorithmischen Strukturen damit recht schnell erkannt. Die lustigen Figuren in den Schachbrettwelten, wie der Kara-Käfer oder der Java-Hamster oder auch die Roboter-Kreationen, wecken die Motivation, „wirklich" intelligentes Verhalten

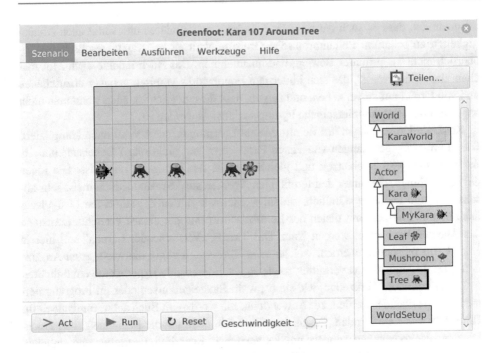

Abb. 1 Gridworld „Kara"

Abb. 2 Roboter mit Differentialantrieb

zu programmieren, allerdings bleibt auf der Ebene der algorithmischen Grundstrukturen das Verhalten solcher „Roboter" i.d.R. sehr mechanisch und kaum flexibel – intelligentes Verhalten sieht anders aus.

Interessanterweise ist die akademische Standardliteratur zum Reinforcement Learning ebenfalls voll mit solchen „Gridworlds" und einfachen Robotern. Denn diese bieten klare

Vorteile: Zum einen sind sie komplex genug für interessante Experimente und sehr anschaulich, zum anderen sind sie aber wegen ihrer Einfachheit gut durchschaubar und erlauben eine mathematische Durchdringung. In diesem einführenden Lehr- und Experimentierbuch werden uns diese einfachen „Welten" zunächst einen anschaulichen Zugang zu den Algorithmen der lernfähigen Agenten ermöglichen – in späteren Kapiteln werden wir uns dann auch mit komplexeren, kontinuierlichen und dynamischen Szenarien beschäftigen.

Das Buch richtet sich an Lernende oder Interessierte, die sich mit diesem Gebiet der Künstlichen Intelligenz beschäftigen möchten (oder müssen). Darüber hinaus ist es auch für Lehrpersonen oder Techniker gedacht, die sich weiterbilden und anschauliche Übungen mit ihren Schülerinnen und Schülern oder Studierenden bzw. eigene Experimente durchführen möchten.

Dieses Buch hat die Besonderheit, dass die Algorithmen nicht in der Programmiersprache Python, sondern in der bei Softwareentwicklern und auch in der Lehre vorallem im Zusammenhang mit objektorientiertem Programmieren verbreiteten Sprache Java vorgestellt werden. Bei den meisten, die in der Künstlichen-Intelligenz-Szene der Anfang 2000er Jahre sozialisiert wurden, stellt Java oft auch noch so eine Art „Muttersprache" dar. In letzter Zeit sind auch große Player wie Amazon oder Linkedin mit interessanten, kostenfreien Tools für die Java-Community auf den Markt gekommen.

Die Schlagwörter „Künstliche Intelligenz" und „Maschinelles Lernen" sind derzeit in aller Munde. Wie verhalten sich diese Begriffe zueinander? „Künstliche Intelligenz" ist der wesentlich umfassendere Begriff. Hierunter werden z. B. auch regelbasierte Systeme der GOFAI („Good Old-Fashioned Artificial Intelligence") gefasst, die nicht nur (altmodische) Schachprogramme, sondern zudem auch bestimmte Sprachassistenten, regelbasierte Chatbots und Ähnliches hervorgebracht haben. In solchen old-fashioned „Expertensystemen" ist „Wissen" symbolisch repräsentiert und wird mit Produktionsregeln, ähnlich von Wenn-Dann-Anweisungen, miteinander verbunden. Lernen wird hierbei vor allem als eine Aufnahme und Verarbeitung von symbolischem „Wissen" verstanden.

Beim „Maschinellen Lernen" werden Softwarefunktionen durch eine iterative, datengetriebene Optimierung („Trainingsprozess") erzeugt, häufig wird dies aktuell mit dem überwachten Training von Mustererkennern insbesondere mit künstlichen neuronalen Netzen assoziiert. Diese Technologien besitzen eine große praktische Bedeutung und werden insbesondere von US-Unternehmen schon seit Jahrzehnten mit gewaltigem wirtschaftlichem Erfolg angewendet.

„Reinforcement Learning" wird auch dem Bereich des Maschinellen Lernens zugeordnet, hat aber eine eigene Perspektive auf lernende Systeme, bei der z. B. die Einbettung des Lernsystems in seine Umwelt mitberücksichtigt wird. Beim Reinforcement Learning geht es im Kern darum, aktiv lernende, d. h. autonom agierende Agenten zu bauen, die sich in ihrer Umgebung zunehmend erfolgreich verhalten, wobei sie sich durch Versuch und Irrtum verbessern. Hierfür sind regelbasierte oder auch konnektionistische Implementationen denkbar. Die Herausforderung besteht darin, während des selbsttätigen Erkundungsprozesses innere Strukturen aufzubauen, die das Agentenverhalten immer zweckmäßiger steuern. Dazu werden Erkenntnisse aus verschiedenen

Bereichen der Künstlichen Intelligenz, aber auch interdisziplinäres Wissen miteinander kombiniert.

Dieser interdisziplinäre Charakter des Ansatzes ist nicht verwunderlich, wenn man bedenkt, dass das Szenario des Reinforcement Learning – erfolgreiches Handeln innerhalb eines Umweltsystems – sehr stark den biologischen Wurzeln der Kognition entspricht, wo alle kognitiven Fähigkeiten entsprechend den natürlichen Anforderungen kombiniert angewendet werden. Der biologische Ursprung des kognitiven Apparates spielt im RL-Ansatz eine vergleichsweise große Rolle. Begriffe wie „Situiertheit" („situated AI approach") und im weiteren Sinne auch „Embodiment", also die Beschaffenheit des „Körpers" und der sensorischen und motorischen Fähigkeiten, kommen ins Spiel. Teilweise wird versucht, auch in Abgrenzung dazu, die Funktionsweise biologischer kognitiver Systeme besser zu verstehen oder die Dynamik lebender Systeme künstlich nachzubilden und zu simulieren, bis hin zu Experimenten mit „künstlichem Leben".

„Künstliche Intelligenz"-Forschung ist kein junges Gebiet. Sie begann mindestens schon im mechanischen Zeitalter, also lange vor Turings Zeiten, z. B. mit den mechanischen Rechenmaschinen von Leibniz oder Pascal, auf dem Pfad der erwähnten „aktiven Auseinandersetzung" mit geistigen Prozessen und der entsprechenden maschinellen Nachbildungsversuche. Hier wurden manche kuriose Konstruktionen hervorgebracht, vgl. Abb. 3, so manche Irrwege beschritten, aber auch zahlreiche wichtige Erkenntnisse gesammelt, nicht nur in technischer, sondern auch in „philosophischer" Hinsicht.

Das Thema künstliche Intelligenz weckt auch Ängste, nicht nur wegen der Gefahren, die die neue Technologie mit sich bringt. Manche haben auch grundsätzliche Kritik, wie z. B. Julian Nida-Rümelin, der mit dem Aufkommen eines „Maschinenmenschen" das Ende des aufgeklärten Humanismus kommen sieht. Oder Weizenbaums klassische

Abb. 3 Die mechanische Ente von Vaucanson (1738) konnte mit den Flügeln flattern, schnattern und Wasser trinken. Sie hatte sogar einen künstlichen Verdauungsapparat: Körner, die von ihr aufgepickt wurden, „verdaute" sie in einer chemischen Reaktion in einem künstlichen Darm und schied sie daraufhin in naturgetreuer Konsistenz aus. (Quelle: Wikipedia)

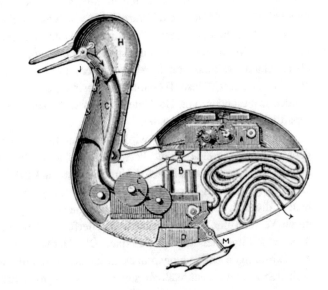

Kritik „Die Macht der Computer und die Ohnmacht der Vernunft", wo er den simplen Intelligenzbegriff der KI-Forscher kritisiert und die Idee von „Künstlicher Intelligenz" als „perverse, grandiose Phantasie" bezeichnet. Auch finden wir auf der anderen Seite „KI-Propheten" die manches magere Ergebnis überhöhen, mystifizieren, um ihre Zunft zu beweihräuchern. Das Buch möchte dazu beitragen, verschiedene Aspekte dieser Technologie besser zu verstehen, die Grenzen, aber auch die gewaltigen Potenziale, realistischer einzuschätzen und mystifizierende Aussagen, aber auch kritische Anmerkungen besser zu beurteilen. Auf den letzten Seiten des Buches sollen noch einmal grundsätzliche Fragen, Leitideen im Wandel der Zeit und Perspektiven aufgegriffen werden. Dabei zeigt sich, dass grundsätzliche Kritik die Entwicklung der KI nicht aufhalten konnte, sondern bislang im Gegenteil oft zu interessanten Fragestellungen und wichtigen Weiterentwicklungen geführt hat.

Inhaltsverzeichnis

Verstärkendes Lernen als Teilgebiet des Maschinellen Lernens

U. Lorenz, *Reinforcement Learning,* https://doi.org/10.1007/978-3-662-68311-8_1

„In der Evolution gilt das klug sein nichts, wenn es nicht zu klugem Handeln führt." (Tomasello 2014) (Michael Tomasello)

Zusammenfassung

In diesem Kapitel geht es um einen agenten- oder verhaltensorientierten Begriff des Maschinellen Lernens und eine allgemeine Einordnung des Reinforcement Learnings in das Gebiet. Es wird ein grober Überblick über die verschiedenen Prinzipien des Maschinellen Lernens gegeben und erklärt, wodurch sie sich vom Ansatz her unterscheiden. Im Anschluss wird auf Besonderheiten der Implementierung von Reinforcement Learning Algorithmen mit der Programmiersprache Java eingegangen.

1.1   Maschinelles Lernen als automatische Verarbeitung von Feedback aus der Umwelt

Die beeindruckenden Fähigkeiten künstlicher neuronaler Netze haben viel Medieninteresse in der letzten Zeit erregt. Sogenannte „tiefe" künstliche neuronale Netze können bspw. erlernen Bilder zu klassifizieren. Die Aufgabe Katzen- von Hundebildern automatisch zu unterscheiden klingt zwar trivial, stellte allerdings über Jahrzehnte eine schier unlösbare Aufgabe dar. Mit der technischen Lösung dieser Art von Mustererkennungsproblemen wurden viele neuartige Anwendungsmöglichkeiten für Computersysteme geschaffen, beispielsweise in der medizinischen Diagnostik, der Industrieproduktion, der wissenschaftlichen Auswertung von Daten, im Marketing, im Finanzwesen, im Bereich der Militär- bzw. Securitytechnik u.v.m. Diese Neuerungen sind gewaltig und im Star-Trek-Jargon gesprochen ist es doch höchst erstaunlich und faszinierend, dass wir in einem Zeitalter leben, in dem im großen Maßstab Dinge getan und Werke geschaffen werden, die nie zuvor in der nun doch schon einige zehntausend Jahre zählenden Geschichte der Menschheit getan worden sind.

Mustererkennung ist allerdings nur ein Anwendungsgebiet des Maschinellen Lernens. Technisch gesehen handelt es sich um das Gebiet des sogenannten „überwachten Lernens", speziell um den Teil davon, der mit verteilten inneren Repräsentationen arbeitet. Obwohl später nochmal auf das Trainieren von künstlichen neuronalen Netzen eingegangen wird, so soll es in diesem Buch jedoch im Wesentlichen nicht um Mustererkennung gehen.

Der Turing-Award-Preisträger von 2011, Judea Pearl, wird in der Novemberausgabe 2018 von „Spektrum der Wissenschaft" mit dem Satz zitiert: „Jede beeindruckende Errungenschaft des ‚deep learning' läuft darauf hinaus, eine Kurve an Daten anzupassen. Aus mathematischer Sicht ist es egal, wie geschickt man das tut – es bleibt eine Kurvenanpassung, wenn auch komplex und keinesfalls trivial."

Funktionsanpassungen an eine Datenmenge stellen in diesem Sinne nur einen Teilaspekt von Systemverhalten dar, welches wir gemeinhin „intelligent" nennen würden. Mithilfe einer an eine gegebene Inputdatenmenge gut angepassten Kurve können wir zwar Funktionswerte wie z. B. „Katze" oder „Hund" für vorher nie gesehene hoch-dimensional vorliegende Funktionsargumente interpolieren, die Fähigkeiten „intelligenter" Systeme gehen darüber allerdings deutlich hinaus. Insbesondere wenn wir von lernfähiger, künstlicher Intelligenz sprechen wollen, so möchten wir z. B. darunter auch Aktivitäten fassen, wie die sinnvolle Steuerung eines Staubsaugers, das Öffnen einer Tür durch einen Roboterarm oder kompetente Handlungsempfehlungen, z. B. an der Wertpapierbörse oder auch spannend agierende Gegner bei Brettspielen wie Schach und Go bzw. im Gamingbereich allgemein.

Hierbei muss KI-Software nicht nur vielfältige, teilweise voneinander abhängige Zustände bewerten, sondern muss auch weitblickend agieren. Das Verhalten eines Muster-Klassifikators beschränkt sich eigentlich nur auf die Einordnung von Eingabevektoren in bestimmte Kategorien.

Das Training eines solchen Klassifikationssystems erfolgt durch eine unmittelbare Rückmeldung durch einen wissenden Lehrer, „ja – richtig." oder „nein – falsch. Bitte verbessern.". Für Anwendungsszenarien wie die oben genannten reicht das nicht aus. Hier erhalten wir die meiste Zeit überhaupt keine Rückmeldung darüber, ob wir uns auf einem zielführenden Pfad befinden oder ob wir uns in einer Situation besser anders verhalten hätten. Wir finden am Ende einer Episode mitunter nicht einmal eine wissende Rückmeldung darüber, was die richtige Aktion gewesen wäre, sondern wir kassieren nur mehr oder weniger große „Belohnungen" oder „Strafen", ja schlimmer noch, das Ende einer „Episode" ist teilweise nicht einmal klar feststellbar, wie z. B. beim Erlernen des Laufens oder beim Verfassen eines Buchs über Reinforcement Learning. Wie lässt sich „intelligentes" Systemverhalten in diesem allgemeineren Sinne automatisch erzeugen bzw. optimieren?

1.2 Verfahren des maschinellen Lernens

Zunächst müssen wir uns einen Begriff von „Intelligenz" dahingehend bereitlegen, dass wir unter „Intelligenz" im Wesentlichen „intelligentes Verhalten" verstehen wollen und entsprechend „Lernen" als eine Optimierung dieses Verhaltens. Allgemein kann man sagen, dass die Algorithmen des Maschinellen Lernens artifizielles Systemverhalten mithilfe von Rückmeldungen aus der Umwelt iterativ optimieren. Die künstlichen Lernverfahren versuchen dabei die Ausgaben zu verbessern, die bestimmten Systemeingaben zugeordnet werden. Hierfür werden durch die Lernverfahren auf unterschiedliche Weise innere Repräsentationen gebildet, die das Systemverhalten mit Blick auf die zu erfüllenden Aufgaben zunehmend gut steuern sollen.

Für die Einschätzung der Möglichkeiten und Grenzen der diversen Lernverfahren ist es sinnvoll, diese zunächst entlang der Art des Feedbacks einzuteilen, welches sie aus der Umwelt erhalten. Hierbei lassen sich allgemein drei Arten des maschinellen Lernens unterscheiden. Sie unterscheiden sich im Wesentlichen darin, auf welche Weise die „Kritik" präsentiert wird, durch die sich das Verhalten des künstlichen Systems verbessern soll: In der ersten Variante korrigiert ein „wissender" Lehrer die Systemausgaben durch Präsentation der korrekten Ausgabe, in der zweiten erfolgt eine Bewertung von Ausgaben nur in Form von „Belohnung" und „Strafe" und in der dritten findet das System in den Eingabedaten autonom Einteilungen und Strukturen, die die Eingabedaten möglichst vorteilhaft abbildet.

Überwachtes Lernen („Supervised Learning")

Der Datenstrom (x_1, y_1), (x_2, y_2), ..., (x_n, y_n) besteht aus Paaren von Eingaben x mit dazugehörigen Sollwerten y für die Ausgabe. Im Lernvorgang, dem „Training", produziert das System eine vorläufige fehlerbehaftete Ausgabe. Durch eine Anpassung der inneren Repräsentanz mithilfe des Sollwertes wird der künftige Output in Richtung der Vorgabe verschoben und der Fehler für weitere Ausgaben reduziert. I. d. R. wird das System mit einer Teilmenge der verfügbaren Daten trainiert und mit dem verbliebenen Rest geprüft.

Wichtige Verfahren sind die in letzter Zeit durch die Entwicklungen in der Hardware besonders hervorgetretenen künstlichen neuronale Netze mit Delta-Regel, bzw. Backpropagation bis hin zu „tiefen" Netzen mit zahlreichen Layern, Faltungsschichten und anderen Optimierungen, aber auch k-Nächste Nachbarn Klassifikation (k-NN), Entscheidungsbäume, Support- Vector-Maschinen oder Bayes-Klassifizierung.

Unüberwachtes Lernen (engl. „Unsupervised Learning")

Beim unüberwachten Lernen steht nur der Eingabedatenstrom $(x_1, x_2, ..., x_n)$ zur Verfügung. Aufgabe ist es hier, passende Repräsentationen zu finden, die z. B. die Erkennung von Charakteristika in Datenmengen, Wiedererkennung von Ausnahmen oder die Erstellung von Prognosen ermöglichen. Eine vorherige Einteilung der Daten in unterschiedliche Klassen ist nicht notwendig. Allerdings spielt die Vorauswahl der relevanten Merkmale, sowie die entsprechende „Generalisierungsfunktion" eine große Rolle. „Unüberwachte Methoden" können z. B. dafür verwendet werden, automatisch Klasseneinteilungen zu produzieren, – Stichwort Auswertung von Big Data. Es geht hierbei also nicht um die Zuordnung von Mustern in vorhandene Kategorien, sondern um das Auffinden von Clustern in einer Datenmenge. Wichtige Verfahren in diesem Zusammenhang sind: Clustering, k-Means Analyse, Wettbewerbslernen sowie statistische Methoden wie die Dimensionalitätsreduktion, z. B. durch Hauptachsentransformation (PCA) oder Einbettungen, wie das „Word-Embedding".

Verstärkendes Lernen („Reinforcement Learning")

Diese Lernmethode bezieht sich auf situierte Agenten, die auf bestimmte Aktionen a_1, a_2, ..., a_n hin eine Belohnung („Reward") $r_1, r_2, ..., r_n$ erhalten. Damit haben wir hier Eingaben, Ausgaben und eine externe Bewertung der Ausgabe. Zukünftige Aktionen sollen dahingehend verbessert werden, dass die Belohnung maximiert wird. Das Ziel ist die automatische Entwicklung einer möglichst optimalen Steuerung („Policy"). Beispiele hierfür sind die Methoden des Lernens mit temporaler Differenz wie z. B. Q-Learning

Abb. 1.1 Die verschiedenen Paradigmen des Maschinellen Lernens Bild: Stefan Seegerer, Tilman Michaeli, Sven Jatzlau (Lizenz: CC-BY)

oder der SARSA-Algorithmus, aber auch Policy-Gradienten Methoden wie „actor-critic"-Verfahren oder modellbasierte Methoden (Abb. 1.1).

Beim „Überwachten Lernen" wird die innere Repräsentation entsprechend einem vorgegebenen Sollwert angepasst, wogegen beim „Unüberwachten Lernen" dieser „Lehrer"
nicht zur Verfügung steht. Hier müssen die Repräsentationen allein aus den vorhandenen
Eingaben herausgebildet werden. Dabei geht es darum, Regelmäßigkeiten in den Eingabedaten herauszufinden, z. B. für eine nachträgliche Weiterverarbeitung. Während also
beim „Unüberwachten" Lernen Zusammenhänge durch den Algorithmus herausgefunden
werden müssen, – als Hilfsmittel dienen ihm hierbei innere Bewertungsfunktionen oder
Ähnlichkeitsmaße –, wird beim Überwachten Lernen die richtige Antwort, bspw. die
„richtige" Kategorie, extern aus der Umwelt, d. h. von einem Lehrer, zur Verfügung gestellt. Bei „Überwachten" Lernmethoden sind also während der Trainingsphase richtige
Lösungen bekannt, z. B. die Unterscheidung von Bildern mit Melanom oder harmloser
Pigmentierung. „Unüberwachte" Lernmethoden können dagegen, bspw. zur Optimierung
der räumlichen Gestaltung eines Supermarktes oder dessen Preispolitik dienen, indem
z. B. erkannt wird, welche Waren oft zusammen gekauft werden.

Man könnte meinen, dass das System beim „Unüberwachten Lernen" im Gegensatz
zum „Überwachten Lernen" frei von äußerer Einflussnahme innere Repräsentationen
bilden kann. Tatsächlich muss aber zuvor auf die eine oder andere Weise entschieden
werden, an Hand welcher Merkmale und auf welche funktionale Weise das „Clustering"
stattfinden soll, denn ohne eine solche Festlegung von Relevanz hätte das System keinerlei Möglichkeiten, sinnvolle Einteilungen zu bilden.

Erfolgt die Erzeugung und Anpassung von inneren Repräsentationen beim „Unüberwachten Lernen" gemäß einer internen Fehlerfunktion, welche zwar vorher von außen
verankert wurde, aber dann ohne Unterstützung durch einen externen Lehrer auskommt,
dann spricht man auch von „kontrolliertem Lernen". Stammt mindestens ein Teil des
Fehlersignals, also des Feedbacks, aus der Umwelt des Systems, so liegt mithin eine Bewertung der Ausgabe durch eine Art externe Belohnung vor. Womit wir das Setting des
„Reinforcement Learning" erhalten. Dabei kann die Bewertung von Aktionen auch durch
Simulationen in einem Modell erfolgen, bspw. in einem Brettspiel, durch Resultate bei
simulierten Spielen. Dabei kann der Algorithmus z. B. auch frühere Versionen von sich
selbst als Gegenspieler verwenden.

Um Rückmeldungen, insbesondere aus großen oder komplexen Zustandsräumen, zu
verarbeiten, kann ein Reinforcement Learning Algorithmus auch auf überwachte Lernverfahren zurückgreifen. Ein besonders prominentes Beispiel für eine Kombination von
Reinforcement-Learning mit Deep-Learning ist hierbei das schon erwähnte AlphaGo-
Zero-System, das zunächst nichts als die Spielregeln von Go kannte. Mittlerweile spielt
die Maschine deutlich besser, als die besten menschlichen Go-Spieler weltweit. Ein
ähnliches System für das Schachspiel heißt z. B. „Leela Chess Zero". Das Spiel Go ist
deutlich komplexer als Schach und man glaubte lange, dass es auf Grund der astronomi-
schen Anzahl von Zugmöglichkeiten unmöglich sei, einem Computer das Go-Spiel auf
menschlichem Niveau beizubringen, – ein Grund dafür, dass die aktuellen Ergebnisse so

viel Aufmerksamkeit erregen. Vor allem, wenn man bedenkt, dass das System, anders als z. B. „Deep-Blue", das den damaligen Schachweltmeister Kasparow besiegte, ohne jegliches menschliche Vorwissen ausgekommen ist und sich nur durch die eigenständige Erkundung des Spielsystems, also durch Spielen gegen sich selbst, immer weiter verbessert hat. Trotzdem muss man der Ehrlichkeit halber auch zugeben, dass es sich bei so einem Spielbrett um eine Umgebung handelt, die im Vergleich zu unserer alltäglichen Umwelt sehr klar erkennbar und einfach strukturiert ist und sich zudem leicht simulieren und bewerten lässt. Bei vielen alltäglichen Anforderungen wie z. B. im betrieblichen Umfeld, sind die Bedingungen i. d. R. komplexer. Gleichwohl tritt beim bestärkenden Lernen das, was man gewöhnlich mit „Künstlicher Intelligenz" assoziiert, die selbsttätige, unabhängig vom Menschen stattfindende Entfaltung von Handlungskompetenzen durch die Maschine, besonders beeindruckend hervor. So können sich die weltbesten menschlichen Spieler in Schach oder Go verbessern, indem sie die von einer Maschine selbsttätig produzierten Strategien studieren, – eine höchst bemerkenswerte und neuartige Situation und ein klarer Fall von „Künstlicher Intelligenz".

Das „Reinforcement Learning" gehört zu den sich derzeit am dynamischsten entwickelnden Forschungsgebieten des maschinellen Lernens. Auch weisen die Ergebnisse darauf hin, wodurch „universelle Intelligenz" (AGI - „Artificial General Intelligence") erreichbar sein könnte. Beim autonomen Lernen geht es an zentraler Stelle gar nicht um die Verallgemeinerung von Beobachtungen, sondern um eine „aktive Erkundung", bzw. ein „systematisches Experimentieren" und die damit verbundene zweckmäßige Verarbeitung von „Erfolgen" und „Misserfolgen". Dies heißt allerdings auch, wie oben erwähnt, dass diese Universalität nicht zum Nulltarif, d. h. als „Himmelsgeschenk" (D.Dennett) verfügbar ist, z. B. in Form von Tontafeln mit zehn Axiomen. Die Erkundung des Agentenprogramms, d. h. die Anpassung an ein beliebiges Umweltsystem erfordert einen entsprechenden Verbrauch an Zeit, Energie und Rechenleistung. Es ist dabei natürlich auch so, dass eine einmal angelernte Maschine beliebig oft genutzt oder reproduziert werden kann. So kann z. B. heute jeder Mensch mit Internetzugang oder einem sehr leistungsfähigen Rechner gegen AlphaGo-Zero antreten. Einschränkend sehr hier noch bemerkt, dass wir „Intelligenz" im Rahmen dieses Buches nicht als soziale Kategorie behandeln können, sondern uns zunächst damit nur auf der Grundlage eines Begriffs von „individueller Intentionalität" (Tomasello 2014) beschäftigen. Das Teilen von Modellen und Zielen innerhalb von Multiagentensystemen mit Reinforcement Learning kann hier nur am Rande erwähnt werden. Beim individuellen Lernen sieht man von sozialen Formen, wie der Nachahmung eines Vorbilds oder dem Teilen von Wissen, z. B. durch sprachliche Übermittlung, ab. Es könnte den Lernprozess nochmal qualitativ verändern und künstliche Agenten theoretisch auf einer „Leiter freien Verhaltens" noch einmal deutlich nach oben bringen. Die beeindruckenden Leistungen der großen Sprachmodelle zeigen bereits, dass sich unser sprachlicher Apparat in verfügbarer digitaler Hardware abbilden lässt.

Auf der Ebene individueller Intelligenz im Kontext des agentenorientierten Ansatzes spielt autonome „Erkundung" eine wichtige Rolle. Erkundung ist eines der wichtigsten Merkmale, die das Reinforcement Lernen von anderen Arten des maschinellen Lernens unterscheidet: die Frage nach der Auskundschaftung eines Umweltsystems ist durchaus nicht trivial, denn hierbei muss der trade-off zwischen „Exploration" und „Exploitation", d. h. dem Erforschen von neuen Möglichkeiten, auf der einen Seite und einem möglichst optimalen Verhalten des Agenten andererseits berücksichtigt werden. Dabei muss der Agent, um neue bessere Aktionsmöglichkeiten zu entdecken, Aktionen ausprobieren, die er vorher nicht ausgewählt hat, wobei deren möglicher Nutzen noch ungeklärt ist. Verschiedenes „exploratives" und „exploitierendes" Verhalten, sowie dessen zweckmäßige Kombination in einem aktiven, künstlichen Agentensystem wird in dieser expliziten und systematischen Form, weder beim „Überwachten" noch beim „Unüberwachten" Lernen vgl. (Sutton und Barto 2018) behandelt.

Durch die Beschäftigung mit Reinforcement Learning kann auch eine verallgemeinerte Perspektive auf Lernprozesse gewonnen werden, so kann z. B. die vorläufige Ausgabe eines überwachten Lernsystems als direktes exploratives Verhalten eines „Actors" gedeutet werden, welches ein Lehrer dadurch belohnt oder bestraft, indem er die gewünschte Ausgabe präsentiert, wobei die „Belohnung" bzw. „Bestrafung" durch die Abweichungen von der „korrekten" Ausgabe erzeugt wird, durch welche sich die Systemsteuerung dann entsprechend anpasst.

In den Formen des individuellen Lernens bzw. individueller Anpassung lässt sich überall auf irgendeine Weise das Grundmuster: 1. Produktion einer vorläufigen „Handlung" durch den Lerner 2. Kritik durch eine Rückmeldung aus dem „Milieu" 3. zweckorientierte Anpassung des „handelnden" Systems auffinden.

Manche Forscher der „Künstlichen Intelligenz" verfolgen intensiv die Idee einer universell einsetzbaren künstlichen Intelligenz, „Artificial General Intelligence" (AGI). Aus Sicht des Verstärkenden Lernens muss für die Erzeugung von Wissen und entsprechendem intelligenten Verhaltens eine Umwelt jeweils im Kontext bestimmter Aufgabenstellungen exploriert werden. Fortschritte sind letztlich vorallem auf eine effizientere Gestaltung des Lernprozesses zurückzuführen, wobei die bessere Verwertung von „Erfahrungen" durch Mittel wie Generalisierung, Simulation, Nachahmung, usw. eine zentrale Rolle spielt. Soziale Formen, Kommunikation und Sprache können darüber hinaus ermöglichen Informationen,Erfahrungen, Wissen und Können zu teilen, wieder zu verwenden und damit überindividuell „aufzutürmen".

Tröstlich angesichts dieser Fortschritte ist vielleicht die Information, dass das menschliche Gehirn mit Blick auf die Größe des möglichen Aufgabenbereichs und des Ressourcenverbrauchs extrem optimiert, d. h. unglaublich flexibel und hoch effizient und weit von dem entfernt ist, was wir derzeit mit unseren Computern schaffen.

1.3 Reinforcement Learning mit Java

Algorithmen sind natürlich unabhängig von konkreten Implementierungen oder speziellen Programmiersprachen. Der Leser soll die vorgestellten Algorithmen und Ergebnisse auch selbst praktisch nachvollziehen können. Vielleicht fragt sich der Leser, ob Java eine geeignete Sprache ist. Im Maschinellen Lernen wird die Programmiersprache

Python oft genutzt, was auch durch einige AI Frameworks bewirkt wird, die von Playern wie z. B. „Google" oder „OpenAI" verbreitet werden und die eine gute Anbindung an Python besitzen. Bei der Gestaltung der Scriptsprache Python wurde auch besonderer Wert auf eine gute Lesbarkeit des Codes gelegt, weshalb die Sprache in der Lehre gern genutzt wird. Dadurch sind in den letzten Jahren Java-Frameworks im Vergleich zu Python-Alternativen ins Hintertreffen geraten. Stacks wie DeepLearning4J (https://deeplearning4j.org) haben sicherlich eine starke Community, blieben aber im Vergleich zu Python-Werkzeugen zweitrangig. In letzter Zeit hat sich auch in der Java-Welt einiges getan. Interessant in diesem Zusammenhang ist z. B. die kürzlich erschienene Open-Source-Bibliothek „Deep Java Library" (DJL) (https://djl.ai/; 28.03.2021) welche von Amazon unterstützt wird – dem zentralen Giganten im Online-Handel. Amazons DJL wurde so konzipiert, dass es möglichst leicht zu bedienen und einfach zu verwenden ist. DJL ermöglicht es, Machine-Learning-Modelle, die mit verschiedenen Frameworks erstellt wurden, ohne Änderungen an der Infrastruktur nebeneinander in derselben JVM laufen zu lassen. Zwei weitere javabasierte Open-Source-Frameworks für Deep-Learning sind „Dagli" (https://engineering.linkedin.com/blog/2020/open-sourcing-dagli; 28.03.2021) von Linkedin und „Tribuo" (https://tribuo.org/; 28.03.2021) von Oracle. Das ins „Open-Source"-Setzen dieser Werkzeuge soll sicherlich eine neue Welle von Entwicklern in das Gebiet des Deep-Learnings holen. Außerdem möchten sich die erwähnten Konzerne sicherlich auch die Unabhängigkeit von den anderen Internetgiganten erhalten. Diese Entwicklungen werden auch dazu führen, dass sich die verfügbare Vielfalt an Werkzeugen und Ökosystemen für das maschinelle Lernen erhöhen wird.

Auch ist Java nach den gängigen Rankings weiterhin mit vorn bei den verbreitetsten Programmiersprachen, besonders unter Anwendungsentwicklern. Dafür spielt neben dem Sprachumfang, der möglichen hohen Geschwindigkeit durch JIT-kompilierten Code und der Plattformunabhängigkeit, sicherlich auch die besondere, beinahe ideologische Ausgestaltung der Sprache hinsichtlich des objektorientierten Paradigmas eine Rolle.

Objektorientierte Programmierung wurde entwickelt, um der immer schlechter beherrschbaren Komplexität von Softwaresystemen zu begegnen. Die Grundidee dabei ist, Daten und Funktionen, die semantisch oder systemisch eine Einheit bilden, möglichst eng in einem sogenannten Objekt zusammenzufassen und nach außen hin zu kapseln. Dadurch wird u.a. die Wiederverwendbarkeit von Code erleichtert, die Struktur des Gesamtsystems übersichtlicher und die Fehleranfälligkeit verringert: „fremde" Objekte und Funktionen können die gekapselten Daten nicht versehentlich manipulieren. Möchte man die Funktionsweise moderner Softwaresysteme verstehen oder selbst (mit-)entwickeln, so ist dafür ein Verständnis der Prinzipien von objektorientierter Programmierung bzw. des objektorientierten Designs unumgänglich. Bei der Ausbildung an Schulen oder in entsprechenden Lehrveranstaltungen steht Java daher seid langem hoch im Kurs. Für Simulationen, d. h. für die Modellierung von Teilbereichen der Realität oder Fantasiewelten ist Objektorientierung hervorragend geeignet. Datenobjekte beinhalten Attribute (Variablen) und Methoden (Funktionen) oder andere Datenobjekte (Komponenten), welche sie charakterisieren. Objekte können durch „Botschaften" mit anderen

Objekten oder über Peripheriegeräte mit der Außenwelt „kommunizieren". Die Objekte werden mithilfe von „Klassen" definiert. Diese Klassen legen die gemeinsamen Eigenschaften der entsprechenden Objekte fest. Klassen stellen eine Art „Bauplan" oder „Schablone" dar, mit dessen Hilfe beliebig viele Objekte einer Art erzeugt werden können. Jedes dieser strukturell ähnlichen Objekte kann dann individuelle Ausprägungen der Attributwerte besitzen. Durch die Art der Attribute wird daher auch festgelegt, welche Zustände ein Objekt annehmen kann. Wir werden in dem Buch einem Grundsatz „Transparenz vor Geschwindigkeit" folgen. Dabei übertragen wir die besprochenen Konzepte möglichst eins zu eins in entsprechende Basisklassen und setzen ein objektorientiertes Design bis in Basiselemente, wie z. B. einzelnen Neuronen der künstlichen neuronalen Netze, um. Da wir unsere lernfähigen Programme, die wir in der Form von autonomen Agenten erscheinen lassen, in simulierten Umgebungen ausprobieren möchten, stellen diese Eigenschaften der Sprache einen großen Gewinn dar. Für die Durchschaubarkeit des Aufbaus, der Abläufe in der Simulation und die Visualisierung der Zustände bzw. der Zustandsveränderungen ist eine Sprache, die objektorientiertes Design von Grund auf beinhaltet, sehr nützlich. Auf Grund des langjährigen Einsatzes in der Ausbildung gibt es für Java eine Vielzahl von didaktischen Werkzeugen, die kreatives Konstruieren und anschauliches Experimentieren ermöglichen und als leicht nutzbare „Spielwiese" zum Erproben von Algorithmen des Reinforcement Learnings dienen können.

Eine solche in Lehre und Unterricht immer noch weit verbreitete „Spiel-Umgebung" ist „Greenfoot". In „Greenfoot" wird keine proprietäre Sprache genutzt, sondern „echtes" Java programmiert, wodurch die Algorithmen auch leicht in andere Anwendungen oder Software-Projekte aus der Java-Welt integriert werden können. Nach dem Starten der Umgebung erscheint im zentralen Bereich des Bildschirms ein Blick auf die aktuelle zweidimensionale „Greenfoot-Welt" Abb. 1.2. Die Größe und Auflösung der Welt, in der sich die Objekte und „Akteure" des Szenarios befinden, kann verändert werden. Die Software stellt implizit und ohne Verzögerung die Objektzustände visuell dar. Dadurch wirken sich Manipulationen an den Objektattributen sofort visuell aus und die Arbeitsweise der Algorithmen kann direkt beobachtet werden.

Das didaktisch optimierte Werkzeug entlastet vollständig von der Arbeit, grafischen Code für die Anzeige von Elementen zu schreiben und man kann sich auf die Entwicklung des Verhaltens der „Akteure" konzentrieren, – ohne dabei auf Flexibilität bei der Gestaltung der simulierten Umgebung zu verzichten. Es ermöglicht eine unmittelbare Sicht auf Vorgänge des Software-Systems und unterstützt damit das Prinzip des Lernens „durch Einsicht und Erfahrung". Das System gibt schnell Feedback und generiert in kurzen Abständen unmittelbare Erfolgserlebnisse. Außerdem entfällt jeglicher Installationsaufwand, das Programm könnte man auch vom USB-Stick aus starten. Darüber hinaus sollte es mit allen Betriebssystemen funktionieren auf denen eine Java-Runtime-Environment verfügbar ist, also z. B. Windows, Linux oder Mac OS.

Unter https://www.greenfoot.org (November 2023) können Sie die Software kostenlos herunterladen. Über die Produktseite des Buchs gelangen Sie auch an Materialien und weitere Informationen.

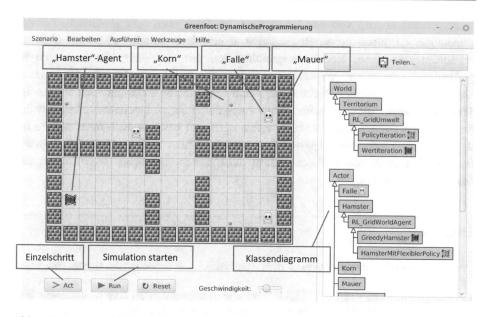

Abb. 1.2 „Hamster"-Gridworld in Greenfoot

Kurioserweise werden für die Lehre der strukturierten Programmierung und bei der Vermittlung der algorithmischen Grundstrukturen oft solche objektorientierten Umgebungen verwendet. Dabei werden die simulierten Figuren durch entsprechende Java-Anweisungen in der Gridworld herumkommandiert. Wir werden uns allerdings eine deutlich anspruchsvollere, aber auch wesentlich faszinierende Aufgabe vornehmen: Wir werden die Figuren bei unseren Experimenten und Versuchen mit einem Eigenleben ausstatten und sie zu lernfähigen Agenten machen, die eigenständig ihre simulierte Umgebung erkunden und sich dadurch in dieser immer besser zurechtfinden.

Auch quasi-kontinuierliche Zustandsräume können simuliert und dargestellt werden. Innerhalb von Greenfoot sind die Darstellungen allerdings auf zwei Dimensionen beschränkt. Dies ließe sich auch ändern, die Greenfoot GUI beruht auf JavaFX, wenn man breit ist, den entsprechenden Programmieraufwand zu investieren.

Ein für den Einstieg in die Programmierung von künstlichen neuronalen Netzen mit Java gut geeignetes und frei verfügbares Framework heißt „Neuroph". Es kann dazu verwendet werden, um die Programme durch neuronale Netzwerke zu ergänzen. Es enthält eine transparente, objektorientiert gestaltete, quelloffene Java-Bibliothek mit einer kleinen Anzahl von Basisklassen, die den grundlegenden NN-Konzepten direkt entsprechen. Was unserem Grundsatz „Transparenz vor Geschwindigkeit" entgegenkommt.

Es steht sogar ein GUI-Editor „easyNeurons" zur Verfügung mit dem Netzwerke grafisch flexibel gestaltet und trainiert werden können. Beim Reinforcement Learning können kNNs dazu verwendet werden, um die Bewertung von Zuständen oder Aktionen abzuschätzen. Wir werden uns später im Buch damit beschäftigen.

Pythonfans können von den Erklärungen im Buch auch sehr profitieren. Für Anwendungen die einen hohen Rechenaufwand erfordern, stünden allerdings auch die erwähnten kostenlosen Hochleistungsbibliotheken zur Verfügung, die Java auch für professionelle Anwendungen attraktiv machen. Sie nutzen die Vorteile der neuesten Frameworks für verteiltes Rechnen mit Multi-CPUs oder GPUs, um auch aufwendige Trainingsprozesse, die z. B. beim Deeplearning auftreten, zu unterstützen. Diese stehen den gängigen Python-Werkzeugen in nichts nach und besitzen auch noch weitere bedenkenswerte interessante Eigenschaften. Vielleicht kann auch die Seite https://www.facebook.com/ReinforcementLearningJava dazu dienen, nützliche Informationen und Materialien auszutauschen.

Literatur

Dennett D (2018) Von den Bakterien zu Bach – und zurück. Die Evolution des Geistes. Suhrkamp, Berlin.
Kavukcuoglu K, Minh V, Silver D (2015) Human-level control through deep reinforcement learning. *Nature*. https://web.stanford.edu/class/psych209/Readings/MnihEtAlHassibis15NatureControlDeepRL.pdf
Silver D, Huber T, Schrittwieser J (2017) A general reinforcement learning algorithm that masters chess, shogi and Go through self-play. Hg. v. DeepMind. https://arxiv.org/abs/1712.01815
Sutton RS, Barto A (2018) Reinforcement learning. An introduction (Adaptive computation and machine learning), 2. Aufl. The MIT Press, Cambridge
Tomasello M (2014) Eine Naturgeschichte des menschlichen Denkens, Erste. Suhrkamp, Berlin

Grundbegriffe des Bestärkenden Lernens

U. Lorenz, *Reinforcement Learning,* https://doi.org/10.1007/978-3-662-68311-8_2

„Kompetenz ohne Verständnis ist der Modus Operandi der Natur,
[…]" (Dennett 2018 , S.103). (Daniel C. Dennett)

Zusammenfassung

Reinforcement Learning soll zweckmäßige und effiziente Agenten-Steuerungen automatisch generieren. In diesem Kapitel wird beschrieben, was ein Softwareagent ist und wie er mithilfe seiner Steuerung (engl. policy) in einer Umgebung mehr oder weniger intelligentes Verhalten erzeugt. Der Aufbau des Grundmodells des Verstärkenden Lernens wird beschrieben und der Intelligenzbegriff im Sinne einer behavioristischen Nutzenmaximierung vorgestellt. Außerdem werden einige formale Mittel eingeführt. Es wird dargestellt, wie mithilfe der Bellmanschen Gleichung voneinander abhängige Zustände bewertet werden und welche Rolle die „optimale Taktik" dabei spielt.

2.1   Agenten

In der Mitte der neunziger Jahre kam in der Informatik der Begriff des „Agenten-Programms" auf. Eine Definition hierfür lieferten Franklin und Graesser im Jahre 1996:

> „Ein autonomer Agent ist ein System, welches sich in einer Umgebung befindet und [zugleich] Teil von ihr ist, das diese Umgebung wahrnimmt und im Lauf der Zeit auf sie einwirkt, um so mit Blick auf die eigenen Ziele das zu beeinflussen, was er in der Zukunft wahrnimmt."[1]

Diese Definition ist sehr allgemein gehalten, z. B. können damit auch biologische Lebewesen als autonome Agentensysteme aufgefasst werden. Agentensysteme sind in eine Umwelt gesetzt, in der sie Aufgaben erfüllen müssen. Dabei müssen sie in ihrem „Lebensprozess" stets möglichst optimale Aktionen aus ihrem Repertoire auswählen. Die gewählten Aktionen müssen für die jeweils gegebene Situation und mit Blick auf die Aufgaben, die zu erfüllen sind, angemessen und zweckmäßig, d. h. effizient und effektiv sein. Die Welt entwickelt sich unter dem Einfluss der Handlungsentscheidungen des Agenten weiter und präsentiert dem Agenten eine neue Situation, die erneut zu Aktionsentscheidungen Anlass gibt, vgl. Abb. 2.1.

Die Zeit t verläuft hierbei in diskreten Simulationsschritten $t = 0$, 1, 2, … Wir gehen davon aus, dass unser Agent Sensoren besitzt, die ihn dabei unterstützen eine Entscheidung auf der Grundlage eines beobachteten „Umweltzustandes" zu treffen. Die Menge der möglichen Weltzustände, genauer gesagt die möglichen Zustände, die die „sensorische Oberfläche" des Agenten annehmen kann, sei mit **S** bezeichnet, wobei

---

[1] In ECAI '96 Proceedings of the Workshop on Intelligent Agents III, Agent Theories, Architectures, and Languages Proceeding, Springer Berlin Heidelberg.

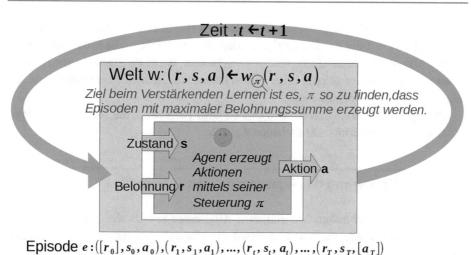

Episode $e:([r_0], s_0, a_0), (r_1, s_1, a_1), ..., (r_t, s_t, a_t), ..., (r_T, s_T, [a_T])$

Belohngssumme: $R(e) = r_0 + r_1 + ... + r_T$

Abb. 2.1 Die Abbildung unterstreicht, dass der Agent in seiner Umwelt eingebettet ist. Einige Prozesse der Welt beeinflussen seine Sensorik und liefern ggf. Belohnungssignale. Unter dem Einfluss der Entscheidungen des Agenten entwickelt sich die Welt weiter. Ziel des Agenten ist es, Episoden mit einer möglichst großen Summe an Belohnungen zu erzeugen

$s_t \in S$ denjenigen Zustand bezeichnen soll, der zum Zeitpunkt t von der Sensorik des Agenten geliefert wird. Teile der sensorischen Oberfläche können sich auch sozusagen „propriozeptiv" auf den inneren Zustand eines Agenten beziehen, also z. B. auf Körperhaltungen, Energielevel, Kontostand o. ä., was vor allem bei „embodied agents" (z. B. Robotern) eine Rolle spielt.

In unseren Beispiel-Gridworlds besteht ein Zustand s_t aus den x,y-Koordinaten der entsprechenden Zelle innerhalb der Rasterwelt und ggf. aus weiteren Werten wie z. B. der Anzahl der aktuell eingesammelten Körner des Hamsters. Bei Brettspielen z. B. besteht der Zustand aus der aktuellen Situation des Spielfeldes, d. h. der Stellung der Spielsteine darauf usw.

$A(s_t) \subseteq A$ stehe für die Menge der Aktionen, die dem Agenten für den gegebenen Zustand zur Verfügung stehen und $a_t \in A$ sei die Aktion, die der Agent zum Zeitpunkt t ausführt. Nach der Auswahl einer bestimmten Aktion läuft die Zeit um einen Schritt weiter und ein neuer Zustand s_{t+1} wird erreicht. Die Belohnung $r_{t+1} \in \mathbb{R}$ die der Agent erhält und der Folgezustand s_{t+1} den er dann vorfindet sind von s_t und der gewählten Aktion a_t abhängig.

Dies sind Kennzeichen eines sogenannten Markov-Systems. Bei Markov-Modellen sind der Folgezustand und die Belohnung nur vom gegenwärtigen Zustand und der gewählten Aktion abhängig. Jedoch müssen in einem solchen Markov-Modell Belohnung und Folgezustand nicht eindeutig determiniert sein. Um dies mathematisch abzubilden, führen wir die Wahrscheinlichkeitsverteilungen $p(r_{t+1}|s_t, a_t)$ und $P(s_{t+1}|s_t, a_t)$ ein, p

bezeichnet die Wahrscheinlichkeit dafür, dass bei Auswahl einer Aktion a_t im Zustand s_t im Zeitschritt $t + 1$ die Belohnung r_{t+1} kassiert wird und P bezeichnet die Wahrscheinlichkeit, dass der Zustand s_{t+1} überhaupt erreicht wird, wenn im Zustand s die Aktion a gewählt wird. Mitunter werden diese Wahrscheinlichkeiten auch zusammengefasst und mit $p(s_{t+1}, r_{t+1} | s_t, a_t)$ beschrieben.

Als „Episode" oder „Versuch" wird eine Sequenz bezeichnet, die von einem Anfangszustand s_0 zu einem terminalen Endzustand s_T führt.

2.2   Die Steuerung des Agentensystems („Policy")

Aus der Menge aller möglichen Aktionen $A(s_t)$ muss jeweils die bestmögliche ausgewählt werden. Diese Aufgabe übernimmt die „Policy". Sei dies zunächst bestimmt mit $a_t = \pi(s_t)$. Die Policy π ordnet den Zuständen s der Menge $\mathbf{S}$ jeweils eine Aktion a aus der Menge $A(s_t) \subseteq A$ zu $\pi : S \rightarrow A$. Damit definiert diese das Verhalten des Agenten. Für das Wort „Policy" werden mitunter auch die Wörter „Taktik" oder „Steuerung" verwendet. „Taktik" erinnert eher an das Agieren bei einem Brettspiel, während „Steuerung" eher mit einem situativen Verhalten innerhalb eines systemischen Kontextes, z. B. bei einer Fahrzeugsteuerung verbunden ist. Im Prinzip sind die Begriffe aber synonym.

Ein zentrales Problem beim Verstärkenden Lernen ist, dass in der Regel nur sehr wenige Aktionen eine echte Belohnung liefern, d. h. zwischen dem Startzustand und einem Zustand, in dem der Agent eine Belohnung realisieren kann, liegen mitunter sehr viele Aktionen bzw. Zustände, die zunächst nichts bringen oder nur Aufwände, d. h. „negative Belohnungen", verursachen.

Für jede Taktik π existiert eine zu erwartende kumulative Belohnung $V^\pi(s)$ die der Agent erhalten würde, wenn er diese Taktik ab dem Zustand s_t befolgt. Damit ordnet V^π in Abhängigkeit von der aktuellen Taktik jedem Zustand einen reellen Wert zu. Um den Wert eines Zustandes zu berechnen, müssen wir die Belohnungen der Folgezustände aufsummieren, die durch die mit π gewählten Aktionen erreicht werden. Im „Modell des finiten Horizonts" bzw. beim „episodischen Modell" (Alpaydin, 2019) werden einfach die Belohnungen der nächsten T Schritte summiert (Abb. 2.2.).

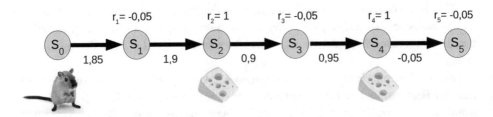

Abb. 2.2 Bewertung von Aktionen im „Modell des finiten Horizonts"

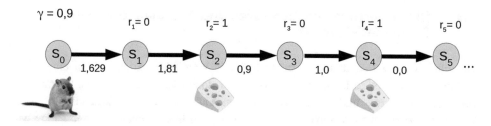

Abb. 2.3 Bewertung von Aktionen mit infinitem Horizont und Discount $\gamma = 0{,}9$

$$V^\pi(s_t) = E\left[\sum_{i=1}^{T} r_{t+i}\right] = E\left[r_{t+1} + r_{t+2} + r_{t+3} + \ldots\right] \tag{2.1}$$

In der Regel sollen allerdings kürzere Pfade, also Zielzustände in der Nähe des Agenten begünstigt werden. Oft ist es daher besser, eine mögliche Belohnung zeitnah zu kassieren, gemäß der Redensart „Lieber der Spatz in der Hand, als die Taube auf dem Dach." Dies gilt insbesondere dann, wenn wir uns in einer riskanten Umgebung befinden, in der negative Überraschungen auftreten können. Hierfür wird eine Skontorate $0 \leq \gamma < 1$ hinzugefügt. Je mehr sich γ der 1 annähert, desto „weitsichtiger" wird der Agent (Abb. 2.3).

$$V^\pi(s_t) = E\left[\sum_{i=1}^{\infty} \gamma^{i-1} r_{t+i}\right] = E\left[r_{t+1} + \gamma r_{t+2} + \gamma^2 r_{t+3} + \ldots\right] \tag{2.2}$$

(Modell des „infiniten Horizonts").[2]

Für die Veranschaulichung der Wirkung von γ stelle man sich vor, dass in einem Labyrinth ein „Leckerbissen" von dem aus ein intensiver „Duft" in die Gänge des Labyrinths ausströmt. Je weiter die Quelle des Geruchs entfernt ist, desto blasser wird die quantitative Wahrnehmung des „Wertes". Ein Wert nahe der 1 würde bedeuten, dass ein Agent auch sehr weit entfernt liegende Belohnungen gleichwertig in Betracht zieht.

Wir wollen nun eine Policy finden, deren Wert maximal ist („optimale Taktik"). Mit dieser Policy könnten wir für jeden Umgebungszustand s den maximal erreichbaren Nutzen V* erhalten:

$$V^*(s_t) = \max_\pi \left[V^\pi(s_t)\right], \forall s_t \tag{2.3}$$

---

[2] (vgl. Alpaydin 2019).

2.3   Die Bewertung von Zuständen und Aktionen (Q-Funktion, Bellman-Gleichung)

Die Funktion $V(s_t)$ stellt dem Agenten dar, wie vorteilhaft es ist, sich in einem bestimmten Zustand s_t zu befinden. Wie wir später noch sehen werden, ist es für manche Szenarien bzw. Lern- und Erkundungsstrategien sinnvoll, nicht nur Zustandswerte festzuhalten, sondern auch zu speichern, welchen Wert es hat, in einem Zustand s eine bestimmte Aktion a zu wählen. Dies übernimmt die sogenannte Q-Funktion [4]: $Q(s_t, a_t)$.

Wir können nun definieren, dass sich der optimale Wert einer Aktion a danach bestimmen soll, welchen „Nutzen" es bringt, wenn diese Aktion im Zustand s gewählt und danach die optimale Policy π^* verfolgt wird. Die entsprechende Funktion nennen wir $Q^*(s_t, a_t)$. Gehen wir von einer rein „gierigen" Handlungswahl aus, dann kommt der über den verschiedenen Handlungsoptionen maximale Wert von $Q^*(s_t, a_t)$ der Zustandsbewertung $V^*(s_t)$ gleich, vgl. Abb. 2.4.

Wenn wir nun für jeden Zustand s_t die erwarteten Aktionsbelohnungen skontiert aufsummieren und die Terme untersuchen, dann finden wir, dass sich die Bewertung eines Zustandes s_t aus dem Wert des besten Folgezustands ergibt, zuzüglich der beim Übergang direkt realisierbaren Belohnung:

$$
\begin{aligned}
V^*(s_t) &= \max_{a_t} Q^*(s_t, a_t) \\
&= \max_{a_t} E\left[\sum_{i=1}^{\infty} \gamma^{i-1} r_{t+i}\right] \\
&= \max_{a_t} E\left[r_{t+1} + \gamma \sum_{i=1}^{\infty} \gamma^{i-1} r_{t+i+1}\right] \\
&= \max_{a_t} E\left[r_{t+1} + \gamma V^*(s_{t+1})\right]
\end{aligned}
\tag{2.4}
$$

Dies ist eine sehr nützliche Erkenntnis, da sie beinhaltet, dass wir für die Abschätzung des Wertes eines Zustandes im deterministischen Fall nur die Bewertung des besten Nachbarzustandes kennen müssen. Man kann dies ohne Probleme auf den probabilisti-

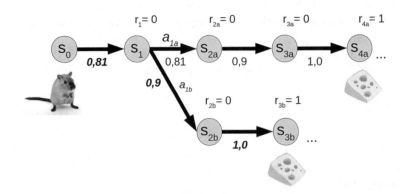

Abb. 2.4 Zustandsbewertungen bei alternativen Aktionspfaden

schen Fall übertragen, hier gewichten wir dann mit den entsprechenden Übergangswahr-scheinlichkeiten, was uns zur „Bellmanschen Gleichung" (Bellman 1957) führt:

$$V^*(s_t) = max_{a_t} \left(E[r_{t+1}] + \gamma \sum_{s_{t+1}} P(s_{t+1}|s_t, a_t) \cdot V^*(s_{t+1}) \right) \qquad (2.5)$$

Es ist manchmal sinnvoll, über die „philosophischen" Grundvoraussetzungen zu reflek-tieren. Die Ausführungen basieren auf einem simplen Begriff von intelligentem Ver-halten, als einer individuellen Nutzenmaximierung. Unser „Intelligenz-Begriff" ist daher auf vielfältige Weise unzulänglich und kritisierbar. Das Modell hat uns allerdings eine erste Grundlage geliefert, „optimales Verhalten" zu definieren und liefert uns auch eine erste Handhabe für konkrete Experimente.

Bevor wir uns mit eigentlichen Lernalgorithmen beschäftigen, werden wir uns im fol-genden Kapitel mit dem Thema der optimalen Handlungsstrategie näher beschäftigen und uns Algorithmen anschauen, die ein solches „optimales Verhalten" implementieren. Wir werden hierfür mit Szenarien experimentieren, für die wir zum einen optimale Stra-tegien berechnen können – dies ist nämlich oft nicht einmal für die meisten Brettspiel-szenarien in einer für normal sterbliche Menschen verfügbaren Rechenzeit möglich –, die aber auch zum anderen komplex genug sind, um später das automatische Lernen zu untersuchen. Die von den RL-Algorithmen „erlernten" Strategien können wir dann mit den optimalen Steuerungen vergleichen.

Im Folgenden noch ein paar Rechenbeispiele:

Wie sähe die Abbildung Abb. 2.4 für ein finites und deterministisches Modell ohne Skontierung allerdings mit Bewegungskosten von $r = -0{,}05$ aus?

Wie würden sich die Übergangsbewertungen in Abb. 2.5 mit einem indetermins-tischen Transitionsmodell verändern, wo mit einer Wahrscheinlichkeit von 0,8 die

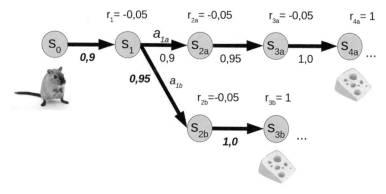

Abb. 2.5 Bewertungen bei einem finites und deterministisches Modell mit Bewegungskosten von $r = -0{,}05$

gewünschte Aktion erreicht wird, allerdings mit einer Wahrscheinlichkeit von 0,2 eine ggf. vorhandene Alternative ausgewählt wird?

Es gilt mit diesen Angaben $p(s_{2a}|s_1,a_{1a}) = 0,8$ und $p(s_{2b}|s_1,a_{1a}) = 0,2$ daher wäre

$$Q(s_1,a_{1a}) = 0,8 \cdot \gamma \cdot 0,9 + 0,2 \cdot \gamma \cdot 1,0 = 0,828$$

Weil zudem $p(s_{2a}|s_1,a_{1b}) = 0,2$ und $p(s_{2b}|s_1,a_{1b}) = 0,8$ wäre

$$Q(s_1,a_{1b}) = 0,8 \cdot \gamma \cdot 1,0 + 0,2 \cdot \gamma \cdot 0,9 = 0,882$$

$V^*(s_1) = \max_{a_t} Q^*(s_1,a_{1x}) = 0,882; x \in \{a,b\}$ Die beste Aktion wäre weiterhin $\pi^*(s_1) = a_{1b}$. Die Bewertungen haben sich allerdings etwas angeglichen.

Literatur

Alpaydin E. (2019) Maschinelles Lernen. 2., erweiterte Aufl. De Gruyter Studium, Berlin/Boston.
Dennett D.C. (2018) Von den Bakterien zu Bach – und zurück. Die Evolution des Geistes. Suhrkamp, Berlin
ECAI '96 Proceedings of the Workshop on Intelligent Agents III, Agent Theories, Architectures, and Languages, Springer Berlin, Heidelberg.

Optimal entscheiden in einer bekannten Umwelt

3

Ergänzende Information Die elektronische Version dieses Kapitels enthält Zusatzmaterial, auf das über folgenden Link zugegriffen werden kann https://doi.org/10.1007/978-3-662-68311-8_3.

„In der Praxis muss der Mensch die Wahrheit, d. h. die Wirklichkeit und Macht, die Diesseitigkeit seines Denkens beweisen." (Aus „Thesen über Feuerbach")

(Karl Marx)

Zusammenfassung

In diesem Abschnitt wird beschrieben, wie eine optimale Handlungsstrategie in einer Umwelt mit einer endlichen Anzahl von Zuständen und Aktionsmöglichkeiten berechnet werden kann. Sie lernen den Unterschied zwischen einer „off-Policy"- und einer „on-Policy"-Bewertung von Aktionsmöglichkeiten kennen. Es werden die beiden Ansätze „Zustandsbewertung" und „Taktiksuche" vorgestellt und in Übungsszenarien mit dem Java-Hamster angewendet und ausprobiert. Zudem werden wir die „Policy-Iteration" als Kombination der beiden unterschiedlichen Ansätze kennen lernen, die sich hier auf interessante Weise ergänzen. Daraus lässt sich eine allgemeine Strategie zur Suche von optimalem Verhalten ableiten. Schließlich wird auf der erarbeiteten Grundlage die Ermittlung von optimalen Zügen in einem überschaubaren Brettspielszenario mit einem Gegenspieler vorgestellt.

Besitzt man einen vollständigen Zugang zu den Zuständen der Umwelt und der möglichen Zustandsübergänge (Transitionen), wie z. B. bei einem Brettspiel, oder auch ein Modell, welches diese Umwelt vollständig beschreibt, so muss im Grunde noch nichts erforscht werden. Wir besitzen eine vollständige Landkarte und wir wissen auch an welchen Stellen wir welche Belohnungen erhalten können. Wir wissen also, unter welchen Bedingungen der Agent in welchen Zustand gelangt und ob wir eine Belohnung erhalten oder nicht. Was wir allerdings nicht kennen, ist ein Pfad, der mit möglichst wenig Kosten zur größtmöglichen Belohnung führt. Wir besitzen in unserem „Navi" sozusagen eine umfassende Karte allerdings keine Routenplanung.

In einem solchen Zustandsraum – man denke z. B. an Brettspielsituationen oder Positionen/Körperhaltungen eines Roboters – ist die Teilmenge der Zustände, in denen wir tatsächlich eine Erfolgsmeldung („Belohnung") erhalten, im Vergleich zur Größe des gesamten Zustandsraumes in der Regel sehr klein. Was uns fehlt, ist eine Bewertung für die große Anzahl von Zwischenzuständen, die auf dem Weg zu unseren Zielen liegen können. Wir brauchen also eine Bewertung aller Zustände so, dass sich eine möglichst optimale Handlungsanleitung für unseren Agenten ergibt. In diesem Abschnitt gehen wir zunächst davon aus, dass es uns möglich ist diesen Zustandsraum vollständig zu bearbeiten. Es gibt Fälle, wie z. B. bei den Brettspielen Go oder Schach, dass wir zwar ein exaktes und transparentes Modell des Systems besitzen, welches uns genau vorhersagen kann, was bei einer bestimmten Aktion passiert und welche Belohnung wir erhalten, allerdings ist der Zustandsraum derartig groß, dass es uns nicht möglich ist, alle Zustände zu prüfen.

Wie wir mit unbekannten Umwelten umgehen wird ab Kap. 4 behandelt. Umwelt-systemen, die zudem noch so groß bzw. so „feinkörnig" sind, dass wir diese nicht mit üblicherweise verfügbaren Ressourcen vollständig bewerten können, werden wir uns im Kap. 5 widmen.

3.1 Zustandsbewertung

3.1.1 Zielorientierte Zustandsbewertung (Rückwärtsinduktion)

Eine Zustandsbewertung, die wie Kap. 2 angesprochen, eine optimale Anleitung für einen Agenten liefert, der gierig den jeweils höchsten Bewertungen folgt, liefert ein Algorithmus, der Wertiteration („value iteration", Bellman 1957) oder auch Rückwärts-induktion (engl. „backward induction") genannt wird. Hierbei wird iterativ für jeden Zu-stand die Bewertung mithilfe der zu diesem Zeitpunkt gegebenen Werte seiner Nachbar-zustände aktualisiert. Für die Aktualisierung wird im deterministsichen Fall einfach die jeweils am höchsten bewertete Option verwendet:

$$V(s) \leftarrow \max_a E(r|s,a) + \gamma V(s')$$

Der Ausdruck E(r|s,a) bezeichnet den Erwartungswert im Hinblick auf die Belohnungen r, die mit der gewählten Aktion a im Zustand s verbunden sind. Dies erlaubt eine Problemzerlegung nach dem Prinzip der „Dynamischen Programmierung". Bei der „Dy-namischen Programmierung" wird ein Optimierungsproblem dadurch gelöst, dass es in einfachere Teilprobleme zerlegt wird, für die dann auf einer einfacheren Ebene entweder eine erneute Teilung erfolgt oder Ergebnisse gefunden werden können, mit denen dann das übergeordnete Hauptproblem gelöst werden kann. Voraussetzung dafür ist, dass das Hauptproblem aus vielen gleichartigen Teilproblemen besteht und sich eine optimale Lö-sung insgesamt aus den optimalen Lösungen der Teilprobleme ergibt.

Für die Wertiteration konnte gezeigt werden, dass sie zu den richtigen Werten für V^* konvergiert [3]: mit jedem Aktualisierungsschritt verbessert sich eine Zustandsbewertung oder sie bleibt gleich. Dabei ist auch hilfreich, dass es letztlich nicht auf die genaue Größe der Bewertungen ankommt, sondern nur auf die richtigen Aktionen, die die ent-sprechenden Taktiken implizieren. Häufig wird die Steuerung bereits optimal, bevor die Zustandsbewertungen zu ihren korrekten Werten konvergieren. Die Differenz zwischen dem kumulativen Nutzen, den ein Agent mit der vorläufigen Taktik haben würde und dem Nutzen, den eine optimale Steuerung generieren würde, verringert sich im Laufe der Wertiteration gegen Null. Wenn die maximale Änderung, die während eines Durchlaufes beobachtet wird, kleiner als ein bestimmter Schwellenwert δ ist, sprechen wir von einer Konvergenz der Werte V(s) und beenden die Iterationsschleife. Schauen wir uns das kon-kret an:

Pseudocode „value-iteration"

```
1    Initialize V(s) arbitrarily for all s ∈ S (e.g. 0); V(s_terminal) = 0
2    repeat
3        Δ ← 0
4        for all s from S
5            v_old ← V(s)
6            for all a from A(s)
7                Q(s,a) ← E(r|s,a) + γV(s') .
8            V(s) ← maxQ(s,a)
9        Δ ← max(Δ, |v_old − V(s)|)
10   while Δ > δ (δ small threshold value for the detection of con-
     vergence)
```

Die im Listing dargestellte Update-Regel gilt für den deterministischen Fall. Im Falle nur unsicher vorhersehbarer Folgezustände oder Belohnungen müssen wir in Zeile 7 für die Berechnung der Aktionsbewertungen die entsprechende Wahrscheinlichkeitsverteilung der Folgezustände berücksichtigen, wie sie bereits für Markovsche Entscheidungsprozesse vorgestellt wurde. In Zeile 7 muss dann $Q(s,a) \leftarrow E(r|s,a) + \gamma \sum_{s'} p(s'|s,a) V(s')$ verwendet werden.

Beispiel „Hamstern"

Für eigene Experimente und Übungen nutzen wir zunächst ein Setting mit einem mobilen Agenten „Java-Hamster-Modell" (Bohles) und einem kleinen Spielbrettszenario „TicTacToe". Für diese einfachen Szenarien können wir das Verhalten der Algorithmen gut nachvollziehen. Darüber hinaus lassen sich die optimalen Zustandsbewertungen in diesen Szenarien nicht nur theoretisch, sondern auch in der Praxis vollständig berechnen. Dies ermöglicht uns später, die durch das automatische Lernen ermittelten Taktiken der optimalen Policy gegenüberzustellen. Außerdem sollen die Beispiele auch zum Spielen und Forschen anregen. Die grundlegenden Ideen beim verstärkenden Lernen sind oft nicht so komplex, wie manche der ausgefeilten aktuellen Umsetzungen oder mathematische Erläuterungen auf den ersten Blick vermuten lassen.

Das Szenario eines Agenten, der Körner sammelt, ist gut auf andere Szenarien übertragbar, so kann man sich leicht auch eine beliebige Spielfigur oder einen Staubsaugerroboter etc. vorstellen. Die „Gier" nach Belohnung, die beim Reinforcement Learning eine große Rolle spielt, wird durch den Hamster sehr gut veranschaulicht, was das Modell auch für den didaktischen Einsatz prädestiniert. Auf der Internetseite des Hamster-Modells (https://www.java-hamster-modell.de, 11.4.2020) findet sich ein speziell für die Programmierdidaktik mit dem „Java-Hamster" geschaffener „Hamstersimulator". Wir verwenden allerdings eine Umsetzung in der „Greenfoot"- Entwicklungsumgebung (https://www.greenfoot.org, 15.11.2023).

Nachdem Sie die Greenfoot-Umgebung gestartet haben, können Sie das entsprechende Szenario über das Menü Szenario > Öffnen laden. Gehen Sie dazu in den Beispielen in den Ordner „chapter 3 optimal decision making > DynamicProgramming". Wenn Sie auf Öffnen gehen, sollte das entsprechende Szenario starten.

Eine wichtige Rolle für weitere Experimente und Änderungen spielt das Klassendiagramm auf der rechten Seite, „Welten" werden von der Klasse „World" abgeleitet, während „Figuren" oder sonstige mehr oder weniger bewegliche Elemente in der Gridworld von der Klasse „Actor" erben. Unter dem Kontextmenüpunkt „new…" können Sie entsprechende Objekte erzeugen und auf dem Spielfeld platzieren. Mit „Editor öffnen" können Sie sich auch den Java-Code einer Klasse anzeigen lassen. Falls Sie das Bild so wie in Abb. 3.1 mit dem roten Hamster nach dem Öffnen des Szenarios nicht sehen, müssten Sie über das Kontextmenü an dem Feld „Wertiteration" im Klassendiagramm durch Auswahl von „new Wertiteration" die Umgebung manuell starten.

Die Belohnungen in dem „Hamster-Szenario" werden von den Körnern generiert, die in der Umgebung verteilt sind (r = +1). Mauern sind für den Agenten undurchdringlich. Auf Feldern mit Fallen wird ein Schaden verursacht („Belohnung" r = −10).

Der Hamster hat auf den Feldern vier Freiheitsgrade, die allerdings nicht immer verfügbar sind, wenn er sich bspw. an einer Mauer oder am Rand der Gridworld befindet. Die Aktionen nummerieren wir folgendermaßen:

$$a_0 = \text{"Nord"}; a_1 = \text{"Ost"}; a_2 = \text{"Süd"}; a_3 = \text{"West"}$$

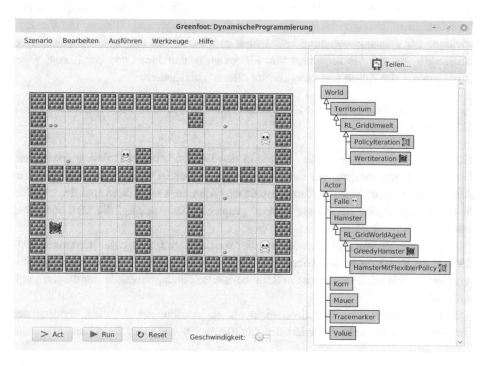

Abb. 3.1 Greenfoot Szenario „DynamischeProgrammierung" mit dem Java-Hamster

In Greenfoot können Sie sich die aktuellen Attributwerte der Objekte auf dem Spielfeld mit Rechtsklick auf das Objekt (danach auf „inspizieren") anzeigen lassen und auch Methoden aufrufen, in dem Sie die entsprechenden Funktionen im Kontextmenü auswählen, z. B. nimm(), um ein Korn aufzunehmen. Falls mehrere Objekte auf einem Feld sind, erscheint bei „Rechtsklick" zunächst eine Auswahl der verfügbaren Objekte. Danach werden die Methoden entsprechend der Vererbungshierarchie aufgelistet. Dies kann z. B. auch recht nützlich sein, wenn man die Wirkung einer Codesequenz ausprobieren möchte. Mit „Act" lässt sich ein Simulationsschritt durchführen, während man mit „Run" eine Wiederholungsschleife startet (Geschwindigkeit mit Schieberegler „Speed").

Das Szenario ist so gestaltet, dass zunächst die Iteration ausgeführt wird und anschließend der Hamster entsprechend losläuft. Eine Episode endet, wenn ein Korn erreicht wurde. Wenn der Hamster weiterlaufen soll, müssten Sie am Hamster die Methode „void nimm()" über das Kontextmenü aufrufen. Hierdurch wird das Korn aufgenommen und die Feldbewertung neu berechnet. Danach läuft der Hamster entsprechend wieder los zum nächsten Korn. Sie können zuvor auch weitere Körner platzieren, in dem Sie mit dem Konstruktor new Korn() im Kontextmenü der entsprechenden Klasse weitere Körner erzeugen.

Auf den Feldern der Gridworld sind noch Objekte verteilt, die Sie vermutlich nicht sehen können, da Sie erst sichtbar gemacht werden müssen: die „Tracemarker" und „Value"-Objekte. Tracemarker werden erst im Abschnitt zur Taktiksuche eine Rolle spielen. Mit den „Value"-Objekten können Sie sich die aktuellen Zustandsbewertungen in den Kästchen „live" anzeigen lassen. Sie sollten das unbedingt ausprobieren, um die Entwicklung der Zustandsbewertung beobachten zu können. Um die Zustandsbewertungen anzuzeigen, müssen Sie folgendes tun: Sie gehen in den Java-Code der Klasse Value (Kontextmenü der Klasse und dann „Editor öffnen") und ändern:

```
„private boolean istAusgabeAn=false;"    in „private boolean istAusga-
beAn=true;"
```

Nach der Übersetzung des Codes sollten in den Feldern blaue „0.0"-Werte erscheinen. Die Zustandsbewertungen, die der Algorithmus verwendet werden an sich in einem Array in der Klasse „Wertiteration" gespeichert. Allerdings wird dieses bei der Iteration in die Anzeigeobjekte der Klasse „Value" gespiegelt. Dies erledigt die Methode „void wertanzeigeAktualisieren()".

Durch Drücken von „Run" starten Sie die Wertiteration. Im Zuge der Iterationen breiten sich die Bewertungen ausgehend von den Zuständen mit direkter Belohnung aus. Interessant ist, wie die Bewertungen in Räume ohne Belohnungszustände „einfließen", vgl. Abb. 3.2

Der Parameter γ, der hier noch nicht als ein Attribut des Agenten, sondern des Umweltsystems erscheint, reduziert den Einfluss weiter entfernter Belohnungen auf die

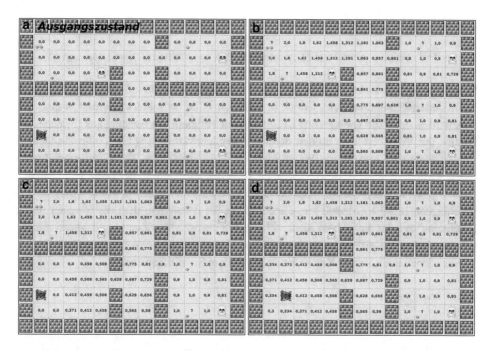

Abb. 3.2 Wertiteration mit deterministischer Transition und $\gamma = 0{,}9$. Linksoben Abb. A. Ausgangszustand, rechtsoben B. Zustand nach einer Iteration, Linksunten C. Bewertungen nach 5 Iterationen, D. ist der Stoppzustand ($\delta_{min} = 0{,}001$)

Bewertung eines Zustandes. Sie finden ihn in der Klasse „Wertiteration" (bzw. „PolicyIteration") mit dem voreingestellten Wert 0,9. Wir werden den Parameter γ später als eine Eigenschaft des Agenten bzw. seines Lernalgorithmus' implementieren, der im Prinzip darstellt, wie wichtig es für den Agenten ist, möglichst naheliegende Belohnungen zu kassieren. Zunächst voreingestellt ist eine Umgebung, die entfernt an einen Wohnungsgrundriss erinnert. Testen Sie gern einen kleineren Wert, z. B. $\gamma = 0{,}8$. Sie werden feststellen können, dass dann der Hamster in der Arena „Wohnung" das Ziel mit der kleineren Belohnung +1 im „Nebenzimmer" den Vorzug gibt gegenüber dem weiter entfernten Ziel mit der größeren Belohnung +2.

In der Klasse RL_GridWorldAgent können Sie ein anderes „Transitmodell" einstellen. Hiermit können Sie modellieren, dass der Agent Nachbarzustände nur mit einer bestimmten Wahrscheinlichkeit erreicht, wodurch einer Aktion kein eindeutiger Folgezustand mehr zugeordnet werden kann, sondern über den möglichen Folgezuständen eine Wahrscheinlichkeitsverteilung gebildet wird. Hierfür müssen Sie in RL_GridWorldAgent in der Zeile mit

```
protected static double[][] transitModel = transitDeterministic;
```

eine der anderen Optionen auswählen, z. B.

```
protected static double[][] transitModel = transitRusselNorvig;
```

In diesem Modell ist es so, dass der Agent mit einer Wahrscheinlichkeit von 80 % den favorisierten Zustand erreicht, jedoch in 10 % der Fälle nach links geht und in den restlichen 10 % der Fälle nach rechts. Dieses Modell vollzieht ein Beispiel aus [3] nach. Sie können das Verhalten auch an den darüberstehenden Matrizen ablesen oder ein eigenes Transitionsmodell hinzufügen. Wenn Sie ein indeterministisches Transitionsmodell wählen, dann ändern sich die Bewertungen deutlich, insbesondere in der Nähe von „Fallen", da eine gewisse Wahrscheinlichkeit besteht, in die Fallen zu geraten. Wählen Sie das vorgeschlagene 10:80:10 Modell aus, dann können Sie feststellen, dass der Hamster in der „Wohnung" wieder das nähere Korn rechts unten bevorzugt, während er dagegen mit deterministischer Transition das weiter entfernte „Doppelkorn" linksoben ansteuert.

Sie können auch andere Karten einstellen, indem Sie die Zeile mit

```
super(mapFlat);
```

bspw. ersetzen durch.

```
super(mapWithTrap1);
```

Abb. 3.3 zeigt die Auswirkung eines indeterministischen Transitionsmodells. Der kurze Weg, der direkt bei den Fallen vorbeiführt, wird damit wesentlich niedriger bewertet, da die Wahrscheinlichkeit besteht, in die Falle zu geraten.

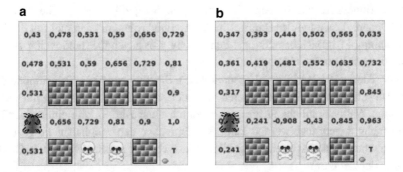

Abb. 3.3 Vergleich der Bewertungen mit deterministischer Transition links (Abb. A) und probabilistischem Modell rechts (Abb. B)

In der Klasse RL_GridEnv können Sie sich die verfügbaren Karten ansehen. Es wird im Code auch ersichtlich, wie die Karten mithilfe von ASCII Zeichen definiert werden, „M" steht hier für „Mauer", „H" für Hamster, „1" und „2" steht für die Anzahl der Körner die auf dem entsprechenden Feld jeweils platziert werden. „F" steht für Falle. Sie können auf diese Weise auch eigene Karten oder Labyrinthe kreieren.

Definition oft the map „mapWithTrap1"

```
protected static final String[] mapWithTrap1=
                        {"000000",
                         "000000",
                         "0MMMM0",
                         "000000",
                         "HMFFM1"};
```

Ein anschauliches Bild, z. B. für Anwendungen im Unterricht oder einführenden Lehrveranstaltungen, ist die Metapher eines „Geruchs", der sich von Käsestücken her in einem Labyrinth ausbreitet, in dem sich hungrige Mäuse befinden. Es ist zu empfehlen, sich im schulischen Umfeld zunächst auf den deterministischen Fall zu beschränken und keine Transitionsmodelle zu verwenden. In den Materialien zum Buch, die Sie auf der Produktseite des Buches (https://github.com/sn-code-inside/Reinforcement-Learning) auffinden können, befindet sich auch ein Szenario ohne die probabilistischen Transitionsmodelle. Es enthält auch einige Programmieraufgaben. In Greenfoot können Aufgabenstellungen mit der Zeichenfolge /*# … */ im Code hinterlegt werden. Diese sind dann im Editor rosa eingefärbt. Dieses Feature eignet sich, für die Vorbereitung von eigenen Lehrmaterialien.

Der Java-Code, der einen vollständigen „Sweep" der Wertiteration durchführt, also für jedes Feld s des Hamsterterritoriums S (was keine Wand oder der Terminalzustand ist) den Feldwert $V_k(s)$ aktualisiert, finden Sie im folgenden Listing.

Value-Iteration in Java

```
private boolean evaluateStates(){
    List objects;
    double maxDelta=0.0;
    for ( int i=0;i<worldWidth;i++ ){
        for( int j=0;j<worldHeight;j++ ){
            objects = this.getObjectsAt(i,j,Wall.class);
            if (( objects.size()==0 ) && (!isTerminal(i,j))){
                double v_alt = V[i][j];
                Actionvalue maxAW = targetOrientedEvaluation(i,j);
                V[i][j] = maxAW.v;
                double delta = V[i][j]-v_alt;
```

```
                        if (maxDelta<delta) maxDelta = delta;
                }
            }
    }
    return (maxDelta<=minDelta);
}
public Actionvalue targetOrientedEvaluation(int x, int y){
    double maxV=Double.NEGATIVE_INFINITY;
    int maxA=-1;
    double value=0;
    List <Integer> A =  coursesOfAction(x,y);
    for ( Integer a : A ){
        ArrayList <Transition> successorStates =
        GreedyHamster.successorStateDistribution(this, x,y,a);
        value = weightedValuation(successorStates);
        if ( value>maxV ) {
            maxV=value;
            maxA=a;
        }
    }
    return new Actionvalue(maxA,maxV);
}
```

Die Auswertung der Nachbarzustände leistet hier die Funktion „targetOrientedEvaluation". Wir werden sie später der „policybasedEvaluation" gegenüber stellen. Die gewichtete Bewertung nach $\sum_{s',r} p(s',r|s,a)[r + \gamma V(s')]$ für den indeterministischen Fall leistet hier die Funktion „weightedValuation". Diese bekommt als Argument die Wahrscheinlichkeitsverteilung der Folgezustände, welche durch das Transitionsmodell des Hamster-Agenten bestimmt wird.

```
public double weightedValuation(ArrayList <Transition> subsequentSta-
tes){
 double v = 0.0;
 for (Transition t : subsequentStates){
        v+=t.p*(getReward(t.neighborX,t.neighborY)+
        GAMMA*getV(t.neighborX,t.neighborY));
 }
 return v;
};
```

In unserem Hamsterszenario enthält die Klasse „ValueIteration" das zweidimensionale Array double [][] V, welches den aktuellen Stand der Zustandsbewertungen $V_k(s)$ enthält, wobei hier k für die Anzahl der durchgeführten Iterationsschritte steht. Mit der Methode get V(x, y) lassen sich die aktuellen Werte abfragen.

Es ist technisch naheliegend, zwei Arrays zu verwenden, eines, das die alten Werte von $V_k(s)$ enthält und eines für die neuen Werte $V_{k+1}(s)$. So könnten die neuen Werte sauber getrennt, mittels der alten Ergebnisse berechnet werden, ohne dass gleichzeitig alte und neue Werte in derselben Datenstruktur vorliegen und die Berechnung in zufälligen Anteilen auf alten und neuen Werten beruht. Je nach Reihenfolge, in der die Zustände aktualisiert werden, werden manchmal bereits neue Werte anstelle der alten verwendet. Dies ist allerdings unschädlich, da dieser sog. „In-Place-Algorithmus" auch zu V^* konvergiert (Sutton und Barto 2018) S. 75. Er ist in der Regel sogar schneller als die Zwei-Array-Version, da er die neuen Daten umgehend verwendet, sobald sie verfügbar sind. Für den „In-Place-Algorithmus" hat allerdings die Reihenfolge, in der die Zustände während des Durchlaufs aktualisiert werden, einen deutlichen Einfluss auf die Geschwindigkeit in der die Werte konvergieren.

Für das Verständnis der Dynamik des Algorithmus aufschlussreich ist es, zu beobachten, wie sich im Verlauf der Iterationen, ausgehend von den Zuständen mit hoher Bewertung bzw. direkt zugänglicher Belohnung, – den „Affordanzen", die hohen Bewertungen in alle Richtungen über den gesamten erreichbaren Zustandsraum ausbreiten. Hierfür sollten die Zustände niedrig bzw. mit 0 initialisiert sein. Die Werte schmelzen durch den Discountfaktor mit zunehmender Entfernung von der Quelle des Werts ab. An Stellen, wo zwei unterschiedliche Bewertungen aufeinandertreffen, setzt sich die jeweils höhere Bewertung durch. Trifft eine Bewertung den Zustand in dem sich der Agent befindet, dann konnte eine zielführende Episode ermittelt werden. Der Algorithmus ermittelt quasi ausgehend von den attraktiven Zielzuständen im Zustandsraum in alle Richtungen die Wege bis zum Zustand des Agenten. Was auch durch den Begriff „backward induction" unterstrichen wird.

Eine allein auf Zustandsbewertungen $V^*(s)$ und einer einfachen „greedy"-Taktik basierende Steuerung kann in einer probabilistischen Umgebung allerdings unzulänglich sein, wie folgendes Beispiel zeigt. Eine „greedy"-Taktik, die immer direkt dem höchstbewerteten Nachbarzustand folgt, kann in gefährliche Situationen führen, wie das Beispiel in der Abb. 3.4 zeigt. Ein solcher Agent würde hier die Gefahr ignorieren, die von den „Fallen" ausgeht. Zwar haben wir probabilistisch kalkuliert, trotzdem sind die langfristig zu erwartenden Belohnungen beim Verfolgen des riskanteren Pfades geringer als beim sicheren Pfad (Abb. 3.4 B.). Dieses Problem erscheint in der Literatur auch als „windy cliff walking"-Szenario (Sutton und Barto 2018).

Entsprechend $Q(s,a) \leftarrow \sum_{s',r} p(s',r|s,a)[r + \gamma V(s')]$ entsteht der Wert von 0,48 im Zustand (2;3) aus einer möglichen Transition mit a_0 nach „oben" zu (2;2).

$$Q([2,3], a_0) = \gamma (0,1 \cdot 0,426 + 0,8 \cdot 0,541 + 0,1 \cdot 0,572) = 0,47934 \approx 0,48$$

Ebenso entsteht der Wert 0,572 in (3;3) aus der möglichen Transition nach (3;2). Der tatsächlich stattfindende Übergang von (2;3) nach (3;3) per a_1 hätte mit unserem Transitionsmodell allerdings nur einen Wert von:

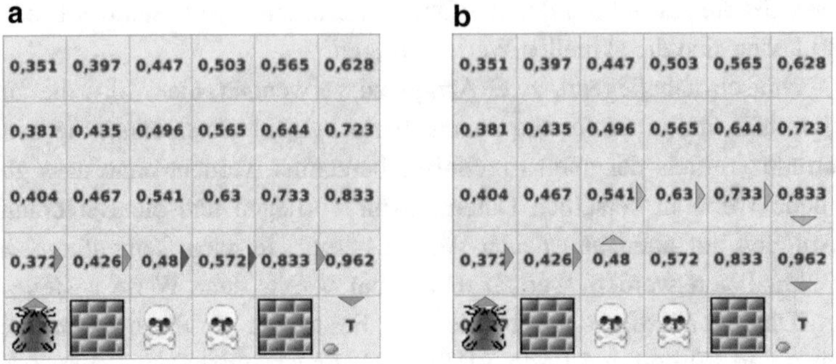

a

0,351	0,397	0,447	0,503	0,565	0,628
0,381	0,435	0,496	0,565	0,644	0,723
0,404	0,467	0,541	0,63	0,733	0,833
0,372	0,426	0,48	0,572	0,833	0,962

b

0,351	0,397	0,447	0,503	0,565	0,628
0,381	0,435	0,496	0,565	0,644	0,723
0,404	0,467	0,541	0,63	0,733	0,833
0,372	0,426	0,48	0,572	0,833	0,962

Abb. 3.4 Links (A.) Verlauf mit „gieriger" Taktik auf Grundlage der Zustandsbewertungen. Rechts (B.) eine optimale Episode

$$Q([2,3], a_1) = 0,1 \cdot (-10) + \gamma (0,1 \cdot 0,541 + 0,8 \cdot 0,572) = -0,539...$$

Was offensichtlich nicht optimal ist. Eine Lösung wäre es, die Taktik des Hamsters intelligenter zu machen und ihr beizubringen, das eigene Transitionsmodell zu berücksichtigen. Setzen wir für die Steuerung $\pi(s) = argmax_a \sum_{s',r} p(s', r|s, a)[r + \gamma V(s')]$ ein, so würde das dem Agenten erlauben die eigenen Aktionen besser zu bewerten und auszuwählen. Sie können das ausprobieren, indem Sie in der Steuerung des „Greedy-Hamster", die in der Methode P_Policy festgelegt wird, die Funktion P_Policy_Deterministic im Return-Statement durch die Funktion P_Policy_withTransitionmodel ersetzen.

```
public double[] P_Policy(int x, int y){
        return P_Policy_withTransitionmodel(x,y);
}
```

Hierdurch ändert sich auf den ersten Blick nicht viel. Jedoch kann man mit etwas Geduld feststellen, dass der Hamster öfter dem sichereren Pfad Abb. 3.4 Rechts (B.) folgt.

3.1.2 Taktikbasierte Zustandsbewertung (Belohnungsvorhersage)

Es ist auch möglich eine „realistischere" Bewertungsrechnung vorzunehmen. Was in solchen Umständen zu einer „besseren", d. h. weniger riskanten Zustandsbewertung führt. Hierfür müssen wir nicht von den gewünschten Zielzuständen her rechnen, sondern kalkulieren, was in einer Situation mit einer gegebenen Hamster-Policy tatsächlich passieren würde.

Um einen Zustand s auf diese Weise bewerten zu können, müssten wir die kumulierten und diskontierten Belohnungen berechnen, wenn einer Policy π von dem Agenten ab Zustand s gefolgt werden würde. Wir gehen hier auch entsprechend der dynamischen Programmierung vor und erhalten einen Algorithmus, der der „value-iteration" ganz ähnlich ist:

„policy-evaluation"

```
1 Initialize Vπ(s) ∈ ℝ und π(s) ∈ A(s) arbitrarily for all s ∈ S
2 Repeat:
3       Δ ← 0
4       for all s ∈ S:
5           v_old ← Vπ(s)
6           Vπ(s) ← ∑_{s',r} p(s',r|s,π(s))[r + γVπ(s')]
7           Δ ← max(Δ, |v_old − Vπ(s)|)
8 While Δ > δ  (δ small threshold value for the detection of conver-
  gence)
```

Bei jedem Durchlauf k durch den Zustandsraum nähern sich bei diesem Verfahren die Werte V_k den Werten V^π an. Wiederholen wird das Vorgehen für jeden Zustand s aus S solange, bis die Änderungen hinreichend klein sind, dann haben wir eine Näherung für V^π erhalten. Dies wird in der Literatur „policy evaluation" bezeichnet. Im Reinforcement Learning wird der Ansatz auch „prediction problem"[1] (Vorhersageproblem) genannt. In unserm vollständig bekannten Umweltsystem haben wir noch keinen Unterschied zwischen Vorhersage und tatsächlicher Beobachtung, – wir wissen genau, was wir bekommen werden –, dies wird uns im Kapitel über die Lernalgorithmen allerdings erneut begegnen, wo wir vor der zusätzlichen Herausforderung stehen, den Zustandsraum erkunden zu müssen.

Wir finden mit diesem Verfahren die Funktion $V^\pi(s)$, die die kumulative Belohnung vorhersagt, welche wir mit unserer gegenwärtigen Steuerung in den jeweiligen Zuständen erhalten können. Ein solches „realistischeres", taktikbasiertes Vorgehen bei der Bewertung wird auch „on-policy" bezeichnet, während die zielorientierte Methode „off-policy" genannt wird.

Im Hamsterprogramm können Sie die PolicyEvaluation ganz leicht dadurch erzeugen, indem Sie in der Iterationsschleife in der Klasse „ValueIteration" den Aufruf der Funktion „targetOrientedEvaluation" durch die Funktion „policybasedEvaluation" ersetzen, welche die Berechnung durch

$$V^\pi(s) \leftarrow \sum_{s',r} p(s',r|s,\pi(s))[r + \gamma V^\pi(s')]$$

erledigt.

---

[1] Vgl. Sutton und Barto 2018, Kap. 4.1

```
private boolean evaluateStates(){
    List objects;
    double maxDelta=0.0;
    for ( int i=0;i<worldWidth;i++ ){
        for( int j=0;j<worldHeight;j++ ){
        objects = this.getObjectsAt(i,j,Wall.class);
        if (( objects.size()==0 ) && (!isTerminal(i,j))){
            double v_alt = V[i][j];
            Actionvalue maxAW = policybasedEvaluation(i,j);
            V[i][j] = maxAW.v;
            double delta = V[i][j]-v_alt;
            if (maxDelta<delta) maxDelta = delta;
        }
      }
    }
  return (maxDelta<=minDelta);
}
public Actionvalue policybasedEvaluation(int x, int y){
    double value=0;
    int maxA = -1;
    double[] P = hamster.P_Policy(x,y);
    for (int a=0;a<P.length;a++){
        if (P[a]>0){
            ArrayList <Transition> successorStates = RL_GridWorl-
dAgent.
                    successorStateDistribution(this,x,y,a);
            value += P[a]*weightedValuation(successorStates);
            maxA=a;
        }
    }
    return new Actionvalue(maxA,value);
}
```

Die Klasse „Aktionswert" ist nur eine Art Datensatz, welcher aus zwei Elementen besteht, die Bewertung v und die dazugehörende Aktion a. Dabei geht es nur darum, dass die Aktion, die bei der Berechnung des Maximums mit anfällt von der Funktion mitgeliefert wird und nicht verloren geht.

Für die folgenden Ausführungen wurde am Hamster wieder die „modellfreie" einfache Greedy-Policy eingestellt. In einem deterministischen Transitionsmodell mit einer „gierigen" Policy stimmen die berechneten Werte zwischen „value-iteration" und „policy-evaluation" überein. Bei einer indeterministischen Transition gibt es allerdings deutliche Unterschiede. Die „on-policy"-Bewertungen sind deutlich vorsichtiger, vgl. Abb. 3.5

Warum ist die Bewertung des Zustandes (3,3) nun so stark negativ, obwohl es mit dem Übergang nach (3,2) auch eine gute und sichere Aktion gibt? In gewissem Sinne kalkuliert die Policy-Evaluation ein, dass der Hamster in (3,3) mit modellfreier Greedy-

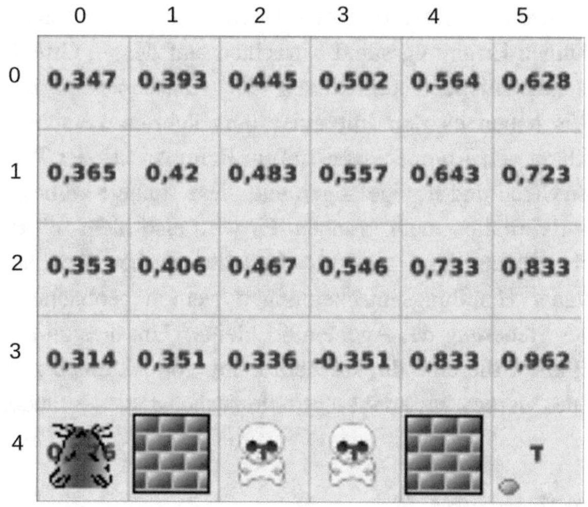

	0	1	2	3	4	5
0	0,347	0,393	0,445	0,502	0,564	0,628
1	0,365	0,42	0,483	0,557	0,643	0,723
2	0,353	0,406	0,467	0,546	0,733	0,833
3	0,314	0,351	0,336	-0,351	0,833	0,962
4						T

Abb. 3.5 Zustandsbewertungen mit der „Policy Evaluation"

Policy der hohen Bewertung von 0,833 in (4,3) nicht widerstehen kann, womit eine 10 % Wahrscheinlichkeit entsteht, in die tödliche Falle zu geraten, wenn sich der Agent in (3,3) befindet. An dieser Stelle wird das „Fehlverhalten" des Hamsters zwar „eingepreist", allerdings nicht behoben, frei nach dem Motto des unflexiblen „Realisten": „Ich bin eben so."

Eine bessere Lösung wäre es wiederum, eine feiner aufgelöste „abwägende" Policy zu verwenden, die mithilfe des Transitions- und Umgebungsmodells alle $Q(s, a_i)$ Werte berechnet und zur Grundlage der Aktionswahl macht. Hierbei entstehen zunächst die gleichen Zustandsbewertungen, wie in der „value-iteration", die zielorientierte Berechnung des Maximums und die Aktionsentscheidung findet nun jedoch „vorsichtiger" in der Policy des Hamsters statt.

Auf der Ebene der Zustandsbewertungen $V(s)$ und gieriger Policy können wir also mitunter kein optimales Verhalten erzeugen, da der Wert eines Übergangs im probabilistischen Fall von mehreren Nachbarzuständen abhängig ist. Um Abhilfe zu schaffen, können wir den Hamster ein Stück weit seine Optionen selbst durchrechnen lassen oder aber in den Zuständen „feinere" Strukturen schaffen und statt einfacher Zustandsbewertungen $V(s)$ für jede mögliche Handlungsoption $a_i \epsilon A(s)$ in den Zuständen die Aktionswerte $Q(s, a_i)$ hinterlegen.

3.2 Taktiksuche

In der Wertiteration werden mit jedem Sweep die Einschätzungen der Umweltzustände aktualisiert, was sich im Endeffekt auf das Verhalten eines Agenten mit einer mehr oder weniger „gierigen" Steuerung auswirkt.

Aus der Sicht eines experimentierenden Agenten können wir die Steuerung π auch als unseren vorläufigen Erfahrungsstand betrachten, auf dessen Grundlage wir zunächst spontan handeln. Anschließend reflektieren wir Konsequenzen und Verbesserungsmöglichkeiten. Wir haben es nun mit einer umgekehrten Perspektive auf die automatische Entwicklung von Kompetenzen zu tun. Beim Ansatz der Taktiksuche wird mit einer willkürlichen Steuerung π angefangen und diese solange verbessert, bis sich keine Verbesserungen im Verhalten mehr ergeben. Es wird also nicht mit der Bewertung der Umweltzustände begonnen, um verbessertes Verhalten zu bewirken, sondern umgekehrt, die Folgen spontaner Handlungsentscheidungen werden beobachtet, um daraus Verbesserungen an der Steuerung des Agenten abzuleiten. Um dies zu implementieren, benötigen wir eine Policy, die eine direkte Zuordnung von Aktionen zu beobachteten Zuständen erlaubt. Dies werden wir an dieser Stelle zunächst wieder tabellarisch lösen.

3.2.1 Taktikoptimierung

Die Optimierung einer gegebenen Policy π funktioniert so, dass mittels der Bewertungen $V^\pi(s)$ und der zielorientierten Berechnung $E(r|s,a) + \gamma \sum_{s' \in S} P(s'|s,a) V^\pi(s')$ für alle im Zustand möglichen Aktionen $a \in A(s)$ geprüft wird, ob es eine alternative Aktion a gibt, die zu einem besseren Zustand führen würde, als die, die von unserer vorläufigen Steuerung vorgeschlagen wird.

Wenn dies der Fall ist, d. h. wir eine bessere Aktionsmöglichkeit entdecken, wird die Taktik mit der neu aufgefundenen Handlungsoption aktualisiert. Es ist offensichtlich, dass wir sicher sein können, dass sich die Taktik bei jedem dieser Updates verbessert.

„policy-improvement"

```
1    for each s ∈ S
2        π' ← π
3        Calculate state value "policy-based"
         vπ = ∑s',r p(s', r|s, π(s)) [r + γ Vπ(s')]
4        Check, using the values Vπ(s) and target-oriented evaluation.
         for all actions a ∈ As,  va = E[r|s,a] + γ ∑s'∈S P(s'|s,a) Vπ(s')
         („value-
         based"), whether there is an alternative action a with va > vπ
         and adjust the policy accordingly:
5        π'(s) ← argmaxa(va)
```

Wir benötigen hierfür eine anpassbare Policy, bei der wir direkt einstellen können, welche Aktion in einem gegebenen Zustand gewählt werden soll. Dies leistet in der Klasse HamsterMitFlexiblerPolicy ein einfaches Integer-Array, dass jedem Zustand (Kästchen mit den Koordinaten x,y) eine Aktion zuordnet.

```
protected int[ ][ ] pi;
```

Die Policy des Hamsters reduziert sich dadurch auf eine Abfrage dieses Arrays. Unser
Szenarion ist hier deterministisch, d. h. der gespeicherten Aktion wird im Prinzip die
Auswahlwahrscheinlichkeit 1 zugeordnet.

```
public double[] P_Policy(int x, int y){
  double[] P = new double[env.neighborStates.length];
  Arrays.fill(P,0.0);
  int a=getA_Pi(x,y);
  P[a]=1.0;
  return P;
}
```

Eine Java-Umsetzung des „policy-improvement"-Algorithmus ist unten angegeben. Für
jedes Feld, das keine Mauer ist, wird eine zielorientierte Bewertung, also eine „gierige"
Überprüfung der Nachbarzustände, durchgeführt.

Anders als bisher benötigen wir nun nicht die beste Bewertung, sondern die beste
Aktion, denn wir aktualisieren die Policy, nicht die Zustandsbewertung. Weicht die gefundene Aktion von der gegenwärtig in der Policy für diesen Zustand gespeicherten Aktion ab, so wird die Taktik entsprechend angepasst. Falls eine Änderung stattfindet, mel-
det die Funktion „false" zurück, was bedeuten soll, dass noch kein stabiler Zustand von
Pi erreicht worden ist.

Java Umsetzung eines „policy-improvement"

```
private boolean policyImprovement(){
  boolean policystable=true;
  for ( int i=0;i<worldWidth;i++ ){
      for( int j=0;j<worldHeight;j++ ){
          List objects = this.getObjectsAt(i,j,Wall.class);
          if (( objects.size()==0 ) && (!isTerminal(i,j))){
          Actionvalue maxAW = targetOrientedEvaluation(i,j);
          if (maxAW.a!=hamster.getPi(i,j)){
              hamster.setPi(i,j,maxAW.a);
              policystable=false;
          }
      }
  }
  }
  }
  return policystable;
}
```

Besonders interessant wird diese Taktikoptimierung in Kombination mit einer Zustandsbewertung, da sich diese beiden Algorithmen in einer Art „Dialog" gegenseitig verbessern können.

3.2.2   Policy-Iteration

In der „policy-iteration" werden beide Algorithmen, die „policy-evaluation" und das „policy-improvement" kombiniert (Sutton und Barto 2018). Dabei wird wieder mit einer willkürlich gewählten Taktik π begonnen. Diese wird mittels „policy-improvement" und der bis dahin erreichten Bewertungsfunktion V^π verbessert. Mit der neuen, verbesserten Steuerung errechnen wir dann eine entsprechend verbesserte Zustandsbewertung, die dann wiederum genutzt wird, um die Policy zu überprüfen und eine verbesserte Policy $\pi\prime$ zu erhalten. Da sich die Taktik bei einer Anpassung garantiert verbessert, ist gewährleistet, dass wir eine Abfolge von sich monoton verbessernden Taktiken π_k und entsprechende Bewertungen $V^\pi{}_k$ erhalten. Man wiederholt dies nun solange, bis sich keine Verbesserungen mehr ergeben.

$$\pi_0 \to V_0^\pi \to \pi_1 \to V_1^\pi \to \pi_2 \to \cdots \to \pi^*$$

Die benötigte Rechenzeit bei der Taktik-Iteration ist zwar im Allgemeinen höher als bei der Wertiteration, es werden jedoch weniger Durchläufe benötigt, bis das Optimum erreicht ist vgl. (Alpaydin 2019) Abschn. 18.4.2, (Russell und Norvig 2010).

„policy-iteration"

```
1      Initialize V(s) ∈ R und π(s) ∈ A arbitrarily for all s ∈ S
2      Repeat:
           1. Evaluate states with current policy:
3          Repeat:
4             Δ ← 0
5             Loop for each s ∈ S:
6                v ← Vπ(s)
7                Vπ(s) ← ∑s',r P(s',r|s,π(s))[r + γVπ(s')]   „policy based")
8                Δ ← max(Δ, |v − V(s)|)
9             While Δ > θ  (θ small threshold value for the detection of
              convergence)
           2. Policy improvement with the updated state evaluation:
10         for each s ∈ S:
11            π' ← π
12            Check, using the values Vπ(s) and target-oriente
              evaluation        for        all        actions       a ∈ As,
              va = E[r|s,a] + γ∑s'∈S P(s'|s,a)Vπ(s')           („value-based"),
              whether
```

```
                          there is an alternative action a with vₐ > vπ and adjust
                          the policy accordingly:
13                        π′(s) ← argmaxₐ(vₐ)
14        Until no changes to policy take place at improvement step (2.)
          (π ≠ π′)
```

Um den Algorithmus im Greenfoot auszuprobieren, müssen Sie die Umwelt „PolicyI-teration" erzeugen (Kontextmenü der entsprechenden Klasse und dann new PolicyItera-tion()). Der Hamsteragent sollte danach ein grünes Outfit haben. In der Klasse finden Sie den Code für einen Durchlauf der Policy- Iteration in der Methode „Act", der beim Betätigen des entsprechenden Buttons einmal oder durch Betätigen des „Run"-Buttons wiederholt aufgerufen wird. Den Code finden Sie auch nochmal in der Funktion iterie-ren(), diese führt die Policy-Iteration optional komplett oder mit n Durchläufen durch.

```
public void iterate(int n){
  boolean policystabil=true; int k=0;
  do{
      if ((n!=PolicyIteration.UNTIL_STABLE) && (k>=n)) break;
      boolean minDeltaReached = false; int c=0;
      while (!minDeltaReached) {
          minDeltaReached=evaluateStates();
          c++;
      }
      policystable=policyImprovement();
      updateDisplay();
      k++;
  }while(!policystable);
}
```

Wenn Sie einmal „Act" betätigen, dann werden in den Zuständen die „Tracemarker" aktiviert, die die aktuelle Policy anzeigen. Mit jedem weiterem Sweep werden die Be-wertungen und entsprechend auch die Zuordnung der Aktionen angepasst. Der Algorith-mus konvergiert zügig zur optimalen Policy innerhalb weniger Durchläufe Abb. 3.6 Inte-ressant ist vielleicht auch, wie der Algorithmus eine optimale Lösung für die Situation an den Fallen, z. B. auf dem Feld (3,3) liefert.

Sicherlich ist die Policy-Iteration für unser Szenario nicht die sparsamste Lösung. Wenn wir z. B. die „policy-evaluation" durch die in Abschn. 3.1.1 vorgestellte „value-iteration" ersetzen, erhalten wir die optimal angepasste Policy Abb. 3.7 ohne viel hin und her nach einem Durchgang.

Allerdings hat die Policy-Iteration eine besondere theoretische Bedeutung. Fast alle Methoden des Reinforcement Learnings können unter dem Gesichtspunkt der „Policy-Iteration" betrachtet werden, weil sie alle Steuerungen $\pi(s)$ und Bewertungsfunktionen $V(s)$ besitzen, wobei die Policy in Bezug auf die Bewertungsfunktion angepasst, „gierig

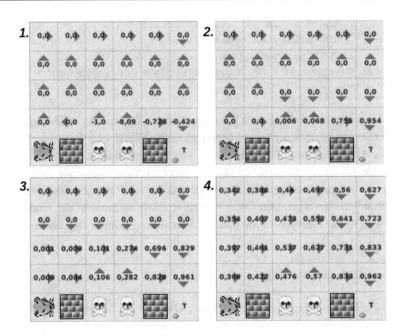

Abb. 3.6 Ablauf der Policy-Iteration. Zeilenweise von linksoben nach rechtsunten der Zustand nach ein, zwei, drei und vier Durchläufen

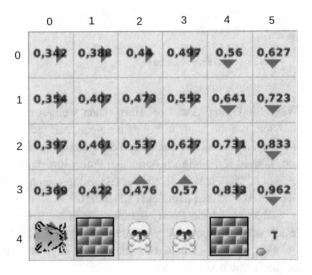

Abb. 3.7 Endergebnis: Optimale Policy und Bewertung

gemacht", wird und die Zustandsbewertungen wiederum von der aktuellen Steuerung abhängig sind. In (Sutton und Barto 2018) wird daher der Begriff einer „Allgemeinen Policy Iteration" vorgeschlagen, „Generalized Policy Iteration" (GPI). Mit dem Be-

griff beschreiben Sie allgemein die Idee, dass man die Prozesse der „Policy-Evaluation"
und des „Policy-Improvement" zusammenwirken lässt, unabhängig von den jeweiligen
Realisierungsarten und sonstiger Details der beiden Prozesse.

Eine andere interessante Eigenschaft ist, dass man damit feststellen kann, wann Bewertungsfunktion und Steuerung optimal sind. Die Policy stabilisiert sich nur dann,
wenn hinsichtlich der gegebenen Bewertungen keine alternativen Aktionen mehr aus-
wählbar sind, – es keine „gierigere" Taktik mehr gibt. Die Bewertungsfunktion stabilisiert sich nur, wenn keine „kürzeren Pfade" zu den Belohnungen mehr vorhanden
sind. Das „Policy-Improvement" bewegt sich in der Dimension der Aktionsmöglichkeiten, die „Policy-Evaluation" optimiert die Pfade zu den Zielen. Die Auswahl einer
alternativen Aktion beeinträchtigt die gegebene Bewertung der Zustände, auf der anderen Seite führt eine Korrektur der Zustandsbewertungen dazu, dass neue Taktikver-
besserungen gefunden werden können. Die Prozesse konsolidieren sich erst, wenn
eine Taktik gefunden wurde, die mit der aus ihr hervorgegangenen, eigenen Bewertung
übereinstimmt. Wenn sich sowohl der Evaluierungsprozess als auch der Entscheidungs-
prozess (Aktionsauswahl) stabilisiert haben, dann müssen die Bewertungsfunktion
und die Policy optimal sein. Im Übrigen wird dann auch wegen der Kombination aus
„absolut gieriger Taktik" und „korrekter Bewertung" in allen Zuständen (überall gilt
$V^{\pi}(s) = \sum_{s',r} P(s',r|s,\pi(s))[r + \gamma V^{\pi}(s')]$) auch das Bellman-Optimalitätskriterium
Kap. 2 erfüllt, vgl. (Sutton und Barto 2018) (Abb. 3.8).

Philosophisch betrachtet sind wir hinsichtlich der Komplexität unserer Vorstellung
von der Entstehung intelligenten Verhaltens ein klein wenig „aufgestiegen". Statt dieses Verhalten als zielorientierte Suche nach einem möglichst kurzen Weg zu betrachten,
sehen wir dies nun hervorgehen aus einem Wechselspiel von routinierter Intuition und
bewertender Zielvorstellung. Während durch die Bewertungen die Zustände der Welt in
einen zielorientierten Zusammenhang gebracht werden, verbindet die reaktive Steuerung
die diversen Umweltzustände über die für jede Situation hinterlegten Aktionen. Die beiden Komponenten, die auf unterschiedlichen Ansätzen beruhen, können somit in eine
produktive Wechselwirkung gebracht werden und bieten zudem ein Ziel- bzw. Abbruchkriterium an.

Fortschritte wie die GPI zeigen auch, dass wir in der KI nicht auf einen mechani-
schen „computerisierten" Begriff von kognitiven Tätigkeiten festgelegt bleiben müssen.
Wir werden durch die Bauweise des Computers nicht derartig festgelegt, wie manche
Kritiker meinen. Die Aussage eine „mechanistische Rechenmaschine" könne z. B. dia-
lektische Prozesse[2] nicht abbilden, hat so viel Wert, wie die Aussage, dass ein Schiff aus
Eisen niemals schwimmen könne, weil es zu schwer sei. Selbst die herkömmliche von
Von-Neumann-Architektur des Computers ist bereits ein überaus flexibles Baumaterial,
man denke dabei auch an Wettermodelle oder die Simulation künstlicher Nervenzellen.

---

[2] Prozesse die einander widersprechen, aber doch eine Einheit bilden und sich u. U. in einer neuen.
Stufe aufheben können.

Abb. 3.8 Wechselseitige
Optimierung von Taktik und
Zustandsbewertung

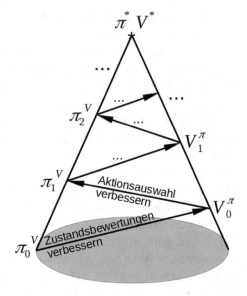

Es zeigt sich hier, das sich Prozesse abbilden lassen, die man auch als einander „produktiv widersprechend" interpretieren kann.

3.3   Optimale Taktik in einem Brettspiel-Szenario

Die dargestellten Erkenntnisse lassen sich auf Brettspielszenarien übertragen. Häufig finden solche Spiele auf einer Art Raster statt, wie z. B. Schach, Dame, Go oder TicTacToe usw. Allerdings ist es hier nun so, dass die gesamte „Gridworld" einen Zustand repräsentiert und die Folgezustandsmenge, durch die Spielregeln definiert wird, welche üblicherweise festlegen, welche Spielzüge in einer gegebenen Situation möglich sind. Hinzu kommt noch die Festlegung von Zielzuständen, die einen mehr oder weniger großen Gewinn für die Spieler beinhalten. Die Zustände sind nun „zeitlich" benachbart und müssen mithilfe einer Art von Simulationsmodell entfaltet werden.

In Brettspielen haben wir es in der Regel mit einem Gegenspieler zu tun, der gegen uns arbeitet, wenn man von Rätselszenarien, z. B. das Spiel die „Türme von Hanoi", diversen Puzzles oder ähnlichem absieht. Daher kommt nun noch die bislang nicht besprochene Besonderheit hinzu, dass die Umwelt eine eigene Dynamik aufweist, von der abhängt, welchen Folgezustand wir nach unserer eigenen Aktion beobachten. Bei einer Brettspiel-Umgebung hilft uns, dass wir bei der Vorhersage des Verhaltens davon ausgehen können, dass der Gegenspieler uns selbst gleicht und ebenfalls einfach versucht, seinen Gewinn zu maximieren. Außerdem spielen keine weiteren eigenständigen, von unserem Wirken unabhängige Prozesse in einer solchen Umwelt eine Rolle.

Eine Belohnung erhalten wir, wenn wir auf dem Spielfeld einen Gewinnzustand erreichen. In einem der üblichen „Nullsummenspiele" mit zwei Spielern erhält der Gegner die gleiche „Belohnung" wie wir, allerdings mit einem umgekehrten Vorzeichen. Gewinnt der Gegner, dann kassieren wir eine entsprechende „negative Belohnung". Wie sieht eine optimale Taktik bei einem solchen Spiel aus?

Wir müssen nicht nur den schnellsten Weg zu einem Gewinnzustand finden, sondern müssen zudem berücksichtigen, dass der Gegner nach jedem Zug versucht, seinen Vorteil zu maximieren, d. h. einen „Worst-case" für uns zu verursachen. Wie bewerten wir eine für uns mögliche Aktion unter diesen Umständen?

Schauen wir daher unser Verhalten in so einem Spiel noch einmal genauer an. Können wir mit dem nächsten Zug einen Gewinnzustand erreichen, dann fällt uns die Entscheidung leicht: wir wählen die Aktion und kassieren die Belohnung. Was tun wir, wenn wir nur Aktionsmöglichkeiten ohne Belohnung vorfinden? Hierbei müssen wir davon ausgehen, dass der Gegner versucht, mit seinem Zug unseren Gewinn zu minimieren, d. h. wir müssen in diesem Fall bei jedem für uns möglichen Zug davon ausgehen, dass der Gegner danach eine Aktion wählt, die für ihn am besten ist, also für uns den kleinsten möglichen Nutzen bringt. Kann auch der Gegner keinen Gewinnzustand erreichen, so wiederholt dieser das gleiche Prinzip und prüft, was wir jeweils für einen Zug wählen würden.

In Abb. 3.9 ist ein Teilbereich des TicTacToe-Zustandsraums dargestellt. Es sind auch einige Bewertungen vermerkt. Können wir einen Gewinnzustand feststellen, dann bekommt der Spieler für den bewertet wird + 100, andernfalls übernehmen wir die größte der Bewertungen aus der direkt nachfolgenden Zustandswolke. Allerdings muss dieser Wert beim Überschreiten der farbigen Kreise negiert werden, da sich in einem Szenario mit Gegenspieler die Sichtweise auf die Bewertung eines Zustandes beim Spielerwechsel umkehrt.

Wegen dieser ständigen Wiederholung einer gleichartigen Bewertungsmethode können wir den kompletten Zustandsraum mithilfe eines rekursiven Algorithmus entfalten und bewerten. Algorithmen die diese Aufgabe rekursiv lösen, wären z. B. der „NegaMax" oder der „MiniMax". Den „NegaMax"-Algorithmus werden wir uns im Folgenden kurz näher anschauen, da er etwas besser die diskutierte Logik abbildet. Im Prinzip realisiert dieser eine Tiefensuche im „Spielbaum" und propagiert gefundene Belohnungen in der beschriebenen Weise wieder zurück nach oben.

„NegaMax" (for TicTacToe)

```
1     function NegaMax_evaluation(s, player)   ; s ∈ S and player ∈ {ıXı, ıOı}
2     if s a terminal state
3              return Reward(s)
4 else
5         v ← −∞
6         opponent ← {ıXı, ıOı} \ player
5     for each a ∈ A(s)
```

```
6       Execute action a in s and observe s' (simulation).
7       v ← max(v, −NegaMax_evaluation(s', opponent))
8    Return v
```

Wenn wir das TicTacToe-Spiel und den obigen rekursiven Algorithmus in unsere Begriffe
übertragen, dann können wir sagen, dass wir eine Art zielorientierte Zustandsbewertung
innerhalb einer deterministischen Umgebung vornehmen, in der die erwartete Belohnung
nicht diskontiert wird, d. h. unser Discountfaktor γ hat den Wert $\gamma = 1$. Der Algorithmus
errechnet die optimale Bewertung $V^*(s)$, weil wir jeweils alle Folgezustände überprüfen,
dort die Q-Werte berechnen und das Maximum wählen. Dabei gibt es immer nur zwei
Fälle, entweder nehmen wir die direkte Belohnung aus terminalen Zuständen oder wir

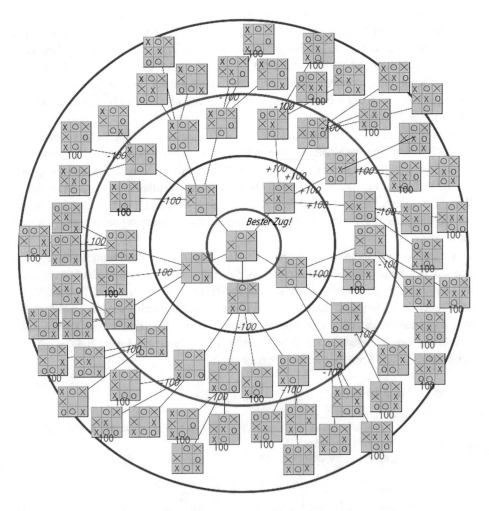

Abb. 3.9 Ausschnitt des Zustandsraums bei TicTacToe

überprüfen durch Selbstaufruf wiederum alle möglichen Folgezustände. Dies setzen wir solange fort, bis wir jeweils in einem Blattknoten angelangt sind.

Da TicTacToe ein recht übersichtliches Spiel mit nur 5478 Spielsituationen und 255.168 möglichen Spielverläufen ist, können wir mit unserem Algorithmus recht leicht einen optimal spielenden Agenten errechnen. Eine Java-Umsetzung des Algorithmus in Greenfoot können Sie im Begleitmaterial im Verzeichnis „chapter 3 optimal decision making>TicTacToeWithNegaMax" finden. Durch Betätigen des „Run"-Knopfes können Sie auch selbst gegen den Algorithmus antreten und dabei auch die Bewertungen von NegaMax beobachten.

The recursive state evaluation of NegaMax-algorithm

```java
public double evaluateAction( int action, char player ){
    state[action]=player;
    double reward = getReward(state, player);
    if (reward!=0) {
        state[action]='-';
        return reward;
    }
    player = (player=='o') ? 'x':'o'; // change player
    ArrayList <Integer> A = coursesOfAction(state);
    if (A.size()==0){
    state[action]='-';
    return 0;//If the field is full,the game is over and the return is
0.
    }
    double maxNegative = Double.POSITIVE_INFINITY;
    for (int i=0;i<A.size();i++){
        double value = -evaluateAction( A.get(i), player );
        if (value < maxNegative) {
                maxNegative = value;
        }
    }
    state[action]='-'; // undo the trial
    return maxNegative;
}
```

Das Array char[] state, welches aus 9 Zeichen besteht, dient dazu, den vom Agenten gegenwärtig untersuchten Feldzustand zu speichern. Der Agent simuliert einen Zug a in dem er state[a] = 'x' bzw. = 'o' setzt. Um Speicherplatz zu sparen, ist das Feld global definiert. Der Agent arbeitet daher nur mit einer einzigen Datenstruktur. Daher müssen die „testweise" ausgeführte Züge im Anschluss wieder rückgängig gemacht werden. Dies erfolgt dadurch, dass am Ende durch state[a] = '-' wieder ein Minus-Zeichen an die entsprechende Stelle geschrieben wird. Das Minus steht für ein unbelegtes Feld.

3.4   Zusammenfassung

Bislang haben wir uns eigentlich noch nicht mit „Lernen" beschäftigt. In den bisherigen Ausführungen ging es um die Produktion einer optimalen Policy auf der Basis eines bekannten Umgebungsmodells. Hierbei haben wir Algorithmen der „Dynamischen Programmierung" kennengelernt. Dabei wurden zwei Varianten besprochen, eine die ausgehend von den Zielzuständen „off-policy" die Weltzustände bewertet und eine andere, die „on-policy", d. h. ausgehend von der gegebenen Steuerung des Agenten her prüft, welche Folgen ein Verhalten haben würde. Weiterhin haben wir einen Ansatz der „Taktiksuche" kennengelernt, der sensorischen Input direkt in Aktionen umwandelt und prüft, ob sich die zunächst willkürliche Zuordnung verbessern lässt. Schließlich haben wir die Ansätze „Zustandsbewertung" und „Taktiksuche" mit der „Policy-Iteration" kombiniert.

Die Algorithmen basierten auf einem vollständigen Umweltmodell, dessen Zustandsraum wir mithilfe von dynamischer oder rekursiver Programmierung versucht haben zu bändigen. In der Regel können wir allerdings nicht jeden möglichen Zustand, den die Welt des Agenten haben kann, durchkalkulieren. Bereits einfache Beispiele zeigen, dass schnell eine enorme unbeherrschbare Anzahl möglicher Zustände entsteht.

Bei den im Weiteren vorgestellten echten „Lernalgorithmen" werden uns die in den vorangegangenen Abschnitten vorgestellten Prinzipien immer wieder begegnen. Wir besitzen nun allerdings kein bewertetes Modell mehr und müssen das Umweltsystem erforschen. Wir verfolgen zunächst den Ansatz der Zusatndsbewertung, indem wir versuchen, mit unserem Agenten diese Bewertungen durch exploratives Verhalten zu ermitteln. Dies bedeutet, dass wir zum einen bewältigen müssen, dass wir nur beschränktes Wissen über die Umwelt haben, die noch erkundet werden muss Kap. 4, und darüber hinaus, dass wir mit beschränkten Ressourcen, Rechenzeit oder Speicherplatz, Kap. 5 auskommen müssen. Mit der Bearbeitung dieser Herausforderungen werden wir Algorithmen erhalten, die deutlich mächtiger sind, da sie flexibel mit unbekannten „großen" Umweltsystemen umgehen und diese erforschen können. Zudem werden wir neue Einsichten zu Themen wie „Erkunden", „Lernen", „Planen" oder „Entscheiden" gewinnen.

Übungsaufgabe 1

Wie sähen drei Schritte der Wertiteration mit $\gamma = 0{,}9$ und deterministischen Aktionen für die abgebildete „Beispielwelt" aus?

START			r = −100
			r = 100

Prüfen Sie ihre Lösung im Hamsterszenario, in dem Sie eine passende Arena anlegen.

Lösung
1. sweep

START			r = −100
			100
		100	Terminal mit r = 100

2. sweep

START			r = −100
		90	100
	90	100	Terminal mit r = 100

3. sweep

START		81	r = −100
	81	90	100
81	90	100	Terminal mit r = 100

Übungsaufgabe 2
Wie verändern sich allgemein die Feldwerte, wenn man die Zuverlässigkeit der Bewegungen des Hamsters verringert?

Lösung
Es sollten in der Nähe der negativen Zustände („Fallen") schlechtere Bewertungen auftreten, insbesondere dann, wenn sich der Hamster nicht „wegdrehen" kann, weil statt dem skontierten Wert des besten s', den wir mit Wahrscheinlichkeit 1 erreichen, die Produktsumme $\gamma \sum_{s' \in S} P(s'|s, a) \cdot V(s')$ zur Zustandsbewertung herangezogen wird.

Übungsaufgabe 3
Experimentieren Sie mit einem Transitionsmodell „transitChaotic", wo der Hamster zu jeweils 1/3 Wahrscheinlichkeit den vorn liegenden, den linken oder den rechten Zustand erreicht. Welche Anpassungen am Code müssen dafür gemacht werden?

Durch welche Umstände erhöht sich bei einem indeterministischen Transitionsmodell der negative Einfluss der Fallen auf benachbarte Zustände besonders stark?

Lösung

In der Klasse RL_GridWorldAgent müsste eine Struktur in der Form hinzugefügt werden

```
public static final double[][] transitChaotic = {
                    {0.34,0.33,0.0,0.33},
                    {0.33,0.34,0.33,0.0},
                    {0.0,0.33,0.34,0.33},
                    {0.33,0.0,0.33,0.34}};
```

und z. B. in der entsprechenden Zeile direkt unter den Deklarationen der Transitmodelle mit

eingebunden werden.

```
protected static double[][] transitModel = transitChaotic;
```

Falls es keine Ausweichmöglichkeit für den Hamster gibt, z. B. in einem engen Gang, sollte der negative Einfluss der Fallen deutlich ansteigen. Zudem sollte es dann auch deutlich länger dauern, bis die Iteration konvergiert ist.

Literatur

Alpaydin E (2019) Maschinelles Lernen., 2., erweiterte Auflage. De Gruyter Studium, Berlin/Boston.

Bohles D. Java-hamster-model. www.java-hamster-modell.de

Russell S, Norvig P (2010) Artificial intelligence. A modern approach, 3. Aufl. Pearson Education, New Jersey

Sutton RS, Barto A (2018) Reinforcement learning. An introduction, 2. Aufl. The MIT Press (Adaptive computation and machine learning), Cambridge/London

Entscheiden und Lernen in einer unbekannten Umwelt

4

Ergänzende Information Die elektronische Version dieses Kapitels enthält Zusatzmaterial, auf das über folgenden Link zugegriffen werden kann https://doi.org/10.1007/978-3-662-68311-8_4.

U. Lorenz, *Reinforcement Learning,* https://doi.org/10.1007/978-3-662-68311-8_4

Nichts kann existieren ohne Ordnung. Nichts kann entstehen ohne Chaos. (Albert Einstein)

Zusammenfassung

In diesem Kapitel wird beschrieben, wie ein Agent ein unbekanntes Umweltsystem, in das er gesetzt wurde, erkunden kann. Dabei entdeckt er Zustände mit Belohnungen und muss zum einen die Pfade zu diesen Zielen optimieren, d. h. seine „Performanz verbessern", zum anderen aber auch neue Ziele und Handlungsoptionen erkunden. Hierbei muss der Agent einen Kompromiss zwischen „Ausbeutung" (Exploitation) und „Erkundung" (Exploration) berücksichtigen. Einerseits muss er den möglichen Lohn bereits entdeckter Ziele kassieren, andererseits die Erkundung bewerkstelligen ohne zu wissen, ob sich der Abstecher ins Neuland überhaupt lohnt. Hierbei gibt es verschiedene Ansätze, die wertvollen Erfahrungen zu verarbeiten, die der Agent sammelt. Zum einen zielen sie darauf ab, diese so zu verarbeiten, dass der Agent unter gleichen Bedingungen künftig besser reagiert („Modellfreie Methoden"), zum anderen gibt es Ansätze, die darauf abzielen, Modelle zu verbessern, die vorhersagen können, was bei der Auswahl bestimmter Aktionen passieren würde. Zudem gibt es auch Ansätze, die Exploration zu optimieren. Dabei können Begriffe wie bspw. „Neugier" oder „Langeweile" als Inspirationsquelle dienen.

Unsere Problemstellung ist nun deutlich komplexer als bei Algorithmen, welche „nur" optimale Entscheidungen berechnen müssen. Denn wir müssen nun zusätzlich herausfinden, an welchen Orten im Zustandsraum wir überhaupt Belohnungen erhalten. Wir werden unseren Agenten auf Erkundungstouren schicken müssen, bei denen er Entdeckungen macht, wie neue Belohnungen oder Transitionen (Zusammenhänge zwischen Orten bzw. Zuständen). Diese Entdeckungen müssen schließlich auch die Bewertungen in dem bis dahin schon erkundeten Gebiet beeinflussen, damit sich das Verhalten des Agenten insgesamt positiv entwickelt.

Wir werden dies zunächst erneut tabellarisch lösen und den potenziell gewaltigen Verbrauch an Speicherplatz ignorieren. Im Rahmen der bislang vorgestellten einfachen Szenarien ist dies mit heutigen Rechnern noch problemlos möglich. Vorher müssen wir uns allerdings noch den Trade-off zwischen „Exploration" und „Exploitation" anschauen.

4.1   Exploration vs. Exploitation

Bei der Erkundung einer Umgebung muss der Zufall eine gewisse Rolle spielen, wenn neue Pfade entdeckt werden sollen. Beim Erkunden muss die Agentensteuerung hin und wieder vom bislang besten festgestellten optimalen Pfad abweichen. Dies widerspricht der Vorgabe, eine möglichst optimale Verwertung der Umgebung durchzuführen. Wie geht man mit diesem Widerspruch um?

ε-greedy

Eine naheliegende Idee ist es, Explorations- und Exploitationsverhalten abzuwechseln. In den Explorationsphasen führen wir ein Training durch, in dem wir zufällig Aktionen auswählen und die Ergebnisse beobachten. In der Exploitationsphase handeln wir entsprechend der gegebenen Schätzung möglichst optimal. Eine übliche Strategie hierfür ist eine sogenannte „ε-greedy"-Steuerung. Diese folgt nicht immer „gierig" der maximal bewerteten Option, sondern wählt entsprechend einer Wahrscheinlichkeitsvorgabe ε zwischen Exploration und Exploitation aus, auf diese Weise verzichtet der Agent nur teilweise auf die bis dahin gesammelten Erfahrungen. So führt ein Parameter von z. B. $\varepsilon = 0.3$ dazu, dass der Agent mit einer Wahrscheinlichkeit von $1 - \varepsilon$, also 70 % „gierig" ist, d. h. die „optimale" Aktion a_{max} auswählt und zu 30 % exploriert, d.h. zufällig agiert, um neue Beobachtungen zu machen. Eine einfache Java-Implementation, die das Prinzip verdeutlicht, könnte so wie im folgenden Codebeispiel aussehen:

ε-greedy Aktionsauswahl

```
if(zufall.nextDouble()<epsilon){
    ArrayList <Integer> A =
            (ArrayList)umwelt.handlungsMoeglichkeitenFuer(s);
    return A.get(zufall.nextInt(A.size()));
} else {
    return holeAktionMitMaxQ(s);
}
```

Bei probabilistischen Algorithmen produziert unsere Policy zunächst eine Wahrscheinlichkeitsverteilung $P(a|s)$ über den Möglichkeiten, solche Steuerungen werden auch „stochastische Policies" genannt.

Ist $s \in S$ ein beliebiger Zustand und $A(s) \subseteq A$ die Menge der Aktionen, die dem Agenten im gegebenen Zustand zur Verfügung stehen, so berechnet sich bei ε-greedy für die Wahl der verschiedenen Aktionen $a \in A(s)$ die Wahrscheinlichkeitsverteilung mit:

$$P(a|s) = \begin{cases} \frac{\varepsilon}{|A(s)|} + 1 - \varepsilon & falls \, a = a_{max} \\ \frac{\varepsilon}{|A(s)|} & für \, alle \, anderen \, a \end{cases} \tag{4.1}$$

Wobei $|A(s)|$ die Anzahl der Aktionsmöglichkeiten im Zustand s bezeichnet.

Bei komplexeren Umgebungen ist es sinnvoll den Explorationsanteil variabel zu gestalten und z. B. mit einem hohen Epsilon zu beginnen und im Laufe des Lernprozesses den Explorationsanteil kontinuierlich zu reduzieren.

SoftMax

Eine „weiche" Steuerung kann auch so implementiert werden, dass sie anstatt sich entweder für die beste Aktion zu entscheiden oder eine willkürliche Wahl zu treffen, das
Spektrum der vorhandenen Nachbarschaftsbewertungen dazu nutzt, eine Wahrscheinlichkeitsverteilung über den möglichen Aktionen zu erzeugen, die die vorliegenden Be-
wertungsschätzungen berücksichtigt. Dabei ist es zudem wünschenswert, dass die Wahrscheinlichkeit für die Auswahl einer möglichen Aktion a im Zustand s immer etwas größer als 0 ist. Hierzu kann die sogenannte SoftMax-Funktion genutzt werden.

$$P(a|s) = \frac{e^{Q(s,a)}}{\sum_{b \in A}^{A} e^{Q(s,b)}} \tag{4.2}$$

Es ist dabei auch möglich eine Art „Abkühlungstrategie" zu fahren, wofür wir eine
„Temperatur" T einführen.

$$P(a|s) = \frac{e^{Q(s,a)/T}}{\sum_{b \in A}^{A} e^{Q(s,b)/T}} \tag{4.3}$$

Für kleine T werden bessere Aktionen vorgezogen, für große T nähern sich die Wahrscheinlichkeiten einander an und wir erhalten zunehmend Explorationsverhalten. Die
Strategie mit einem großen T zu beginnen, um es dann kontinuierlich zu reduzieren,
wird auch als „Annealing" bezeichnet. Dadurch lässt sich ein sanfter Übergang von Exploration zu Exploitation erzeugen.

Policies, die keiner der in einem Zustand möglichen Aktionen die Wahrscheinlichkeit
0 zuordnen, – was die betreffende Aktionsmöglichkeit vollständig ausschließen würde
-, werden auch „Soft-policies" genannt. Die sind also Steuerungen für die gilt, dass
$\pi(a|s) > 0$ für alle $s \in S$ und alle $a \in A(s)$.

Für die Optimierung der Exploration gibt es mehrere auch intuitiv nachvollziehbare
Ansätze. Eine neue Beobachtung führt in der Regel dazu, dass die Bewertung eines
Zustandes bzw. eines Zustand-Aktionspaares angepasst werden muss. Es kann vorteilhaft sein, eine vorhandene Bewertung nicht sofort komplett zu ersetzen, sondern diese
„vorsichtig" anzupassen, um die Auswirkung von zufällig beobachteten Sonderfällen zu
reduzieren und die statistischen Gegebenheiten zu berücksichtigen. Die Größe der Anpassung kann mithilfe einer Lernrate η reguliert werden (oft wird für den Wert auch α
verwendet). Das Thema mathematisch erschöpfend zu behandeln, ist durchaus nicht trivial, da wir – wenn wir erfassen wollen, welche Aktionen „spannend" und welche „langweilig" sind – es auch mit den strukturellen Eigenschaften des größtenteils unbekannten
Umweltsystems zu tun bekommen. Hilfreich ist es oft eine Statistik über die in der Vergangenheit besuchten Zustände und die darin ausgewählten Aktionen zu führen. Hierfür legen wir eine Tabelle $N(s, a)$ an, in der gezählt wird, wie oft Zustand-Aktionspaare

bereits besucht worden sind. Einfachere Varianten machen die Lernrate von dieser Besuchsstatistik abhängig, z. B. mit $\eta = 1/N(s, a)$ oder auch die Auswahlwahrscheinlichkeit ε im Rahmen explorativen Verhaltens.

Bei „neugierigem" Verhalten gehen wir im Prinzip davon aus, dass sich die Exploration von Feldern, die wir schon häufiger besucht haben, weniger lohnt als die Erkundung von noch unbekannten Zuständen. Man stelle sich zwei der berühmten Spielautomaten „Einarmiger Bandit" vor. Beide Spielmaschinen besitzen eine bestimmte Gewinnwahrscheinlichkeit, die uns allerdings unbekannt ist. Wenn wir ein- oder zweimal den Hebel betätigen, dann können wir noch nicht viel über die Gewinnwahrscheinlichkeit an der jeweiligen Maschine aussagen. Wir können Glück haben und gewinnen an dem – langfristig gesehen – ungünstigen Spielautomat oder wir verlieren zunächst an der Maschine mit einer höheren Gewinnwahrscheinlichkeit. In diesen Fällen würden wir einen „falschen Eindruck" von den Automaten bekommen. Unsere stochastische Schätzung wird allerdings besser, je häufiger wir an den Hebeln ziehen. Bei dem Thema „Neugier" geht es darum, eine Art „Interessensmodell" zu schaffen, welches dazu dient, das explorierende Verhalten zu optimieren und spannende Zustände zu suchen, in denen wir viel neues Wissen erwerben können. Wir können hierfür eine Policy entwickeln, bei der wir Zustände, die schon sehr oft besucht worden sind, eher meiden. Hierzu entscheiden wir nicht nur gierig entsprechend dem $\widehat{Q}_t(s, a)$-Wert, sondern addieren z. B. noch einen Term $U_t(s, a)$, der umgekehrt proportional dazu ist, wie oft die Aktion a in s bereits ausgeführt wurde. Der Agent würde dadurch versuchen $\widehat{Q}_t(s, a) + U_t(s, a)$ zu maximieren. Dies bewirkt, dass das Verhalten nicht nur davon getrieben ist, möglichst große Gewinne zu erzielen, sondern auch davon, die Verlässlichkeit der Gewinnabschätzung zu verbessern. Günstig hierfür hat sich die sog. „Upper Confidence Bound" erwiesen. Eine weitere Möglichkeit ist, Übergänge, die wir gut vorhersagen können, d. h. für die ein Vorhersagemodell gut funktioniert, eher zu meiden. Eine Vertiefung der Thematik finden Sie in Abschn. 4.3.3 und in Abschn. 4.3.4 im Zusammenhang mit der Besprechung der MCTS („Monte-Carlo-Tree Search").

4.2   Rückwirkende Verarbeitung von Erfahrungen („Modellfreies Reinforcement Learning")

In diesem Abschnitt werden wir uns mit der Frage beschäftigen, wie wir die Beobachtungen auswerten, die wir während der Erkundung machen. Die Lernprozesse der Agenten hängen oft von einer ganzen Reihe von Parametern oder auch technischen Konzepten ab. Es wird nicht der Anspruch erhoben, optimale Einstellungen zu präsentieren. Es mag dem Leser gelingen, die Beispiele durch verschiedene Anpassungen deutlich zu verbessern. Das Ziel des Buches ist erreicht, wenn dem Leser die Prinzipien der Algorithmen transparent werden und erkennbar wird, wie der Agent damit etwas lernt.

4.2.1 Zielorientiertes Lernen („value-based")

4.2.1.1 Nachträgliche Auswertung von Episoden („Monte-Carlo"-Verfahren)

Die so genannten „Monte-Carlo-Methoden" erkunden ein unbekanntes Umweltsystem auf recht naheliegende Weise. Die Grundidee von MC-Studien besteht darin, komplexe wahrscheinlichkeitstheoretische Probleme mithilfe einer großen Anzahl von Zufallsexperimenten numerisch zu lösen. Sie stammen direkt aus der Stochastik und wurden bereits in den 1940er Jahren von bedeutenden Persönlichkeiten wie John von Neumann untersucht. Ein anschauliches Beispiel für die Anwendung der Methode ist die Approximation der Kreiszahl π durch „Beregnung" eines Quadrates über einem Einheitskreis mit Zufallspunkten. Aus dem Verhältnis der Punkte innerhalb des Kreises zur Gesamtzahl der Punkte kann die Kreiszahl π beliebig genau bestimmt werden.

Wir erinnern uns, dass für jede Policy π eine zu erwartende kumulative Belohnung $V^\pi(s)$ existiert, die der Agent erhalten würde, wenn er die Taktik π ab dem Zustand s befolgt. Um den auf einer bestimmten Policy basierenden Wert eines Zustandes abzuschätzen, müssen wir den Erwartungswert hinsichtlich der diskontierten und kumulierten Belohnungen der Folgezustände berechnen.

$$V^\pi(s_t) = E\left[\sum_{i=1}^\infty \gamma^{i-1} r_{t+i}\right] = E\left[r_{t+1} + \gamma r_{t+2} + \gamma^2 r_{t+3} + ...\right] \text{ (vgl. Kap. 2)}$$

Bei Monte-Carlo-Verfahren wird dafür eine große Anzahl von Episoden durchgeführt und die Bewertungsfunktion nach der Beobachtung des Ergebnisses angepasst. Monte-Carlo-Algorithmen ermitteln also die Belohnungen einer vollständigen Episode und führen anschließend ein Update der Bewertungsfunktion $V^\pi(s_t)$ durch. MC-Methoden eignen sich daher nur für episodisch angelegte Szenarien.

Der Zustandsschlüssel in den Hamster-Gridworlds wird durch einen String dargestellt, der aus den beiden Koordinaten der entsprechenden Kachel und einem Wert für die eingesammelten Körner konstruiert wird. Er dient dazu, auf die Tabellen (HashMaps) zuzugreifen, die z. B. die Zustandsbewertung $V(s)$ beinhalten. Falls die betreffenden Tabellen keinen Eintrag für den neuen Schlüssel enthalten, wird ein neuer Eintrag mit den Initialwerten erzeugt. Es ist daher wichtig, beim Lernen den Zustandsschlüssel immer über diese Funktion zu bilden.

```
public String getStateKey(int x, int y, int score){
  String key="["+x+","+y+","+score+"]";
  if(!V.containsKey(key)){
      V.put(key, 0.0);
  }
  return key;
}
```

Um nun den Wert eines Zustandes aussagekräftig abzuschätzen, müssen wir den Mittel-wert der erhaltenen Belohnungen über einer hinreichend großen Menge von Episoden bilden, die in diesem Zustand starten. Das Auftreten eines Zustandes s einer Episode wird als „Besuch" in s bezeichnet.

In einer Episode kann allerdings der gleiche Zustand mehrmals auftreten. Im „first-visit"-Verfahren wird nur für den jeweils ersten Besuch die Bewertung aktualisiert.

First-visit Monte-Carlo prediction, for estimating V^π (Sutton und Barto 2018)

```
1    Initialize V(s) ∈ ℝ arbitrarily, for all  s ∈ S
2    Create for each state s ∈ S an empty List Returns(s)
3    As long as the maximum number of episodes to be run is not reached:
4        Generate an episode s₀,a₀,r₁,s₁,a₁,r₂,...,s_{T-1},a_{T-1},r_T
5        G ← 0
6        Loop for each step of episode t = T − 1, T − 2,...,0:
7            G ← γG + r_{t+1}
8            If s_t does not appear in s₀,s₁,...,s_{t-1}:
9                Append G to List Returns(s_t)
10               V(s_t) ← average(Returns(s_t)
```

Der Algorithmus akkumuliert am Ende jeder Episode die beobachteten Belohnungen (skontiert). Die Bewertung der Zustände wird aktualisiert, indem ein neuer Mittelwert über den bis dahin gespeicherten Rückmeldungen gebildet wird. Nur wenn ein Zustand zu keinem früheren Zeitpunkt in der Episode noch einmal vorkommt, wird seine Be-wertung aktualisiert.

Das Monte-Carlo-Update

Die Formel des Bewertungsupdates bei Monte-Carlo lässt sich vergleichsweise einfach herleiten. Eine Berechnungsvorschrift, die zu einem gegebenen arithmetischen Mittel v einen weiteren Wert G hinzufügt, lässt sich ad-hoc mit

$$v := \frac{v \cdot (N - 1) + G}{N}$$

formulieren. Wir benötigen hier eine Statistik $N(s)$, die jeweils die Anzahl der jeweils vorhandenen Rückmeldungen beinhaltet. Dabei restaurieren wir aus dem alten Mittel-wert v mit $v \cdot (N - 1)$ im Prinzip zunächst die absolute Summe wieder, addieren den neuen Wert G hinzu und teilen schließlich wieder durch die neue um eins erhöhten Gesamtanzahl der Werte. Der Ausdruck lässt sich umformen zu

$$v := v + \frac{G - v}{N} \tag{4.4}$$

Zusammen mit $\eta = 1/N(s_t)$ und $v = V^\pi(s_t)$ und $R_t = G$ erhalten wir aus der Formel Gl. 4.4 die einschlägige Monte-Carlo-Update-Regel:

$$V^\pi(s_t) := V^\pi(s_t) + \eta\left[R_t - V^\pi(s_t)\right] \tag{4.5}$$

R_t beschreibt die jeweiligen kumulierten und skontierten durchschnittlichen Belohnungen, die anfallen, wenn ab dem Zeitpunkt t im Zustand s der Policy π gefolgt wird.

Kennzeichnend für alle Monte-Carlo-Methoden ist, dass, im Gegensatz zu den im nächsten Abschnitt vorgestellten TD-Algorithmen, die Aktualisierungen erst jeweils nach einer abgeschlossenen Episode durchgeführt werden.

Javabeispiel „MC-Hamster"
Eine Java-Umsetzung der Methode können Sie im Szenario „HamsterWithMonteCarlo" untersuchen, welches im Ordner „chapter 4 decision making and learning" abgelegt ist. Der zentrale Codeabschnitt ist in der „act-Methode" zu finden, die die Aktivitäten des Agenten in der Greenfoot-Umgebung bestimmt. Die abgebildete Sequenz wird in jedem Simulationsschritt der Greenfoot-Umgebung, also innerhalb einer Wiederholungsschleife, ausgeführt.

„act" method of the hamster agent in the „MC_Hamster" scenario

```
public void act(){
  if (s_new==null) {
     s = getState();
  }else{
     s=s_new;
  }
  // apply policy
  double[] P = P_Policy(s);
  int a = selectAccordingToDistribution(P);
  // apply transition model (consider uncertainties)
  int dir = transitUncertainty(a);
  // execute action a
  if (dir<4){
     try{
        setDirectionOfView(dir);
        goAhead();
     }catch (Exception e){
        //System.out.println("bump!");
     }
        cnt_steps++;
  }
  // get new state
```

```
s_new = getState();
// get the reward from the environment
double r = env.getReward(s_new);
sum_reward+=r;
// log experiences
episode.add(new Experience(s,a,r));
if (this.evaluationPhase)
    env.putTracemarker(getSX(s),getSY(s),a,1.0);
// episode end reached?
boolean episodeEnd = false;
if ((env.isTerminal(s_new))||(cnt_steps>=max_steps)) {
    episodeEnd = true;
    update(episode);
    startNewEpisode();
}
if ((env.DISPLAY_UPDATE)&&(cnt_steps%env.DISPLAY_UPDATE_INTER-
VAL==0))
    env.updateDisplay(this);
}
```

Es ist aufschlussreich, die Simulation zunächst langsam ablaufen zu lassen. Man kann dann beobachten, wie der Hamster zunächst komplett desorientiert herumsucht. Findet er durch Zufall ein Korn (Belohnung +1) oder eine Falle (Belohnung −1), wird die Bewertung für alle Zustände der zielführenden Episode optimiert. Es ist in diesem Szenario so, dass die Körner und Fallen finale Zustände markieren, d. h. dass eine neue Episode gestartet wird, wenn der Hamster einen dieser Zustände erreicht.

Wenn der Agent seiner Policy entsprechend bis zum Ende der Episode interagiert hat, findet die Monte-Carlo-Verarbeitung der Beobachtungen statt. Die Berechnung des Mittelwerts der Rückmeldungen ist hier nicht mit einer Liste, wie im abgebildeten Pseudocode (Sutton und Barto 2018) realisiert, sondern mithilfe der Aktualisierungsrechnung, die der Gleichung Gl. 4.4 entspricht. Das Monte-Carlo-Update der Zustandsbewertung lässt sich in Java wie folgt implementieren:

„Monte Carlo" evaluation of episodes in Java

```
protected void update( LinkedList <Experience> episode ){
 double G = 0;
 while (!episode.isEmpty()){
    Experience e = episode.removeLast();
    String s_e = e.getS();
    G=GAMMA*G+e.getR();
    if (!contains_s(episode,s_e)){
        double avG = V.get(s_e);
        int numGs = incN(s_e);
```

```
    avG = avG+(G-avG)/numGs; //calculate new average
    V.put(s_e,avG);
  }
 }
}
```

Zwar kann der Agent beim Monte-Carlo-Verfahren die Informationen einer erfolgreichen Episode vollständig verwerten, allerdings ist es auch so, dass sich vorläufige
„Entdeckungen" besonders stark „einprägen". Dies kann zu Folge haben, dass sich der
Lernprozess vergleichsweise häufig in einem lokalen Minimum festläuft, weil die Pfade
zu den zuerst entdeckten Belohnungen zunächst optimiert werden und sich dann immer
mehr stabilisieren. In der Simulation werden die häufig besuchten Zustände dunkel markiert. Einen beispielhaften Verlauf zeigt die Abb. 4.1.

Die Wohnungsarena ist für Reinforcement-Learning-Algorithmen aufgrund der engen
Türen nicht einfach zu handhaben. Insbesondere bei Monte-Carlo-Algorithmen kann es
vorkommen, dass der sich der Agent bei ungünstigen Erfahrungen nicht mehr durch die
erste Tür wagt, weil dieser „Engpass" stark negativ bewertet wurde, nachdem der Hamster in einer vorherigen Episode hinter der „Tür" in eine Falle geraten war. In einem solchen Fall ist es ratsam, mit einem hohen Explorationsparameter zu beginnen, der dann
kontinuierlich reduziert wird. Eine Erfolgsgarantie kann aber auch hier nicht gegeben
werden. In unserem Fall kann das dazu führen, dass der Hamster zu häufig auf Fallen
trifft (z. B. in der Nähe des Schatzes oben links), was sich dann wiederum ungünstig auf
den gesamten Lernverlauf auswirken kann. Im abgebildeten Beispielverlauf wurde der
Explorationsstartwert auf $\varepsilon = 0.5$ reduziert, um das beschriebene problematische Verhalten zu provozieren (Abb. 4.2).

4.2.1.2 Unmittelbare Auswertung der temporalen Differenz (Q- und SARSA Algorithmus)

Bei den in diesem Abschnitt behandelten Algorithmen wird die Erkenntnis aus der Bellmanschen Gleichung angewendet, dass sich der Wert eines Zustands direkt aus den
mit der jeweiligen Transitionswahrscheinlichkeit gewichteten Bewertungen der Folgezustände plus den dort erhaltenen Belohnungen bzw. im deterministischen Fall aus dem
einen besten Folgezustand ergibt:

$$V(s_t) = \max_{a_t} E\left[r_{t+1} + \gamma V^*(s_{t+1})\right]$$

TD-Lernen in deterministischen Umgebungen

Beim Erkunden kommt es vor, dass für einen Zeitpunkt t der berechnete Wert
$r_{t+1} + \gamma V(s_{t+1})$, welcher der mit den Beobachtungen zum Zeitpunkt t+1 ermittelt
wurde, die bis dahin gegebene Schätzung verbessert. In diesem Fall können wir die gespeicherte Bewertung entsprechend anpassen.

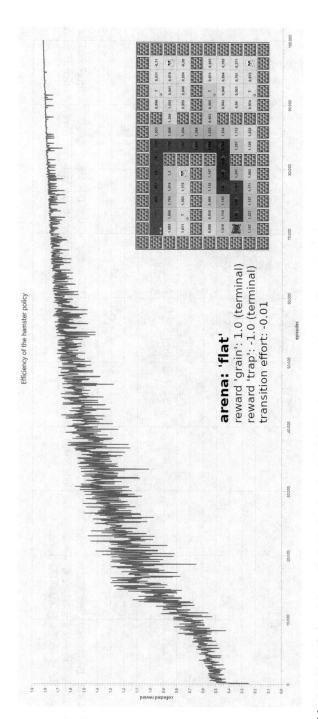

Abb. 4.1 Verlauf einer Monte-Carlo-Evaluation in einer Gridworld. Je dunkler eine Kachel, desto häufiger wurde das Feld besucht. Die Pfeile zeigen den Verlauf ohne Exploration an. Es wurde mit einem auf 0 abschmelzendem Explorationsparameter ε gearbeitet. (Parameter: start-ε = 0.7 γ = 0.999 (100.000 Episoden)

Abb. 4.2 Problematischer Verlauf einer Monte-Carlo-Evaluation in einer Gridworld. Es wurde wieder mit einem auf 0 abschmelzendem Explorationsparameter ε gearbeitet, allerdings mit dem etwas geringeren Startwert von 0,5, um das dargestellte Verhalten hervorzurufen (Parameter: start-ε = 0.5 γ = 0.999 (100.000 Episoden)

$$\widehat{V}(s_t) \leftarrow r_{t+1} + \gamma \widehat{V}(s_{t+1}) \tag{4.6}$$

Hierbei wird ausgenutzt, dass die Abschätzung eines Folgezustands besser abgesichert ist, da er näher an der Beobachtung liegt. Diese Art von Algorithmen bezeichnet man auch allgemein als TD-Algorithmen (Algorithmen mit temporaler Differenz). Wie wir in Kap. 3 gesehen haben, reicht es für manche Szenarien nicht, nur die $V(s)$-Werte anzupassen. Daher verwendet man lieber die Zustand-Aktionsbewertung $Q(s, a)$:

$$\widehat{Q}(s_t, a_t) \leftarrow r_{t+1} + \gamma \max_{a_{t+1}} \widehat{Q}(s_{t+1}, a_{t+1}) \tag{4.7}$$

Eine solches Q-Update der Schätzung passiert dann, wenn wir im Folgezustand eine höhere Bewertung beobachten konnten, etwa, weil eine bislang unentdeckte Belohnung eintrat, als eine alternative Aktion zufällig ausgewählt wurde oder aber, weil wir einen besseren Pfad zu einem lohnenden Ziel entdecken konnten.

Die Abb. 4.3 zeigt, wie die Q-Werte angepasst werden und dabei beständig zunehmen ($\gamma = 0, 9$). Ist dem Agenten zunächst nur der Pfad A bekannt, dann hätte der Übergang mit den farbigen gekennzeichneten Bewertungen den Q-Wert $Q(s, a) = 72, 9$, wegen $\gamma \cdot max(81; 0; 0; 0) = 72, 9$.

Wird später der Pfad B entdeckt, dann wird beim Übergang die Bewertung $Q(s, a)$ von 72,9 auf 90, geändert, da die Berechnung nun $\gamma \cdot max(81; 100; 0; 0) = 90$ ergibt. Dadurch wird nun im Zustand s der kürzere Pfad B für die künftige Aktionsbewertung des Agenten verwendet.

Lernen in nicht deterministischen Umgebungen
Oft ist in der Praxis das Ergebnis einer Aktion nicht hundertprozentig vorhersehbar, bspw. in der Robotik, wo Bewegungen mitunter nicht genau ausführbar sind oder bei Spielen, in denen der Zufall eine Rolle spielt, wie z. B. Backgammon oder „Mensch-ärgere-dich-nicht". Durch unseren Mangel an Kontrolle in einer unsicheren Umgebung können

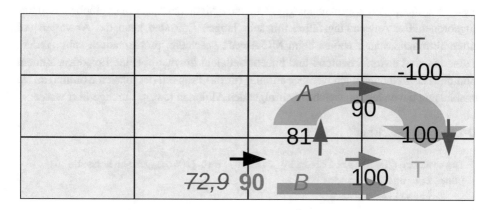

Abb. 4.3 Q-Update einer Zustand-Aktionsbewertung

wir uns nur Wahrscheinlichkeiten dafür merken, was für eine Belohnung kassiert werden kann, wenn wir die Aktion a im Zustand s auswählen. Zudem können wir mitunter auch nicht genau angeben, welcher Zustand s_{t+1} erreicht wird, wenn wir im Zustand s_t die Aktion a ausführen. Mittels der erwähnten Lernrate η (mit $0 < \eta \leq 1$), die auch als „Schrittweite" bezeichnet wird, können wir die Anpassungen so gestalten, dass die verschiedenen möglichen Folgebewertungen entsprechend ihren Verteilungen $p(r_{t+1}|s_t,a_t)$ und $P(s_{t+1}|s_t,a_t)$ aus dem Markov-Modell berücksichtigt werden. Um eine Stabilisierung der Bewertungen zu erreichen, kann auch η im Verlauf des Lernprozesses immer weiter abgeschmolzen werden. Hierfür kann wie schon beschrieben eine Besuchsstatistik $N(s,a)$ verwendet werden. Verringern wir die Lernrate η mit der Zahl der Besuche, dann erzwingen wir auf diese Weise eine Konvergenz des Lernvorgangs.

Dies führt uns zum berühmten Q-Lernalgorithmus (Chris Watkins, 1989), einem der ersten entscheidenden Durchbrüche im Reinforcement Learning. Zentral bei diesem Algorithmus ist, das Update der Q-Funktion entsprechend der Differenz aus der bislang gegeben Bewertungsschätzung und der aus der skontierten Schätzung des Folgezustands berechneten Bewertung.

$$\widehat{Q}(s_t,a_t) \leftarrow \widehat{Q}(s_t,a_t) + \eta[r + \gamma \max_{a_{t+1}} \widehat{Q}(s_{t+1},a_{t+1}) - Q(s_t,a_t)] \ (\text{„Q-Learning", Watkins 1989})$$
$$(4.8)$$

Es ist auch wieder möglich nur die $V(s)$-Werte statt der $Q(s,a)$-Werte anzupassen, was zwar etwas einfacher ist, allerdings auch ein paar Nachteile mit sich bringt, die in Kap. 3 angesprochen worden sind, so ist es mitunter nicht egal, aus welcher Richtung man einen lohnenden Zustand betritt, bspw. weil die Gefahr besteht, beim unsicheren Übergang an eine ungünstige Stelle (eine „Falle") zu geraten.

$$V(s_t) \leftarrow V(s_t) + \eta\left[r_{t+1} + \gamma\,V(s_{t+1}) - V(s_t)\right] \ (\text{„TD-Learning", Sutton 1988}) \ (4.9)$$

Im Gegensatz zum Monte-Carlo-Ansatz können wir hier ein „Online-Learning" während des Lebenszyklus des Agenten durchführen und müssen nicht auf das Ende von Episoden warten. Weil das Q-Learning dabei ohne eine Abbildung der Umwelt auskommt, wird dieses Verfahren den sogenannten „modellfreien Methoden" des maschinellen Lernens zugeordnet. Bei Anwendungsfällen mit sehr langen Episoden kann das Abwarten auf einen Terminalzustand, wie es beim MC-Ansatz geschieht, problematisch sein. Andere Szenarien sind ewig fortlaufend und haben vielleicht überhaupt keine Episoden. Zudem sind die TD-Methoden auch weniger anfällig für das Problem der lokalen Minima, da sie unabhängig davon lernen, welche nachfolgenden Aktionen jeweils durchgeführt werden.

Q-Learning algorithm

```
1 Initialize Q(s, a) (arbitrarily f.e. 0, but Q(s_terminal, a) has to be 0)
2 Loop for each episode:
3     Initialize start s
4     Repeat
```

```
5        Choose a from s using policy derived from Q (e.g., ε-greedy)
6        Take action a and observe r and s′
```
7        $Q(s,a) \leftarrow Q(s,a) + \eta[r + \gamma \max_{a'} Q(s',a') - Q(s,a)]$

8        $s \leftarrow s'$
```
9    Until s is a terminal state
```

Die deterministischen Fälle lassen sich als Sonderfälle der Q-Lernregeln auffassen, für die die Lernrate $\eta = 1$ gesetzt wurde. Die Lernrate sollte theoretisch so gewählt sein, dass sich die Q-Werte möglichst gut dem Durchschnitt der in den Episoden erhaltenen diskontierten und kumulierten Belohnungen annähern.

Beim Q-Learning wird durch eine Sichtung aller beim erreichten Zustand s' hinterlegten Bewertungen überprüft, ob die Bewertung des alten Zustandes s verbessert werden muss. Dies geschieht „zielorientiert" und „gierig" und damit unabhängig von der tatsächlich verwendeten, teilweise explorativen, Agentensteuerung. Man sagt daher, dass es sich um einen „off-policy"-Algorithmus handelt. Ein solcher Agent jagt tendenziell der besten aller Möglichkeiten nach und berücksichtigt in der Bewertung beispielsweise gefährliche Übergänge nicht in dem Maße, wie die realistischeren „on-policy"-Algorithmen (vgl. Abb. 4.5).

Taktikbasierte Version des Q-Lernens: SARSA-Algorithmus
Ein „On-policy control" nutzt dagegen der SARSA-Algorithmus. Die etwas seltsame Bezeichnung SARSA steht für State-action-reward-state-action und bezieht sich auf die Argumente der Update-Funktion. Während Q-Learning stets den besten Q-Wert im neuen Zustand verwendet, um die durchgeführte Transition zu bewerten, nutzt SARSA für das Update den Wert der im Anschluss tatsächlich realisiert wurde, also den Übergang, der von einer sich auch explorativ verhaltenden Policy ausgewählt und mit den gegebenen Transitionsunsicherheiten schließlich auch umgesetzt wurde. SARSA beobachtet also das tatsächliche Resultat, während Q-Learning alle Nachfolgezustände zur Berechnung heranzieht. On-Policy-Methoden wie SARSA schätzen die Bewertung mit der gleichen Policy, die zur Steuerung des Agenten verwendet wird. Bei Off-Policy-Methoden gibt es hier einen Unterschied: Es gibt hier eine Funktion für die Zustandsbewertung und eine andere Funktion für das Verhalten des Agenten.

Ein Agent mit Q-Learning bewertet zum einen absolut „gierig", wählt aber Aktionen per ε-greedy, um die Exploration zu gewährleisten. Für einen gierigen Agenten, der nicht exploriert, d. h. der immer die Aktion mit dem besten Q-Wert ausführt, sind SARSA und Q-Learning identisch. Falls allerdings Exploration stattfindet, dann können sie sich deutlich unterscheiden. Weil Q-Learning immer den besten gespeicherten Q-Wert verwendet, kümmert sich der Lernalgorithmus nicht um die gegebene Taktik, die der Agent verfolgt. Q-Learning ist als off-Policy allerdings flexibler als SARSA, in dem Sinne, als dass ein Q-Learning-Agent auch dann eine gute Taktik erlernen kann, wenn die optimale Strategie stark von zufälligen oder unbeeinflussbaren Faktoren bestimmt wird.

SARSA ist dagegen realistischer: Bei manchen Szenarien ist es sinnvoll beim Lernen nicht nur davon auszugehen, welche Erfahrung die beste war, sondern davon, was

in einem Zustand mit einer gegeben, teilweise vom Zufall oder anderen Faktoren be-
stimmten Steuerung tatsächlich passieren wird. So wäre z. B. das Überfahren einer roten
Ampel auch nach einem möglichen „Erfolgserlebnis" weiterhin nicht ratsam. Bei Q-Le-
arning würden sich eventuell anschließende katastrophale Ereignisse u.U. nicht auf die
Bewertung der Aktion „Fahren bei Rot" auswirken, da immer der höchste beobachtete
Nutzen zur Bewertung herangezogen wird.

Sarsa-learning algorithm

```
1  Initialize Q(s,a) (arbitrarily f.e. 0, but Q(s_terminal, a) has to be 0)
2  Loop for each episode:
3     Initialize start s
4     Choose a from s using policy derived from Q (e.g., ε-greedy)
5     Repeat
6        Take action a and observe r and s`
7        Choose a' from s' using policy derived from Q (e.g., ε-
         greedy)
8        Q(s,a) ← Q(s,a) + η[r + γQ(s',a') − Q(s,a)]
9        s ← s', a ← a'
10    Until s is a terminal state
```

Die TD-Algorithmen haben die Grundlagenforschung zur Künstlichen Intelligenz wegen
ihrer Erfolge stark beeinflusst. Bemerkenswert ist, dass die Algorithmen sinnvoll agieren,
ohne auf vorgefertigtes Wissen zurückzugreifen und ohne ein explizites Umweltmodell zu
konstruieren. Es handelt sich hier auch nicht um eine „verteilte Repräsentanz" der Außenwelt. Zentral ist die Erkenntnis, dass Handeln dem Wissen vorausgesetzt ist. Mit dem
Wiederaufstieg von verhaltensorientierten Verfahren des maschinellen Lernens vertraten
einige Forscher die Ansicht, dass es möglich ist, auf explizite Wissensrepräsentationen
zu verzichten (vgl. auch Kap. 6). Dies hat Debatten mit Vertretern von „GOFAI" aufgeworfen: Ist es besser, ein Modell der Umgebung und eine Nutzenfunktion aufzubauen, anstatt direkt eine Aktionsnutzen-Funktion ohne Modell zu erlernen? Was ist der
beste Weg, um die Agentenfunktion darzustellen, siehe auch (Russell und Norvig 2010,
Abschn. 21.3.2.)? Aktuell hat man meist die Stufe der Grabenkämpfe verlassen und versucht die Ansätze zu kombinieren. Dabei erkennt man, dass explizite „Modelle" der Umwelt das modellfreie Lernen effizienter machen können, weil sie „virtuelle Entdeckungen"
erlauben, die wesentlich billiger sind, als „echte" Experimente vgl. Abschn. 4.3 und (Sutton und Barto 2018, Kap. 8.) Bei Auseinandersetzungen in dieser Art ist es meist so, dass
die Lösung in einer geeigneten Synthese der gegensätzlichen Auffassungen zu suchen ist.

Java-Beispiele

„Ein blinder Hamster findet auch mal ein Korn"
Im Ordner „chapter 4 decision making and learning" können Sie das Szenario „Hams-
terWithTDLearning" finden. Durch Betätigen des „Run"-Buttons wird wieder die

Simulationsschleife gestartet. Das Verhalten des Hamsteragenten beim Durchführen der Q-Learning-Exploration gleicht in unserem Falle dem eines Blinden, der in einer unbekannten Umgebung herumtastet und zunehmend lernt, zielführende Pfade zu verfolgen. Der Hamster hat ja auch nichts weiter als die beiden Ortskoordinaten des Feldes, in dem er sich momentan befindet zur Verfügung. Darüber hinaus bekommt er von uns keine weiteren sensorischen Informationen. In dem Szenario wurde auch keine Besuchsstatistik implementiert, die nach dem Konzept einer „künstlichen Neugier" den Hamster dazu veranlassen könnte, diejenigen Zustände zu wählen, die bislang noch wenig besucht worden sind.

Man kann beobachten, wie sich die Bewertungen über den Zustandsraum, ausgehend von den Belohnungszuständen, ausbreiten. Die Ausbreitungsgeschwindigkeit ist zunächst klein. Sie wächst allerdings mit der Anzahl der bewerteten Zustände an. An den Rändern der Felder sind Markierungen vorgesehen, die sich entsprechend der Bewertung der jeweiligen Aktion rot bzw. blau verfärben (Abb. 4.4).

Q-Learning kann man auch mit Kindern oder Jugendlichen ausprobieren, z. B. im Rahmen von Schulunterricht oder eines Informatik-Workshops, dabei empfiehlt es sich allerdings, zumindest zu Beginn, ein deterministisches und zustandsbasiertes TD-Learning Szenario, welches auf Gl. 4.9 basiert, zu verwenden. Dies funktioniert hinreichend gut und das Prinzip des Lernalgorithmus bleibt gut zu durchschauen.

Relativ schnell wird vom Agenten der optimale Pfad zum zuerst entdeckten Ziel gefunden. Es ist zwar zufällig, welches Korn zuerst gefunden wird, eine kleinere Entfernung zum Startzustand erhöht allerdings die Wahrscheinlichkeit der Entdeckung. Experimentieren Sie gern mit den Lernparametern! Sie finden diese im oberen Teil der „Hamsterklassen". Grundsätzlich verhält sich der TD-Hamster weniger „konservativ" als der Monte-Carlo-Hamster und entdeckt neue Schätze etwas öfter auch noch dann, wenn er bereits an anderer Stelle fündig geworden war. Allerdings hat der Algorithmus Schwierigkeiten, die Entdeckungen zügig weiter zu propagieren. Daher kann der Agent mitunter nicht von Beobachtungen profitieren die zu weit entfernt sind.

Q-update at Java Hamster

```
protected void update( String s_key, int a, double reward,
    String s_new_key, boolean end ){
 double observation = 0.0;
 if (end) {
    observation = reward;
 } else {
    observation = reward + (GAMMA * maxQ(s_new_key));
 }
 double q = getQ(s_key, a);
 q = q + ETA * (observation - q)
 setQ(s_key, a, q);
}
```

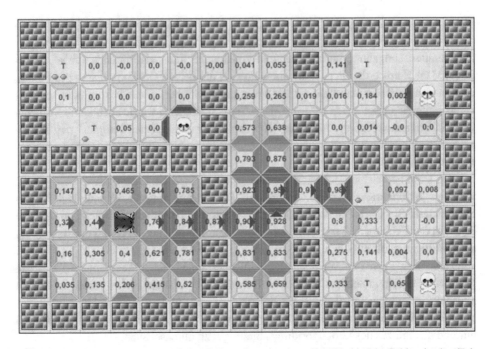

Abb. 4.4 Hamster-Agent während des Q-Learnings in einer GridWorld. Die Zahlen in den Feldern stellen die maximalen Q-Werte dar. Die farbigen Markierungen an den Rändern der Felder repräsentieren die aktuellen Aktionsbewertungen: Blau entspricht einer negativen und rot einer positiven Bewertung. Transparenz zeigt einen Wert nahe Null an

Mit „Rechtsklick" auf den blauen Hamsteragenten lässt sich dieser auch entfernen und durch einen grünen SARSA-Hamster ersetzen. Sie können diese Änderung auch in der Klasse TD_AgentEnv vornehmen, dann bleibt diese nach einem Reset erhalten. Für Übungszwecke ist zu empfehlen, einen eigen Sarsa-Hamster zu programmieren, indem der Q-Hamster manuell in einen Sarsa-Hamster umgewandelt wird.

Umwandlung des Q-Hamsters in einen Sarsa-Hamster
Erzeugen Sie hierfür mit Rechtsklick auf das entsprechende Feld im Klassendiagramm der Klasse QHamster eine neue Unterklasse „MySarsaHamster". Sie können auch ein Hamster-Bild mit einer anderen Farbe auswählen. Hierfür müssen Sie einen Konstruktor anlegen und die neue Bilddatei mit dem Greenfoot-Befehl „setImage" setzen.

```
public MySarsaHamster(){
    super();
    setImage("hamster_gruen.png");
}
```

Wenn Sie nun noch in der Klasse `TD_AgentEnv` die Zeile `hamster=new QHamster();` ändern in `hamster=new MySarsaHamster();` sollte ein Hamster in der von Ihnen gewählten Farbe erscheinen. Dieser sollte sich allerdings noch genauso wie der blaue QHamster verhalten. Das Update der Q-Tabelle findet beim QHamster in der Funktion updateQ statt. Sie benötigen nun noch eine entsprechende Funktion updateSarsa und einige Anpassungen in der act-Methode.

Modifizieren Sie nun Ihren Hamster so, dass er nach dem Sarsa-Algorithmus vorgeht. Tipps: Kopieren Sie die Befehle der Funktion `public void act()` aus dem QHamster erst einmal vollständig in die act-Methode des Sarsa-Hamsters hinein. Der größte Teil der Algorithmen ist identisch.

Im Folgenden ist beschrieben, wie eine Umsetzung das Sarsa-Hamsters aussieht: Bei Sarsa müssen wir nicht nur den auf eine Aktion hin erreichten Zustand beobachten, sondern auch noch die Folgeaktion mittels der gegebenen Policy und dem aktuellen Lernstand auswählen. Anschließend wird das „Sarsa-Update" durchgeführt, – man kann übrigens am Funktionsaufruf `update(s,a,r,s`,a`, end)` deutlich erkennen, wie der Name des Verfahrens entstanden ist.

Beim Sarsa-Update wird die neue Beobachtung nicht mit der Funktion `maxQ(s_new)`, sondern unter Berücksichtigung der Folgeaktion mit `getQ(s_new, a_new)` bewertet. Der entscheidende Unterschied zwischen dem Sarsa- und dem Q-Update ist also, dass wir anstatt des maximalen Q-Wertes, den Q-Wert des nachfolgenden Zustands-Aktionspaares auslesen, welches wir mit der Agenten-Policy erzeugen. Wir schauen also nicht auf den „besten Wert", sondern beobachten, was durch unsere Aktionsauswahl als nächstes passieren wird.

Sarsa-update in Java

```
protected void update( String s_key, int a, double reward,
String s_new_key, int a_new, boolean end ){
 double observation = 0.0;
 if (end) {
    observation = reward;
 } else {
    observation = reward + (GAMMA * getQ(s_new_key,a_new) );
 }
 double q = getQ(s_key, a);
 q = q + ETA * (observation - q);
 setQ(s_key,a, q);
}
```

Ein Szenario in dem der Unterschied zwischen Q- und Sarsa Learning besonders gut deutlich wird, ist der „Cliff Walk" (Sutton und Barto 2018). Bei einem solchen riskanten Spaziergang am Rand einer Steilküste kann es leicht passieren, dass man durch eine starke Windböe das Cliff hinabstürzt. Der kürzeste Weg ist in einem solchen Fall offensichtlich nicht der bessere. Da Sarsa die Unsicherheiten, die z. B. durch explorative Abweichungen entstehen, besser berücksichtigt, folgt der „on-policy"-Algorithmus einem sichereren Pfad mit größerem Abstand zum „Cliff" und erreicht dadurch in einem solchen Szenario eine deutlich bessere Performanz Abb. 4.5.

TicTacToe-Agent mit Q-Learning
Q-Learning kann auch für das Training von Brettspielszenarien verwendet werden. Wir testen das Q-Lernverfahren in unserem TicTacToe-Szenario. Die Bewertung von zum Sieg führenden Feldzuständen verbessert sich hierbei in relativ kleinen Schritten.

Wir müssen unser Lernverfahren dahingehend anpassen, dass beachtet wird, dass wir nach jedem Zug von uns einen gegnerischen Zug zu erwarten haben. Wir berücksichtigen dies in unserer Updatefunktion dadurch, dass wir das erwartete Ergebnis negieren. Der Wert eines Zustandes für uns entspricht dem Gegenteil der Bewertung aus Sicht des Gegners. Da die Belohnungen nur am Ende des Spiels also am Ende jeder Episode liegen spielt der Reward bei der Bewertung des Nachfolgezustandes in diesem Szenario eigentlich keine Rolle.

Java implementation of a Q-update in a boardgame scenario

```
protected void update( int s_key, int a, double reward, int new_s_key,
boolean end ){
 double observation = 0.0;
 if (end) {
    observation = reward;
 } else {
    observation = reward + (GAMMA * maxQ(new_s_key));
    observation=- observation;// Invert the valuation, because the
                    // opponent moves.
 }
 double q = getQ(s_key, a);
 q = q + ETA * (observation - q);
 setQ(s_key,a, q);
}
```

Nach Initialisierung der Greenfoot-Umgebung startet bei der Instanziierung des Agenten zunächst die Trainingsphase. Nach den vorgegebenen Trainingsintervallen erfolgt eine Evaluierungsphase, in der der Agent möglichst optimal spielt.

Sie können die Algorithmen im Greenfoot-Szenario ausprobieren. Wir lassen den Algorithmus in der Trainingsphase gegen sich selbst spielen und evaluieren zunächst mit der optimal spielenden NegaMax-Policy. Gegen die optimale Policy verläuft der Lernfortschritt ziemlich ungleichmäßig. Es passiert über einen relativ langen Zeitraum nicht viel, bis sich dann, nach einigen tausend Trainingsspielen, die Erfolge, d. h.

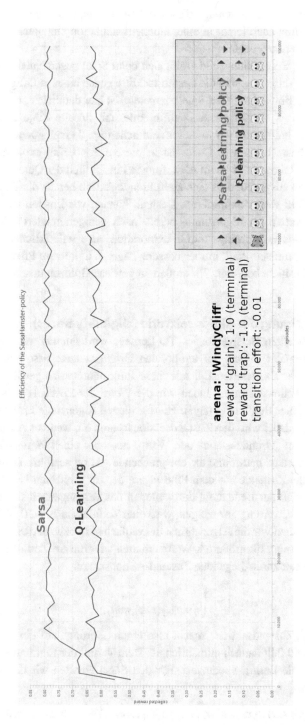

Abb. 4.5 Sarsa berücksichtigt die Unsicherheiten, die bei den explorativen Abweichungen vom gierigen Pfad entstehen, besser und folgt damit einem sichereren Pfad als Q-Learning, wodurch Sarsa in einem solchen riskanten Szenario eine deutlich bessere Performanz erreicht ($\eta = 0.05$, $\varepsilon = 0.05$, $\gamma = 0.999$)

unentschiedene Partien, ziemlich schlagartig einstellen. Übrigens können Sie die Textausgaben im CSV-Format auch leicht in eine Tabellenkalkulation einkopieren, wenn sie diese detaillierter auswerten möchten.

Ein gleichmäßigeres Entwicklungsbild ergibt sich beim Spiel gegen einen zufällig ziehenden Gegner. In der Abbildung sind die Lernfortschritte gegen einen zufällig spielenden Gegner dargestellt. Die Entwicklung der Spielkompetenz ist hier deutlicher zu erkennen.

Bei TicTacToe gibt es allerdings nur zielführende und falsche Züge in einer gegebenen Situation. Das heißt, dass wir in diesem einfachen Spiel einen guten Zug eigentlich nicht weiter verbessern können. Daher ist in diesem Sonderfall exploratives Verhalten sogar kontraproduktiv, da es kaum Abstufungen hinsichtlich der Qualität der Züge gibt. Wir können davon ausgehen, dass eine zielführende Aktion bereits die Beste ist und müssen im Prinzip nicht weiter explorieren. Deshalb können wir Epsilon auch auf den Wert 0 setzen. Dann verliert der Algorithmus bereits nach wenigen hundert Spielen nicht mehr. Die Fähigkeit des Q-Learnings durch Exploration, also willkürlichen „kleinen" Abweichungen vom optimalen Pfad, immer bessere Züge, d. h. kürzere Pfade zum Ziel, zu entdecken, wird hier nicht benötigt. Wir stoßen an gewisse Grenzen unserer einfachen Umgebung (Abb. 4.6).

4.2.1.3 Berücksichtigung der Aktionshistorie (eligibility traces)

In den bislang vorgestellten Beispielen des TD-Lernens wird nur der Wert des direkt vorangegangenen Zustandes mittels der temporalen Differenz angepasst. Wir möchten nun versuchen, aus einer absolvierten Episode mehr Informationen zu gewinnen. Durch das Mitführen einer Aktionshistorie können wir die Werte der Zustände anpassen, die auf dem Pfad hin zu einer Belohnung lagen. Hierfür dienen sogenannte Eignungsspuren (engl. eligibility trace), dabei wird den Zustandsaktionspaaren ein weiteres Attribut $e(s, a)$ hinzugefügt, welches im „Grundzustand" den Wert 0 hat, aber einen Wert von 1 erhält, wenn der Agent den Zustand betritt und die entsprechende Aktion ausführt. Dadurch wird gekennzeichnet, welche Zustände auf dem Pfad lagen, der zur erreichten Belohnung geführt hat. Um den Verfall der Bedeutung der weiter in der Vergangenheit liegenden Zustände für die Zustandsbewertung anzuzeigen, wird eine Zerfallsrate λ mit $0 \leq \lambda \leq 1$ eingeführt. Mit $\lambda = 0$ erhalten wir die Algorithmen des einfachen Q bzw. SARSA-Learnings mit Einschrittaktualisierung, für größere λ Werte erhalten wir eine Art Zerfallsrate für die Eignungswerte der weiter zurückliegenden Zustand-Aktionspaare.

$$e_t(s, a) = \begin{cases} 1, falls \, s = s_t \\ \gamma \lambda e_{t-1}(s, a), sonst \end{cases}$$

Die „Eignung" einer „Zustandsaktion" macht also einen „Sprung" auf eins, sobald der Agent diesen betritt und fällt danach allmählich ab. Dem Verfall der Eignung $e_t(s, a)$ entsprechend wird auch die Lernrate reduziert. Für den Sarsa erhalten wir damit die Anpassungsregel

$$Q(s, a) \leftarrow Q(s, a) + e_t(s, a) \left[r_{t+1} + \gamma Q(s_{t+1}, a_{t+1}) - Q(s_t, a_t) \right], \forall s, a$$

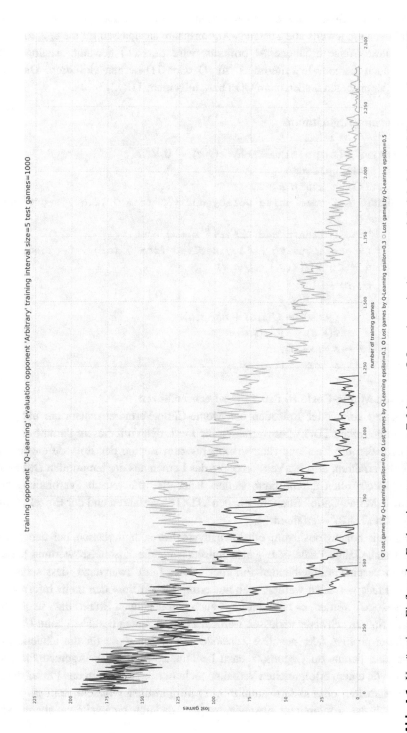

Abb. 4.6 Ungünstiger Einfluss des Explorationsparameter ε: Erfolge von Q-Learning mit einem ε von 0,5; 0,3; 0,1 und 0,0 gegen einen zufälligen TicTacToe-Gegner

Weil die Eignungsattribute *aller* Zustands-Aktionspaare berücksichtigt werden müssen, ist es nun notwendig, jeweils alle Zustands-Aktionspaare anzupassen für die $e_t(s, a) > 0$.

Der auf diese Weise erhaltene Algorithmus wird Sarsa(λ) genannt. Analog dazu können wir auch Lambda-Erweiterungen für Q oder TD-Lernen einführen. Die entsprechenden Algorithmen heißen dann Q(λ) bzw. allgemein TD(λ).

Sarsa(λ)-Learning Algorithmus

```
1      initialize Q(s,a) willkürlich, e(s,a) ← 0, ∀s,a
2      Loop for all episodes
3          initialize start s
4          Choose a from s using policy derived from Q (e.g., ε-greedy)
5          Repeat
6              Take action a and observe r and s'
7              Choose a' using policy derived from Q (e.g., ε-greedy)
8              δ ← r + γQ(s',a') − Q(s,a)
9              e(s,a) ← 1
10              for all s,a:
11                  Q(s,a) ← Q(s,a) + ηδe(s,a)
12                  e(s,a) ← γλe(s,a)
13              s ← s', a ← a'
14      Until s is a terminal stat e
```

Beziehung von Monte-Carlo zu den TD(λ)-Lernverfahren

Die Auswertung kompletter Episoden bei Monte-Carlo-Verfahren entspricht übrigens genau den vorgestellten TD(λ)-Lernverfahren für $\lambda = 1$, denn mit diesem Parameter werden gleichermaßen die Zustände rückwirkend bis zum Beginn der Episode angepasst. Diese TD(λ)-Verfahren, also die Verfahren, die das Lernen aus der temporalen Differenz mit Eignungsprotokollen durchführen, stellen daher eine theoretische Verbindung her zwischen den „Monte-Carlo"-Stichproben, den „TD(1)"-Verfahren und der Einzelschritterkundung, den „TD(0)"-Verfahren.

Episoden mit hohem positivem oder negativem Ertrag hinterlassen bei den Lernverfahren, welche lange Pfade oder ganze Episoden für die Zustandsbewertung heranziehen, einen besonders „bleibenden Eindruck". Dies führt zwar dazu, dass schneller erfolgreiche Pfade gefunden werden, weil aus erfolgreichen Episoden mehr Informationen herausgezogen werden, es hat allerdings auch den negativen Effekt, dass ungünstig eingefahrene Spuren schwerer verlassen werden. TD(0) Agenten besuchen beim Umherstreifen allerlei positive oder negative Zustände und ziehen diese für die aktuelle Zustandsbewertung heran. Im Gegensatz dazu benötigen Monte-Carlo-Agenten für eine Abweichung von einem erfolgreichen Verhalten nicht nur das Verlassen des Pfades durch Explorationsverhalten oder andere Zufälle in einem günstigen Moment, sondern zweitens auch noch das erfolgreiche Absolvieren einer dadurch eingeleiteten alternativen

Episode. Beim Java-Hamster in der Arena „flat" kann man mitunter beobachten, dass er sich nicht mehr aus einem „Zimmer" hinauswagt, falls er in einer frühen Episode eine Falle betreten hatte. Dadurch wurde das „Tür"-Feld stark negativ bewertet, ungeachtet dessen, dass hinter der Tür noch viele andere, sehr lohnende Pfade vorhanden sind.

Weiterhin sind, im Gegensatz zu den MC-Methoden, die TD-Lernverfahren mit λ<1 auch für nicht episodisch angelegte Szenarien verwendbar. Darüber hinaus wird beim TD-Lernen die Rückmeldung nach jedem Zeitschritt direkt verarbeitet, was die Komplexität der Rückmeldung verringert, weil das beobachtete Ergebnis von weniger Transitionen und Belohnungen abhängig war, was sich in der Regel positiv auf den Lernerfolg des Algorithmus auswirkt.

Mitunter wird anstatt eines „Eignungsprotokolls" auch einfach eine bestimmte Anzahl zurückliegender Zustände bei der Bewertung berücksichtigt. Diese Algorithmen werden dann „n-step"-Verfahren genannt. Ein 5-step Sarsa aktualisiert z. B. immer fünf Zustände. Man kann dies auch so interpretieren, dass ein solcher Agent quasi eine gewisse Anzahl Schritte vorausschauend exploriert. Hierzu können Sie in Abschn. 4.2.3.2 noch weitere Informationen finden.

Analog zu den zwei im Rahmen der dynamischen Programmierung in Kap. 3 vorgestellten Ansätzen der Zustandsbewertung und der Taktiksuche soll im folgenden Abschnitt untersucht werden, wie eine mit der Policy-Iteration verwandte Strategie bei der Erkundung eines Umweltsystems verfolgt werden kann. Im ersteren Fall werden ausgehend von entdeckten Ziel- oder Belohnungszuständen her die jeweiligen Bewertungen generiert bzw. „geupdated", im zweiten Fall müssen wir nun ausgehend vom jeweiligen Zustand des Agenten her testen, welche Folgen eine bestimmte Handlung haben würde. Danach updaten wir jedoch nicht die Bewertung, dies wäre sonst nur die bekannte taktikbasierte („on-policy") Zustandsbewertung, sondern wir verbessern die Steuerung direkt, d. h. wir prüfen, ob die Zuordnung einer alternativen Handlungsoption in dem jeweiligen Zustand die Taktik verbessern würde.

4.2.2 Taktiksuche

Bisher haben wir bei unseren Agenten eine gierige Steuerung angenommen, der wir bewertete Nachfolgezustände präsentierten. Wir optimierten das Verhalten des Agenten dadurch, dass wir diese Bewertungen verbesserten. Nun gehen wir anders vor.

In den bisher betrachteten Methoden des Reinforcement Learnings wird von der Agentensteuerung π eine Bewertungsfunktion $V(s)$ oder $Q(s, a)$ dazu genutzt, die in einem Zustand möglichen Aktionen zu bewerten. Diese Bewertungen entsprechen dem – mehr oder weniger gut geschätzten – Gewinn, welchen der Agent hat, wenn er sich im Zustand s befindet und von dort aus die „optimalen" Aktionen zu den Zielzuständen auswählt. Dabei streben wir entweder unabhängig von unserer gegebenen Steuerung („off-policy") möglichst gierig den erkannten Zielen zu (Value-Iteration, Q-Learning) oder berücksichtigen – „on policy" – unsere gegebene Taktik und bewerten die Aktionen „realistischer" und beobachten, was tatsächlich passiert (Monte Carlo, Sarsa). Trotzdem entspricht beides im Prinzip einem Ansatz mit zielorientierten Zustandsbewertungen.

Dagegen soll der Lernprozess nun dadurch stattfinden, dass wir nicht die Bewertung der Zustände verbessern, sondern die direkte Zuordnung der Aktionen zu den Zuständen und im Anschluss daran geprüft werden soll, ob sich dadurch die Steuerung verbessert hat.

Die Ressourcen, die für die Aktionsauswahl benötigt werden, können sich dadurch deutlich reduzieren, da wir nicht mehr unternehmen, die verschiedenen Optionen zu bewerten. Beim Ansatz der Taktiksuche starten wir mit einer willkürlichen Policy und versuchen diese zu optimieren, indem wir den Zuständen neue Aktionen zuordnen. Ein erster Ansatz, der die Rollen von Zustandswertfunktion und Policy im Produktionsprozess des gewünschten Verhaltens in diesem Sinne umkehrt, ist der Ansatz der Monte-Carlo-Taktiksuche.

4.2.2.1 Monte-Carlo Taktiksuche

Die Grundidee bei der Policy-Suche ist es, eine gegebene Taktik so lange anzupassen, bis sich ihre Performanz nicht mehr verbessert. Wie könnte eine Taktik-Suche in unbekannten Umgebungen analog zum in Kap. 3 dargestellten Schema der „Policy Iteration" aussehen?

In einem unbekannten Umweltsystem hat der Agent zu Beginn keine oder nur sehr wenig hilfreiche Zuordnungen vorliegen. Der Agent verhält sich dementsprechend willkürlich, ineffektiv und die erhaltenen Belohnungen sind sehr gering. Um eine Verbesserung der Policy zu erreichen, müssen wir den Zuständen bessere Aktionen zuordnen, so dass wir größere Belohnungen erhalten.

Im folgenden Beispiel nutzen wir zwar eine Bewertungsfunktion $Q(s, a)$, allerdings verwenden wir sie nur dazu, an den besuchten Weltzuständen die jeweils als am besten eingeschätzten Aktion in der Policy zu hinterlegen. Indem wir für unsere Suche die Bewertungsfunktion zur Hilfe nehmen, erhalten wir einen „Kompass" für vielversprechende Modifikationen an der Policy. Die Rollen von Policy und Bewertungsfunktion wurden also getauscht.

Der Agent muss in einem gegebenen Zustand, zum einen zweckmäßige Aktionen ausführen andererseits aber auch flexibel bleiben und hin- und wieder Neues erkunden. Dies bedeutet, dass wir uns zwar für eine Aktion die im Nachgang erhaltene Belohnung abspeichern, andererseits darf die Policy aber auch nicht ausschließlich den „besten" Aktionen folgen. Wir benötigen „weiche" Policies, die nicht vollständig deterministisch entscheiden.

Die Lösung besteht darin, dass wir in Bezug auf die entdeckten neuen Bewertungen $Q(s, a)$ eine probabilistische, d. h. bspw. eine ε-greedy-Anpassung der Policy verwenden. Das Policy-Update verändert daher die Policy nur in Richtung der gierigen Taktik.

Hierfür soll an dieser Stelle der Algorithmus „first-visit MC-Control für ε-soft Policies" (Sutton und Barto 2018) vorgestellt werden, ein Algorithmus, der eine Monte-Carlo-Evaluation mit einem „Policy-Improvement" kombiniert, welches mit sogenannten „weichen" ε-Policies funktioniert. Hierfür wird von den Autoren der Begriff der ε-soft Policy eingeführt.

Bei ε-soft Policies unterschreitet die Wahrscheinlichkeit für die Auswahl einer bestimmten Aktion niemals eine gewisse untere Schranke, d. h. es existiert immer eine Auswahrscheinlichkeit von größer 0 für eine Aktion a in einem bestimmten Zustand s.

Als ε-soft Policy wird jede Policy bezeichnet, für die gilt, dass

$$\pi(s,a) = P_\pi(a|s) \geq \frac{\varepsilon}{|A(s)|}$$

Die ε-greedy-Taktiken sind innerhalb der Menge der ε-soft Policies diejenigen, die einer reinen „greedy" -Funktion am nächsten kommen.

In (Sutton und Barto 2018), Abschn. 5.4 wird gezeigt, dass eine ε-greedy Policy π', welche zur Aktionsauswahl eine Zustand-Aktionsbewertung Q^π einer beliebigen anderen ε-soft Policy π nutzt, in jedem Fall besser oder gleich gut wie π ist. Dies erlaubt uns, sie für das „Policy-Improvement", wie wir es im Abschnitt zur dynamischen Programmierung kennengelernt haben, anzuwenden. Das Improvement besteht darin, dass eine ε-soft Policy in eine ε-greedy Policy verwandelt wird.

Das Abschätzen der $Q(s,a)$-Werte erfolgt hierbei wieder nach der „First-Visit-MC-Methode", in dem der erste Besuch eines Zustand-Aktionspaares mit dem Durchschnitt der anschließend kassierten Bewertungen aktualisiert wird.

„first-visit monte-carlo-control für ε-soft policies" (Sutton, Barto)

```
1    π ← an arbitrary ε-soft policy
2    Q(s,a) ∈ ℝ (arbitrarily), for all s ∈ S,a ∈ A(s)
3    returns(s,a) ← empty list, for all s ∈ S,a ∈ A(s)
4    repeat for each episode:
5        Generate an episode following : s₀,a₀,r₁,s₁,a₁,r₂,…,s_{T-1},a_{T-1},r_T
6        G ← 0
7        Loop for each step of episode, t = T-1,T-2,…,0:
8            G ← γG + r_{t+1}
9            Unless the pair s_t,a_t appears in s₀,a₀,s₁,a₁,…,s_{T-1},a_{T-1}:
10               Append G to returns(s_t,a_t)
11               Q(s_t,a_t) ← average(returns(s_t,a_t))
12               a* ← argmax_a Q(s_t,a_t)
```

$$13 \qquad \pi(s_t,a) \leftarrow \begin{cases} \frac{\varepsilon}{|A(s_t)|} + 1 - \varepsilon & if\ a = a^* \\ \frac{\varepsilon}{|A(s_t)|} & if\ a \neq a^* \end{cases}$$

Der Algorithmus folgt erfolgreichen Pfaden, lässt aber auch Platz für explorative Abweichungen.

Das Verhalten des Algorithmus können Sie im Szenario „HamsterWithMonteCarlo" im Ordner „chapter 4 decision making and learning" beobachten. Hierfür müssen Sie im Konstruktor der Klasse MC_AgentenUmwelt den „MC_Hamster" Agenten in einen

„MC_PolicySearch_Hamster" ändern. Durch die Möglichkeiten der Objektorientierung, können viele Attribute und Funktionen von der Klasse MC-Hamster vererbt werden. Es ist günstig, dass in den Unterklassen nur die Besonderheiten entweder überladen oder neu programmiert werden müssen. Es erscheinen in der Visualisierung nun auch Policy-marker, die anzeigen, welche Aktionen der Hamster an den jeweiligen Zuständen favori-siert.

Besonders interessant ist vielleicht der Abschnitt, der die Auswertung der Episoden und die Verbesserung der Policy vornimmt.

Monte-carlo policy search für ε-soft policies in Java

```
protected void update( LinkedList <Experience> episode ){
 double G = 0;
 while (!episode.isEmpty()){
    Experience e = episode.removeLast();
    String s_e = e.getS();
    int a_e = e.getA();
    G=GAMMA*G+e.getR();
    if (!contains_sa(episode,s_e,a_e)){
        double avG = getQ(s_e,a_e);
        int numGs = incN(s_e,a_e);
        avG = (avG*(numGs-1)+G)/numGs;
        setQ(s_e,a_e,avG);
        incN(s_e);
        int a_max = getActionWithMaxQ(s_e);
        // epsilon-greedy
        ArrayList <Integer> A_s = env.coursesOfAction(s_e);
        double[] P = new double[SIZE_OF_ACTIONSPACE];
        int k = A_s.size();
        for (int a_i : A_s){
            P[a_i] = current_epsilon/k;
        }
        // For a_max add the probability 1-Epsilon.
        if (a_max>=0) P[a_max]+=(1-current_epsilon);
        // policy update
        setPi(s_e,P);
    }
 }
}
```

In dem abgebildeten beispielhaften Verlauf wurde wieder mit einem von 0.7 auf 0 ab-schmelzenden Explorationsparameter ε gearbeitet (Abb. 4.7).

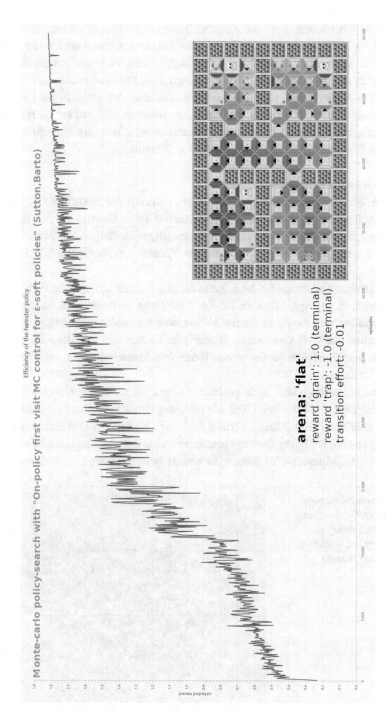

Abb. 4.7 Verlauf einer Monte-Carlo-policy-Suche mit von 0.7 auf 0 abschmelzendem ε

4.2.2.2 Evolutionäre Strategien

Gibt es auch Möglichkeiten, ganz auf Zustandsbewertungen $Q(s, a)$ zu verzichten? Eine naheliegende Variante hierzu ist, in einer großen Population von Agenten die Policies rein zufällig zu verändern, zu testen und die erfolgreichsten Varianten auszuwählen, um diese schließlich einem weiteren Testlauf zu unterziehen. Dies entspricht dem Vorgehen bei genetischen Algorithmen, also Algorithmen, die eine Art „künstliche Evolution" durchführen, wobei wir es hier eher mit einer Art gezielten „Züchtung" zu tun haben. Damit werden wir uns im nächsten Abschnitt beschäftigen. Zuvor erlauben wir uns einen Exkurs zu den Eigenschaften natürlicher kognitiver Systeme.

Eigenschaften biologischer Steuerungen

In dem lesenswerten Buch (Godfrey-Smith 2019) skizziert der Naturforscher, Wissenschaftsphilosoph und leidenschaftliche Tiefseetaucher Peter Godfrey-Smith die evolutionäre Geschichte der Tiere, von den frühen einzelligen Anfängen vor etwa 3,8 Mrd. Jahren bis zu den gegenwärtig beobachtbaren Formen „Wirbeltiere", „Weichtiere", „Gliederfüßer", „Quallen" und „Schwämme".

Über den größten Teil dieser 3,8 Mrd. Jahre hinweg war die biologische Welt von einzelligen Lebewesen geprägt. Mitunter ist die Vorstellung verbreitet, solche einzelligen Lebewesen würden nur passiv in ihrem Milieu umherschweben. Das Gegenteil wird an dem Verhalten des weit verbreiteten Bakteriums Escherichia coli deutlich Abb. 4.8, dass u. a. eine wichtige Rolle im Darm von Tieren und Menschen spielt, allerdings auch Krankheiten auslösen kann.

Unter dem Mikroskop lässt sich beobachten, wie sich Escherichia-coli-Bakterien aktiv bewegen. Den „motorischen" Teil übernehmen dabei fadenförmige Gebilde, die gleichmäßig über die Zelloberfläche verteilt sind, die „Flagellen". Das Bakterium kann sich gradlinig in eine Richtung fortbewegen, indem sich manche Flagellen bündeln und zusammenarbeiten. Mitunter wird jedoch die gerade Fortbewegung abgebrochen, indem

Abb. 4.8 Portraitaufnahme eines Escheria-coli-Bakteriums (Gross L, Public Library of Science Biology Vol. 4/9/2006, e314. Bild: Manu Forero)

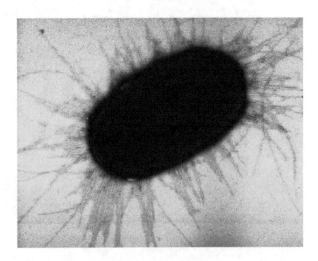

sich das Flagellenbündel auflöst und sich die einzelnen Fäden in verschiedene Richtungen wenden, das Bakterium beginnt dann zu taumeln. Das Flagellenbündel organisiert sich schließlich wieder neu und das Bakterium beschleunigt in eine andere Richtung. Die Aktionsmenge des Bakteriums besteht daher aus zwei Aktivitäten „gradlinige Bewegung" und „taumeln". Es wählt also zwischen „geradeaus" und einer zufälligen Richtungsänderung.

Das sensorische System des Bakteriums besteht aus Molekülansammlungen, die die Zellmembran durchdringen und gewissermaßen eine Verbindung zwischen Innen und Außen herstellen, wodurch das Bakterium quasi einen Geruchs- und Geschmackssinn erhält, der es ihm erlaubt chemische Stoffe in der Umgebung zu spüren. Das Bakterium kann eigentlich nicht feststellen, aus welcher Richtung ein schädlicher oder attraktiver chemischer Stoff kommt. Der Trick des Bakteriums ist es, in Bewegung zu bleiben. Dabei spürt es, ob bestimmte Konzentrationen ansteigen oder abfallen. Wenn es bspw. spürt, dass die Konzentration eines attraktiven Stoffs zunimmt, so sinkt die Wahrscheinlichkeit für die Auswahl der Taumelbewegung und das Bakterium bewegt sich häufiger zielstrebig gerade aus.

Das winzige Bakterium Escheria coli befindet sich von außen betrachtet in einer gewaltig großen unbekannten Umwelt, z. B. in einem Darm. Für das Bakterium ist diese Welt allerdings völlig unzugänglich. Heinz von Foerster hat das so formuliert: Ein Beobachter sieht nicht, dass er nicht sieht, was er nicht sieht; soll heißen, man merkt als Beobachter nicht, dass man vieles überhaupt nicht sehen kann. Daher besteht die Welt des Bakteriums zunächst nur aus den Änderungswerten bestimmter chemischer Stoffe, was einem vergleichsweise überschaubaren Zustandsraum entspricht. Das Problem der Policy des Bakteriums besteht nun darin, zu bestimmen, unter welchen Umständen sie die Aktion Eins „gradlinige Bewegung" oder die Aktion Zwei „zufälliges Taumeln" auswählt.

Mehrzellige biologische Lebewesen entstanden vor ca. 1 bis 2 Mrd. Jahren. Der Prozess ist nicht ganz geklärt, jedoch traten in der biologischen Evolutionsgeschichte Gabelungen auf, an denen die „Kinder" bestimmter evolutionärer „Bindeglieder" schließlich unterschiedliche Entwicklungswege gingen, was grundlegende Richtungsentscheidungen hinsichtlich der weiteren körperlichen Entwicklung und entsprechend auch hinsichtlich der Art und Weise der Kognition und der weiteren Entwicklung der Verhaltenssteuerung nach sich zog. Mitunter wurden auch neue Formen der Kooperation und höhere Stufen des Verhaltens entwickelt. So entwickelten sich manche Anhäufungen von genetisch gleichen Einzellern zu mehrzelligen Einheiten, wobei die einst eigenständigen Organismen begannen, als Teil von größeren Strukturen zu arbeiten. In diesem Moment setzte eine evolutionäre Optimierung der Kooperation, des „Teamworks" der jeweiligen Einzelorganismen ein, zunächst durch den Austausch von chemischen Botenstoffen, dann auch mit der Entwicklung von spezialisierten organischen Einheiten auch für kognitive Aufgaben wie Sensorik, Motorik oder Kommunikation, was dann auch die Entstehung erster „Neuronen" bewirkte.

Die Gabelung von Wirbel- und Weichtieren vollzog sich nach Godfrey-Smith vor ca. 600 Mio. Jahren, mithin lebte in dieser Zeit bspw. der gemeinsame Urahn von

Mensch und Krake. Diesen Urahn skizziert er als kleines wurmähnliches Wesen, welches bereits kleine Augenflecken an der Spitze des Körpers und eine Frühform eines rückenmarkähnlichen Nervensystems besaß, das Signale durch den Körper leiten konnte. Die Neuronen übernahmen einerseits die sensomotorische Koordination, d. h. der zweckmäßigen Verarbeitung von Reizen der Umgebung, aber auch Aufgaben der erfolgreichen „Handlungsformung". Die zwei Aufgaben des kognitiven Systems erinnern an die vorgestellte Dualität von „policy-basierten" und „wert-orientierten" Handlungsstrategien.

Godfrey-Smith weist darauf hin, dass die Sichtweise der „Handlungsformung" allgemein oft zu kurz kommt. Der Aspekt von erfolgreicher „Handlungsformung" ist von zentraler Bedeutung bei der Entstehung kooperativer Lebensweisen, insbesondere für die Entstehung komplexer mehrzelliger Lebewesen. Bei komplexeren Agenten oder Multiagentensystemen ist wichtig, dass verschiedene aktive Systemkomponenten sinnvoll und zweckmäßig zusammenwirken können, um überhaupt zielführende Handlungsabläufe erzeugen zu können. Zur Veranschaulichung der Problematik stelle man sich ein Ruderschiff wie z. B. eine antike Trireme vor. Diese benötigt nicht nur einen Steuermann, der darauf achtet, wo das Schiff hinfährt, also wo lohnende Ziele oder Gefahren sind, sondern auch die Ruderer und z. B. eine Person, die mithilfe eines akustischen Signalgebers den Schlag vorgibt, damit sich die Einzelaktionen koordinieren. Alle Energie ist verschwendet, wenn sich z. B. die Paddel eines Ruderbootes ohne Koordination einfach nur wild durcheinander bewegen. Sicherlich ist auch die Entstehung von Sprache und Bewusstsein nur unter dem Aspekt der kooperativen Handlungsformung richtig zu verstehen. Im Rahmen dieses Buches werden wir uns jedoch auf die Sichtweise von individuell arbeitenden „Kybernetes" (altgriechisch für „Steuermann") beschränken müssen.

Prinzipiell ist es wenig plausibel, dass in den frühen „einfachen" Formen der Kognition eine explizite Bewertung unterschiedlicher Handlungsoptionen vorgenommen wird. Vielmehr ist anzunehmen, dass gegebene, irgendwie direkt „verdrahtete" Steuerungen modifiziert werden und sich im Laufe der Zeit dadurch optimieren, dass sich die Varianten vermehrt reproduzieren und durchsetzen, die einfach „besser" funktionieren. Daher wollen wir uns im folgenden Policy-Suchverfahren ansehen, welche komplett darauf verzichten aufwendig eine Bewertungsfunktion aufzubauen. Damit wird auch darauf verzichtet, vor einer Entscheidung zunächst die verschiedenen Handlungsoptionen zu bewerten. Im Folgenden wird zunächst das Konzept der „Stochastischen Policy" genauer beschrieben, wo wir den möglichen Aktionen bestimmte Auswahlwahrscheinlichkeiten zuweisen können. Wir verabschieden uns damit konzeptionell auch von der Suche nach der einen „richtigen" Entscheidung.

Stochastische Policies
In der bisherigen Taktikverbesserung haben wir Bewertungsfunktionen dazu genutzt, jeweils zu schauen, ob es in einer Situation vielleicht besser bewertete Aktionen gibt und haben die Zuordnung dann entsprechend angepasst. Es ging letztlich immer darum, für gegebene Situationen jeweils die optimale Entscheidung herauszufinden, von der wir dann zu Erkundungszwecken nur hin und wieder abgewichen sind.

In den Lernalgorithmen mit stochastischen Policies verwenden wir parametrisierte Steuerungen, die uns eine Wahrscheinlichkeitsverteilung über den möglichen Aktionen liefern $\pi(s, a, \boldsymbol{\theta}) = P(a|s, \boldsymbol{\theta})$ mit $(a \in A)$ Diese können wir nun stetig, d. h. ohne „Sprünge", anpassen, indem wir an den „Stellschrauben" $\boldsymbol{\theta}$ „drehen". Wir möchten nun nicht mehr die jeweils optimale Aktion herausfinden, sondern widmen uns vielmehr der Frage nach einer optimalen Wahrscheinlichkeitsverteilung.

Um kontinuierliche Veränderungen an einer stochastischen Steuerung durchführen zu können, bietet sich die SoftMax-Verteilung an. Wir erinnern uns, dass wir damit auf elegante Weise eine Wahrscheinlichkeitsverteilung über den verschiedenen möglichen Aktionen produzieren können.

$$\pi(s, a, \boldsymbol{\theta}) = \frac{e^{h(s,a,\theta)}}{\sum_{b \in A}^{A} e^{h(s,b,\theta)}}$$

Da wir keine „richtige" Bewertungsfunktion haben, nutzen wir „Aktionspräferenzen" $h(s, a, \boldsymbol{\theta})$, die aus den Parametern generiert werden. Diese Präferenzen repräsentieren keine realistischen Bewertungen. Es kann z. B. sein, dass – wenn die optimale Taktik deterministische Entscheidungen erfordert und die Parametrisierung dies zulässt – die Präferenzen der optimalen Aktionen im Vergleich zu denen der suboptimalen Aktionen gegen unendlich tendieren. Die SoftMax-Funktion normalisiert diese Werte so, dass die Summe der Wahrscheinlichkeiten der definitionsgemäß geforderten 1 entspricht. Gleichzeitig werden die Verhältnisse der Werte in der von der Funktion erzeugten Verteilung gut abgebildet.

Genetische Algorithmen

Genetische Algorithmen können dazu genutzt werden, Attribute von Individuen mit Blick auf gewünschte Eigenschaften zu optimieren. Die Idee bei genetischen Algorithmen ist, Individuen mit Blick auf das gewünschte Ziel zu evaluieren, aus der Population auszuwählen und zu vermehren.

Dies erinnert an eine zielgerichtete Zuchtwahl. Mit dieser Methode werden z. B. in der Pflanzenzucht gewünschte Eigenschaften erzeugt. Die zentralen Methoden hierfür Selektion und Kreuzung von geeigneten Individuen. Die Eigenschaften der Individuen werden durch ihr Erbgut bestimmt. Biologische Organismen nutzen für die Weitergabe von Erbinformationen ihr Genom, was in jeder einzelnen Zelle des Organismus enthalten ist. Die für die Vererbung von Eigenschaften erforderliche Information ist in der DNA enthalten und wird durch Sequenzen der DNA-Basen Adenin (A), Guanin (G), Cytosin (C) und Thymin (T) codiert. Abschnitte auf der DNA werden auch Gene genannt. Gene können z. B. Proteine codieren, die dann in der Zelle gebildet werden.

Es ist allerdings zu bemerken, dass sich die ontogenetischen Eigenschaften, insbesondere bei höheren Lebensformen, nicht deterministisch durch die Gene bestimmt werden, sondern sich durch einen komplexen und vielschichtigen Prozess herausbilden. So spielt auf der Ebene der Vererbung z. B. auch die Genregulation, also die Steuerung der Genaktivität eine wichtige Rolle. Sie bestimmt bspw. ob, wann und in welcher Menge das vom Gen codierte Protein in der Zelle gebildet wird. Hinzukommen die vielfältigen Adaptions- und Modifikationsprozesse in jeweiligen höheren Stufen, die bestimmen, welche Eigenschaften und Merkmale ein Organismus letztlich herausbildet.

Wie wird die jeweils neue Generation bei genetischen Algorithmen erzeugt? Auch in der „künstlichen Evolution" werden Attribute von Individuen durch ein sogenanntes „Genom" bestimmt, wobei eine „Population" aus einer Anzahl von „Genomen" besteht. In unserem Falle kodiert ein Genom die Parameter der Policy. Dies heißt, dass sich in unserm Aufbau aus jedem Genom genau eine bestimmte Agentensteuerung erzeugen lässt.

Die üblichen Schritte in einem genetischen Algorithmus sind:

1. Initialisierung des Genpools: Die erste Generation von Genomen wird willkürlich erzeugt.
2. Durchlaufe die folgenden Schritte, bis ein Abbruchkriterium erfüllt ist:
   1. Produktion: Schaffen der neuen Generation entsprechend des vorliegenden Genpools.
   2. Evaluation: Jedem Lösungskandidaten der Generation wird ein Fitnesswert zugewiesen.
   3. Selektion: Auswahl von Individuen für die Rekombination und Mutation.
   4. Variation: z. B. durch Mutation (zufällige Veränderung von Nachfahren) oder Rekombination (Vermischung von ausgewählten Individuen)

Implementierung einer evolutionären Optimierung
Eine Java-Implementation eines genetischen Algorithmus, welcher stochastische Policies in einer Gridworld anpasst, finden Sie im Ordner „chapter 4 decision making and learning". Das Szenario heißt „HamsterWithEvolutionaryStrategy".

In evolutionären Strategien spielt beim „Lernen" die Umweltklasse eine größere Rolle. Dies liegt daran, dass innerhalb des Agenten eigentlich kein Lernprozess stattfindet und die Anpassungen, Mutation, Kreuzung, Auswahl und Produktion der nächsten Generation im Prinzip „von außen" vorgenommen werden. Die Agenten werden quasi durch die Welt wiederholt „ausgesiebt" und vermehrt. Ein günstiger Einstiegspunkt für das Studium des Algorithmus wäre in diesem Falle der Code der World-Klasse „Evolutionary_PolicySearch_Environment".

Die Genome einer Generation werden in der Klasse „GenePool" gehalten. Die Klasse stellt auch die verschiedenen Methoden des genetischen Algorithmus bereit. Die Initialisierung des Genpools findet im Konstruktor der Weltklasse statt. Beim Aufruf des Konstruktors von GenePool wird die Funktion „generatePool" aufgerufen, die die entsprechende Anzahl von Genomen erzeugt. In den Genomen wird die Zuordnungstabelle der Policy abgebildet. Eine Besonderheit der Implementation ist, dass das Genom „leer" erzeugt wird und die Einträge „Gene" für die besuchten Zustände hinzugefügt werden. Dies ermöglicht unterschiedliche Karten einzusetzen, ohne zuvor für alle möglichen

Weltzustände Genome zu erzeugen. Die „Gene" werden also beim Besuchen neuer Zustände generiert und mit willkürlichen Werten initialisiert (Normalverteilung mit der
Standardabweichung „new_gene_sigma"). Die Gene werden auch an die Nachkommen
weitergegeben und im Zuge der Kreuzung auch verteilt.

Daher kann die Einstellung der Arena dadurch wie gewohnt zu Beginn des Konstruktors mit dem Aufruf von super erfolgen, was den Konstruktor RL_Evo_Grid-
dEnv(String[] fielddescription) der Mutterklasse aufruft. Probieren Sie
gern eine andere Umgebung aus, in dem Sie die Arena „mapFrozenLake" einstellen.

Die Produktion der Agenten entsprechend des aktuellen Genpools geschieht in der
Funktion „makePopulation". Die Funktion erwartet als Argument den gewünschten
Startzustand.

Generell spielen, wie schon erwähnt, die Agenten bei diesem Lernalgorithmus eine
verhältnismäßig passive Rolle. Sie reagieren entsprechend ihrer festgelegten Steuerung
und kassieren mehr oder weniger Reward. Beendet ein Agent eine Episode, dann ruft er
die Funktion „evaluationFinished" auf. Der kumulierte Reward wird nun als Fitnesswert
am entsprechenden Genom notiert und für die Selektion verwendet. Danach wird überprüft, ob noch Agenten der aktuellen Generation aktiv sind. Falls keine Agenten mehr
aktiv sind, wird die Selektion und variierende Reproduktion (Kreuzung, Mutation) der
Genome der nächsten Generation durch Aufruf der Funktion „genePool.breedNextGene-
ration" vorgenommen.

Taking the fitness value after end of an episode and start breeding next generation

```
public void evaluationFinished(Genome genome, double fitness){
 genePool.setFitness(genome.ID,fitness);
 living_agents--;
 if (living_agents<=0){
    double avg_fitness_topgroup = genePool.breedNextGeneration();
    makePopulation(getHamsterStartX(),getHamsterStartY());
    updateDisplay(genePool.getTopGroup());
    jfxLogger.append(genePool.getGeneration(),avg_fitness_topgroup);
 }
}
```

Die Zucht der nächsten Generation wird folgendermaßen durchgeführt: Zunächst wird
die Spitzengruppe ermittelt. Diese wird vollständig in die nächste Generation übernommen, was Rückschritte bei der Entwicklung der Fitness erschwert. Danach werden
die Individuen der Spitzengruppe jeder mit jedem gekreuzt. Hierbei entstehen jeweils
zwei komplementäre Individuen, die beide übernommen werden. Dadurch werden
$n(n-1)$ Hybriden der Spitzengruppe der nächsten Generation hinzugefügt. Die Rest-
population wird mit mutierten Klonen der Spitzengruppe (75 %) und zufälligen Individuen (25 %) aufgefüllt.

Die hier vorgestellte Methode, welche die Zucht der nächsten Generation durchführt, erhebt nicht den Anspruch, besonders effizient zu sein und hat einen stark intuitiven Charakter, z. B. die Art, wie die Kreuzung der Genome durchgeführt wird. In der Implementation werden die Gene der Eltern zu gleichen Teilen zufällig ausgewählt. Häufig wird das auch anders durchgeführt, z. B. indem die Genome geteilt werden, aus A_1A_2 und B_1B_2 werden z. B. die „Kinder" A_1B_2 und B_1A_2. Es ist in der Praxis oft noch so, dass viel von der Intuition des Entwicklers abhängt. Experimentieren Sie daher mit eigenen Modifikationen!

Method used to breed the next generation (class ‚GenePool')

```
public double breedNextGeneration(){
 bestGenomes = getBestGenomes(num_top);
 ArrayList<Genome> children = new ArrayList<Genome>();
 // take over top group to next generation
 double avg_top_fitness=0;
 for (Genome gene : bestGenomes){
    avg_top_fitness+=gene.fitness;
    gene.fitness=0.0;
    children.add(gene);
 }
 avg_top_fitness/=bestGenomes.size();
 // mix up top group individuals
 for (int i=0;i<bestGenomes.size();i++){
    for (int j=i+1;j<bestGenomes.size();j++){
        Genome[] mixed =
mix_it(bestGenomes.get(i),bestGenomes.get(j));
        children.add(mixed[0]);
        children.add(mixed[1]);
    }
 }
 // fill up remaining population with mutated clones of the top group
(75%)
 and random individuals
 int remainingChildren = (env.POPULATION_SIZE - children.size());
 for (int i = 0; i < 3*remainingChildren/4+1; i++) {
    children.add(clone_mutate(bestGenomes.get(i%num_top)));
 }
 for (int i = children.size(); i < env.POPULATION_SIZE; i++){
    children.add(new Genome());
 }
 clearPool();
 for (Genome next_gen : children) put(next_gen);
```

```
cnt_generation++;
return avg_top_fitness;
}
```

Stochastische Policies erlauben „kleine" Mutationen. Dies bewirkt einen kontinuierlicheren und gleichmäßigeren Lernprozess. Der Entwicklungsprozess verläuft auch stabiler, wenn die Population und die selektierte Spitzengruppe umfangreich sind.

Die Resultate in den Simulationsläufen zeigen in Anbetracht der recht „willkürlichen" und mit großem Zufall behafteten Methode eine erstaunlich schnelle Anpassung. Oft wird den kleinen Umgebungen schon nach relativ wenigen Generationen eine gute Policy gefunden. Allerdings können „spontane" Einbrüche der Fitness stattfinden, wenn sich durch ungünstige Umstände eine negative Mutation in der gesamten Spitzengruppe ausbreitet. Dies tritt besonders in „riskanten" Umgebungen wie z. B. der sogenannten „Frozen Lake"-Umgebung (https://gym.openai.com/envs/FrozenLake-v0/; 05–08–2021) auf. Hier muss vom Agenten ein Frisbee auf einer instabilen Eisdecke erreicht werden (Abb. 4.9).

Der Fortschritt der Adaption wird durch eine größere Anzahl von Parametern bestimmt. Hierbei geht es nicht nur um die Größe der Spitzengruppe, Art und Umfang der Mutationen und Kreuzungen. Leider kann auf die Eigenschaften und Wirkungen der Parameter im Rahmen dieses Buches, dessen Zweck es ist einen Überblick über die Funktionsweise der verschiedenen Ansätze zu liefern, nicht detaillierter eingegangen werden. Experimentieren Sie mit verschiedenen Einstellungen und beobachten Sie die Auswirkungen auf den Adaptionsprozess. Wenn Sie Ergebnisse teilen, kann ein interessanter Austausch entstehen. Bei den dargestellten Läufen wurden folgende Parameter verwendet:

parameter in ‚World' class ‚Evolutionary_PolicySearch_Environment'

```
/* size of the gene pool */
public static final int POPULATION_SIZE = 1000;
/* size of the top group */
public static final int SIZE_OF_TOPGROUP = 20;
/* determines percentage of genes (entries of the policy table) that
will be arbitrary manipulatet */
public static final float MUTATION_RATE = 0.9f;
/* standard deviation of the modifications */
public static final float MUTATION_STANDARD_DEVIATION = 0.005f;
```

Darüber hinaus spielen auch Eigenschaften der Policy z. B. der Temperaturparameter T der SoftMax-Funktion oder der Evaluation (z. B. die Anzahl der Wiederholungen für die Erstellung eines Durchschnitts) eine Rolle.

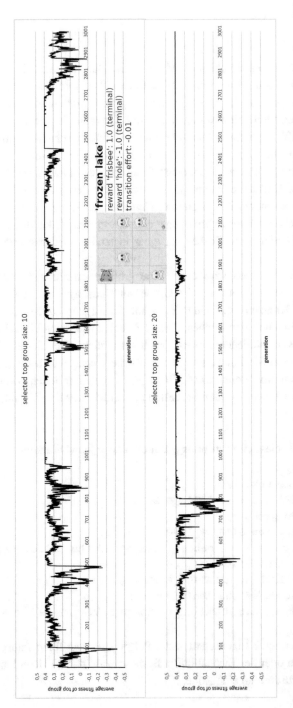

Abb. 4.9 Durchschnittliche Fitness (kumulierter Reward) der Spitzengruppe im „frozen lake"-Szenario in Abhängigkeit der Generationen. Die Gesamtpopulation war 1000 Individuen. Im Durchgang oben werden 10 unten 20 Individuen selektiert. Bei einer kleineren Gruppe treten Instabilitäten stärker auf

parameter in ‚Actor' class ‚Evolving_Hamster'

```
public static double NEW_GENE_SIGMA = 1; // standard deviation, if
new random genes are produced
public final static double T = 1; // exploration parameter in softmax
("temperature")
public final static int EVALUATION_INTERVAL = 3; // interval for ma-
king an average and displaying a result.
```

fwand an Rechenzeit kann, bei großen Populationen und kleinen Mutationsraten, insbesondere bei größeren Zustands- und Aktionsräumen enorm sein. Rein zufällige Modifikationen benötigen sehr viel Rechenleistung und die Ergebnisse sind wenig transparent, so müssen in größeren Zustands- und Aktionsräumen i. d. R. Hilfestellungen eingebaut werden. Dies können z. B. „Straßen" sein, die das Abweichen von einer extern bestimmten Baseline bestrafen oder die Einrichtung von kontinuierlichen bzw. häufigen Belohnungen, z. B. dann, wenn der Agent Meilensteine erreicht.

Bei einer Populationsgröße von 1000 und 3 Evaluationswiederholungen müssen in jeder einzelnen Generation 3000 Evaluationsepisoden durchgeführt werden. Es liegt nahe, die Parameter selbst zum Gegenstand eines Lern- und Optimierungsalgorithmus zu machen. Das Stichwort hierfür lautet „Meta-Learning".

Das Vorgehen bei evolutionären Algorithmen hat gewisse Ähnlichkeiten mit der nachträglichen Auswertung von kompletten Episoden beim Monte-Carlo-Ansatz. Wir verzichten bei den evolutionären Algorithmen allerdings vollständig darauf, eine Zustandsbewertungsfunktion aufzubauen, was zwar einiges an Ressourcen spart, nützliche Erfahrungen werden allerdings nur dadurch perpetuiert, indem die erfolgreichsten Exemplare (Genome) ausgewählt und die weniger guten verworfen werden.

In den genetischen Algorithmen werden die Agenten über den Selektionsprozess ausgesiebt, d. h. sie sind passiv wie kleine Steinchen. Beim Reinforcement Learning interessiert man sich dagegen sehr für individuelle Lernprozesse innerhalb von aktiven Agenten, welche „Erfahrungen" zweckmäßig verwerten. Kann man den Policy-Search-Ansatz weiterverfolgen und dabei den einzelnen Agenten wieder eine aktivere Rolle beim Lernprozess geben? Mit dieser Frage wenden wir uns im Folgenden wieder einem der „klassischen" Algorithmen des Reinforcement Learnings zu.

4.2.2.3 Monte-Carlo Policy Gradient (REINFORCE)

Die Frage, die uns im Folgenden beschäftigt, lautet: Lassen sich diese „Stellschrauben" θ der Agenten-Policy nicht nur willkürlich, sondern zweckmäßig „drehen" durch die Verarbeitung von individuellen Erfahrungen, die vom Agenten in einer Episode gesammelt werden?

Die im folgenden vorgestellten Algorithmen beziehen sich im Wesentlichen auf Ausführungen von Sutton und Barto 2018 [8]. Zunächst führen wir ein Performanz-Maß $J(\theta)$ ein, welches uns Anhaltspunkte darüber liefern soll, wie gut unsere Steuerung in

Abhängigkeit von θ ist und ob sich unsere Agentensteuerung durch die Veränderungen an den Parametern θ verbessert oder verschlechtert.

$J(\theta)$ erzeugt eine Art (Hyper-)ebene über den Parametern θ die beschreibt, wie gut eine Policy mit einer bestimmten Parameterkonfiguration ist. Je „höher" der Wert $J(\theta)$, desto besser die Performanz. Das Lernen versuchen wir nun so zu gestalten, dass wir das Performanz-Maß maximieren, indem wir einem Gradienten-Aufstieg folgen:

$$\theta_{t+1} = \theta_t + \eta \nabla J(\theta_t) \tag{4.11}$$

Ein wichtiger Vorteil einer „weichen" Parametrisierung besteht darin, dass sie das Einstellen von beliebigen Aktionswahrscheinlichkeiten ermöglicht. Methoden, die „harte" Entscheidungen nach Aktionswerten fällen, bieten keine Möglichkeit solche stochastische Optima zu finden. Wenn wir Policies kontinuierlich annähern, so können wir Steuerungen mit speziellen Wahrscheinlichkeitsverteilungen bilden, die die Risiken und den möglichen Gewinn in einer Umgebung eleganter abbilden.

Wie können wir nun die Policy-Parameter so verändern, dass eine Verbesserung der Performanz gewährleistet ist? Zunächst können wir z. B. für episodische Fälle die Performanz unserer Steuerung mit dem Wert des Startzustandes unter einer gegebenen Steuerung π_θ identifizieren:

$$J(\theta) = V^{\pi_\theta}(s_0)$$

Womit sich auch ein entsprechender Performanz-Gradient darstellen lässt:

$$\nabla J(\theta) = \nabla V^{\pi_\theta}(s_0)$$

Theoretisch bekommen wir nun allerdings ein Problem, welches darin besteht, dass eine gegebene Performanz nicht nur von der Auswahl der Aktionen, sondern auch von der Verteilung der künftigen Zustände in der Umwelt abhängt, in denen diese Auswahl durch die entsprechende Policy getroffen wird. Der „Performanz-Gradient" ist damit nicht nur von der Policy abhängig, sondern stellt auch eine Eigenschaft des Umweltsystems dar, in dem der Agent agiert. Wie können wir einen nur von Policy-Parametern abhängigen Performanz-Gradienten abschätzen, wenn dieser Gradient von unbekannten Auswirkungen auf die gesehene Zustandsverteilung abhängt?

Dieses Problem wird mit dem sog. „Policy Gradient Theorem" gelöst, dass formal mit.

$$\nabla J(\theta) \propto \sum_s \mu(s) \sum_a Q^\pi(s,a) \nabla \pi(a|s,\theta) \tag{4.12}$$

$$= E_\pi \left[\sum_a Q^\pi(s_t,a) \nabla \pi(a|s_t,\theta) \right]$$

notiert werden kann (Sutton und Barto 2018) [8]. Mit $\pi(a|s_t,\theta)$ ist hier eine Funktion gemeint, die die Wahrscheinlichkeiten $P_\pi(a|s_t,\theta)$ erzeugt. Die rechte Seite des Theorems stellt die gewichtete Summe über den zu erwarteten diskontierten Belohnungen dar, so, wie sie unter der Policy π auftreten würden, wenn dieser entsprechend gefolgt wird. Die Formel besagt, dass unser „Performanz-Gradient" aus dem Erwartungswert über den summierten Produkten aus Zustandsbewertung und dem „Policy-Gradient" hervorgeht. Einen formalen Beweis für das Theorem liefern Sutton und Barto in [8]. Inhaltlich bedeutet dies im Prinzip nichts anderes, dass es, wenn wir einem Performanz-Aufstieg folgen wollen, genügt, wenn wir die Auswahlwahrscheinlichkeit von denjenigen Aktionen erhöhen, die bereits mit gegebener Policy eine große Belohnung versprechen.

Wie können wir diese Theorie in Algorithmen umsetzen? Der letzte Term mit dem Erwartungswert E_π enthält Zustandsfolgen s_t. Für die Berechnung des Ausdrucks Gl. 4.12 müssten wir uns eigentlich jeweils alle Aktionen $a \in A(s_t)$ ansehen, um diese Summe bilden zu können.

Wir formen daher den Ausdruck so um, dass wir den Gradienten aus der jeweils zum Zeitpunkt t gewählten Aktion a_t berechnen können.

$$\nabla J(\boldsymbol{\theta}) = E_\pi \left[\sum_a Q^\pi(s_t, a) \nabla \pi(a|s_t, \boldsymbol{\theta}) \right]$$

$$= E_\pi \left[\sum_a Q^\pi(s_t, a) \pi(a|s_t, \boldsymbol{\theta}) \frac{\nabla \pi(a|s_t, \boldsymbol{\theta})}{\pi(a|s_t, \boldsymbol{\theta})} \right]$$

$$= E_\pi \left[Q^\pi(s_t, a_t) \frac{\nabla \pi(a_t|s_t, \boldsymbol{\theta})}{\pi(a_t|s_t, \boldsymbol{\theta})} \right] \tag{4.13}$$

Mit der Betrachtung der vielen einzelnen Aktionen a_t eines Samples, die ja in großer Zahl entsprechend der Wahrscheinlichkeit $\pi(a_t|s_t, \boldsymbol{\theta})$ ausgewählt werden, lassen wir die „gewichtete" Summe über allen Aktionen weg.

Monte Carlo Policy Gradient (REINFORCE)
Für die Mitglieder (s_t, a_t) eines Samples der Länge T ergibt sich die jeweils „gemessene" Bewertung aus den skontierten und kumulierten Folgebelohnungen (vgl. Kap. 2):

$$Q^\pi(s_t, a_t) = \sum_{k=t+1}^{T} \gamma^{k-t-1} r_k = G_t$$

Aus Gl. 4.13 können wir mit diesen Informationen die Update-Regel des klassischen REINFORCE-Algorithmus (Williams 1992) aufstellen:

$$\theta_{t+1} = \theta_t + G_t \frac{\nabla \pi(a_t|s_t, \boldsymbol{\theta})}{\pi(a_t|s_t, \boldsymbol{\theta})}$$

Mit der Umformungsregel $\nabla \ln x = \frac{\nabla x}{x}$ erhalten wir

$$\theta_{t+1} = \theta_t + \eta G_t \nabla \ln \pi(a_t|s_t, \boldsymbol{\theta}) \tag{4.14}$$

Wobei $\eta > 0$ wieder einen Lernparameter darstellt, der die Schrittweite und damit die Lerngeschwindigkeit, aber auch die „Granularität" des Prozesses regelt.

Monte Carlo Policy Gradient Algorithmus REINFORCE

```
1    πθ a differentiable stochastic policy parameterization πθ(a,s,θ)
2    ηθ > 0 parameter for the adjustment of θ (step size)
3    Initialize policy parameter θ ∈ ℝᵈ
4    Loop for each episode:
5        Generate an episode πθ : s₀,a₀,r₁,s₁,a₁,r₂,...,sₜ₋₁,aₜ₋₁,rₜ
6        Loop for each step of the episode t = 0,1,...,T − 1 :
7            G ← Σᵀ_{k=t+1} γ^{k−t−1}rₖ
8            θ ← θ + ηθGₜ∇lnπ(aₜ,sₜ,θ)
```

Dies macht zwar bereits einen sehr kompakten und praktischen Eindruck, allerdings ist noch die Frage offen, wie nun eigentlich der „Policy Gradient", also der Term $\nabla \ln \pi (a_t|s_t, \boldsymbol{\theta})$ berechnet wird. Wir holen uns wieder ins Gedächtnis, dass wir für unsere parametrisierte Policy die Wahrscheinlichkeitsverteilung P_π mit

$$P_\pi(a|s,\boldsymbol{\theta}) = \pi(s,\mathrm{a},\boldsymbol{\theta}) = \frac{e^{h(s,a,\theta)}}{\sum_{b\in A}^A e^{h(s,b,\theta)}} \tag{4.15}$$

berechnen wollen, also eine „SoftMax"-Auswahlstrategie mit den jeweiligen Aktions-präferenzen $h(s,a,\boldsymbol{\theta}_s)$.

Um an Bekanntem anzuknüpfen, ordnen wir jedem Zustand-Aktionspaar eine Präferenz $\theta_{s,a}$ tabellarisch zu. Dies heißt, wir setzen

$h(s,a,\boldsymbol{\theta}_s) = \theta_{s,a}$, wobei $\theta_{s,a} \in \mathbb{R}$

wodurch wir die Vereinfachung

$$\pi(s,a,\boldsymbol{\theta}_s) = \frac{e^{\theta_{s,a}}}{\sum_{b\in A}^A e^{\theta_{s,b}}}$$

bzw.

$$\ln\pi(s,a,\boldsymbol{\theta}_s) = \theta_{s,a} - \ln\sum_{b\in A}^A e^{\theta_{s,b}} \tag{4.16}$$

erhalten. Für die Komponenten des Gradienten $\nabla \ln \pi (s,a,\boldsymbol{\theta}_s)$ erhalten wir nun durch Ableiten:

$$\nabla\ln\pi(s,a,\boldsymbol{\theta}_s) = \frac{\partial\ln\pi(s,a,\boldsymbol{\theta}_s)}{\partial\theta_{s,i}} = \begin{cases} 1 - \frac{e^{\theta_{s,a}}}{\sum_{b\in A}^A e^{\theta_{s,b}}} = 1 - \pi(s,a,\boldsymbol{\theta}_s) \text{ für } i = \mathrm{a} \\ 0 - \frac{e^{\theta_{s,i}}}{\sum_{b\in A}^A e^{\theta_{s,b}}} = -\pi(s,i,\boldsymbol{\theta}_s) \quad \text{für } i \neq \mathrm{a} \end{cases}$$

Womit wir uns einen einfachen Policy-Gradienten geschaffen haben, mit dem wir diese Theorie in unserer Java-Umgebung erproben können. Wir haben damit eine „tabellarische" Variante des Policy-Gradienten-Algorithmus erhalten. Für kleine Zustand-Aktionsräume wie in den Kästchenwelten ist dies ja praktikabel. Der Einsatz von Approximatoren wird im nächsten Kapitel besprochen. Dies wird zwar erneut zu einigen Problemen führen, für die im Zuge der Anwendung des Deep-Learnings allerdings einige handwerkliche „work-arounds" entwickelt worden sind.

Für unsere Zwecke, eine übersichtliche Betrachtung des Reinforcement Learning von Grund auf, ist hier zunächst günstig, dass wir zum einen eine überschaubare Anzahl Zustände behalten und auch das wir ein lokalisiertes Update besitzen, welches jeweils die Aktionswahrscheinlichkeiten der anderen Zustände unberührt lässt.

Java implementation of the REINFORCE update (tabular policy parameterization)

```
protected void update( LinkedList <Experience> episode )
    int t=0;
    while (!episode.isEmpty()){
        Experience e = episode.removeFirst();
        String s_e = e.getS();
        int a_e = e.getA();
        // G = r_k+gamma^1*r_{k+1}+gamma^2*r_{k+2}+... until end of
        episode
        double G=e.getR(); // gamma to the power of 0 is 1
        ListIterator iterator = (ListIterator)episode.iterator();
        int k=t+1;
        while(iterator.hasNext()){
            Experience fe = (Experience)iterator.next();
            G+=Math.pow(GAMMA,k-t)*fe.getR();
            k++;
        }
        double[] pi_sa = P_Policy(s_e);
        double[] theta = getTheta(s_e);
        List <Integer> A_s = env.coursesOfAction(s_e);
        double gradient_ai = 0;
        for (int a_i : A_s){
            gradient_ai=-pi_sa[a_i];
            if (a_i==a_e) gradient_ai=gradient_ai+1;
            theta[a_i] +=
                ETA_theta*Math.pow(GAMMA,t)*G*gradient_ai;
        }
        setTheta(s_e,theta);
        t++;
    }
}
```

Im Monte-Carlo-Algorithmus in Abschn. 4.2.1.1 berechneten wir die Zustandsbewertungen mit einem zielorientierten Ansatz, der ausgehend vom Ende der Episode die jeweilige Bewertung der Zustände ermittelt. Bei der Taktiksuche dagegen beschäftigen wir uns mit der Prognose von Belohnungen. Daher rechnen wir diesmal vom
Anfang her und kumulieren jeweils die ankommenden, diskontierten Belohnungen.

REINFORCE zeigt einen klaren Lernfortschritt. Der Schrittweiten-Parameter η_θ muss
hierfür allerdings auch geeignet gewählt sein. Allerdings kann REINFORCE eine hohe
Varianz aufweisen und wird dadurch u. U. auch langsam. Um die Varianz zu reduzieren,
müssen wir das Lernen des Agenten besser zum Ziel hin „orientieren".

**Monte Carlo Policy Gradient mit Zustand-Wert-Funktion als Richtschnur (REIN-
FORCE with Baseline)**

Wir orientieren den Lernprozess mithilfe einer sogenannten Grundlinie („Baseline"), die
eine Art Orientierungswert für die angestrebte Zustandsbewertung vorgibt.

$$\theta_{t+1} = \theta_t + \eta_\theta[G_t - \mathrm{b}(\mathrm{s}_t)]\nabla\ln\pi(s, a, \boldsymbol{\theta}) \tag{4.17}$$

Mit einer solchen Baseline wird die Policy dann besonders stark angepasst, wenn es
eine große Abweichung zwischen dem Orientierungswert und der tatsächlich kassierten
Belohnung gibt. Weil diese Basislinie auch einheitlich bei null liegen kann, lässt sich
REINFORCE als ein Spezialfall dieses Updates auffassen.

Für unsere Zwecke ist es sinnvoll, wenn dieser Orientierungswert variabel ist. Denn in
einigen Zuständen haben Aktionen z. B. sehr hohe Bewertungen, dort hätte ein zu kleiner
Orientierungswert nur eine geringe Wirkung. In anderen Zuständen ist dagegen ein nied-
rigerer Basiswert angemessen.

Es bietet sich daher natürlicherweise an, für diese „Grundlinie" die aktuell gegebene
Schätzung des Zustandswertes $\widehat{V}(s_t)$ heranzuziehen:

$$\theta_{t+1} = \theta_t + \eta_\theta\left[G_t - \widehat{V}(\mathrm{s}_t)\right]\nabla\ln\pi(s, a, \boldsymbol{\theta}) \tag{4.18}$$

Damit wird die Policy dann besonders stark angepasst, wenn die im Nachgang, also bis
zum Ende der Episode beobachtete, skontierte und kumulierte Belohnung G eine große
Abweichung aufweist von der aktuell gegebenen Zustandswertschätzung. Stimmen Wert-
schätzung und beobachtetes Ergebnis der Erkundungsepisode überein, dann findet kaum
Anpassung statt. Dadurch wird der Lernprozess stabilisiert. In Kap. 3 haben wir gesehen,
wie sich Taktikverbesserung und Bewertungsoptimierung gegenseitig optimieren können, die Methode hier hat Bezüge zu diesem Zusammenhang.

Monte Carlo Policy Gradient Algorithmus REINFORCE with baseline

```
1   π is a differentiable stochastic policy parameterization π(s, a, θ)
2   V̂(sₜ) an approximation of the state-value function
3   ηθ > 0, ηᵥ > 0 learning parameters (step size)
```

```
4    Initialize policy parameter θ ∈ ℝ^d and state-value function (e.g. 0)
5    Loop for each episode:
6       Generate an episode π_θ : s_0, a_0, r_1, s_1, a_1, r_2, ..., s_{T-1}, a_{T-1}, r_T with π_θ
7       Loop for each step of the episode t = 0, 1, ..., T − 1 :
```

8 $\qquad G \leftarrow \sum_{k=t+1}^{T} \gamma^{k-t-1} r_k$

9 $\qquad \delta \leftarrow G - \widehat{V}(s_t)$

10 $\qquad \widehat{V}(s_t) \leftarrow \widehat{V}(s_t) + \eta_v \delta$ (tabular state-value function)

11 $\qquad \theta \leftarrow \theta + \eta_\theta \gamma^t \delta \nabla \ln \pi(s_t, a_t, \theta)$

Im Folgenden finden Sie eine Umsetzung des Algorithmus in Java.

Java implementation of an (episodic) 'REINFORCE with baseline' update (tabular policy parameterization and state-value approximation)

```java
protected void update( LinkedList <Experience> episode )
 int t=0;
 while (!episode.isEmpty()){
    Experience e = episode.removeFirst();
    String s_e = e.getS();
    int a_e = e.getA();
// G = r_k+gamma^1*r_{k+1}+gamma^2*r_{k+2}+... until end of episode
    double G=e.getR(); // gamma to the power of 0 is 1
    ListIterator iterator = (ListIterator)episode.iterator();
    int k=t+1;
    while(iterator.hasNext()){
        Experience fe = (Experience)iterator.next();
        G+=Math.pow(GAMMA,k-t)*fe.getR();
        k++;
    }
    double v = getV(s_e);
    double advantage = G-v;
    double v_new = v + ETA_V*advantage;
    setV(s_e, v_new);
    double[] pi_sa = P_Policy(s_e);
    double[] theta = getTheta(s_e);
    List <Integer> A_s = env.coursesOfAction(s_e);
    double gradient_ai = 0;
    for (int a_i : A_s){
        gradient_ai=-pi_sa[a_i];
        if (a_i==a_e) gradient_ai=gradient_ai+1;
        theta[a_i] +=
         ETA_theta*Math.pow(GAMMA,t)*advantage*gradient_ai;
    }
    setTheta(s_e,theta);
```

```
    t++;
  }
}
```

Es ist nicht trivial, die optimalen Werte für die Schrittweite zu finden. Zwar beschleunigen hohe Werte den Lernprozess, allerdings kann eine zu hohe Schrittweite dazu führen, dass keine optimale Performanz gefunden wird oder sich gar ungünstige „Sackgassen" oder „Kreise" festlaufen. Durch die Einführung der Baseline kann der Lernprozess deutlich beschleunigt werden. In Abb. 4.10 sind Testläufe der vorgestellten Implementation in der Arena „mapWithTrap3" mit intuitiv gewählten Parametern dargestellt.

4.2.3　Kombinierte Methoden (Actor-Critic)

4.2.3.1 „Actor-Critic" Policy-Gradienten

Die Differenz $\left[G_t - \widehat{V}(s_t)\right]$ erinnert uns an die temporale Differenz, da wir den Unterschied zwischen Beobachtung und Schätzung feststellen. Allerdings sind wir bisher nach dem Monte-Carlo-Ansatz vorgegangen, indem wir vollständige Episoden nachträglich ausgewertet haben. Können wir mit dem Policy Gradient auch Lernen „online" durchführen und Beobachtungen direkt verarbeiten?

Auf der Ebene einzelner Zeitschritte steht uns nur der momentane TD-Fehler zur Verfügung. Wir verändern daher Gl. 4.18 so, dass wir den TD-Fehler für die Größe der Online-Anpassung einsetzen.

$$\theta_{t+1} = \theta_t + \eta_\theta \left[r_{t+1} + \gamma \widehat{V}(s_{t+1}) - \widehat{V}(s_t)\right] \nabla \ln \pi(s, a, \boldsymbol{\theta}) \tag{4.19}$$

Hierdurch entsteht eine sehr interessante technische Lösung: Wir kombinieren die Policy-Gradient-Taktiksuche mit einer zielorientierten Bewertungsoptimierung in dem wir die temporale Differenz auf unterschiedliche Weise online verarbeiten: Die temporale Differenz wird nun „gleichzeitig" an zwei Stellen verarbeitet. Zum einen bei der direkten Verbesserung der Policy, zum anderen bei der Verbesserung der Abschätzung $\widehat{V}(s)$. Die Algorithmen, die dieses Verfahren nutzen, heißen „Actor-Critic"-Algorithmen.

„Actor-Critic" (tabular policy and state-value approximation)

```
1    πθ a stochastic policy parameterization πθ(s)
2    V̂(st) an approximation of the state-value function
3    ηθ > 0,ηv > 0 learning parameters (step size)
4    Initialize policy parameter θ ∈ ℝᵈ and state-value function
     (e.g.to 0)
5    Loop for each episode:
6        Initialize s with start state
```

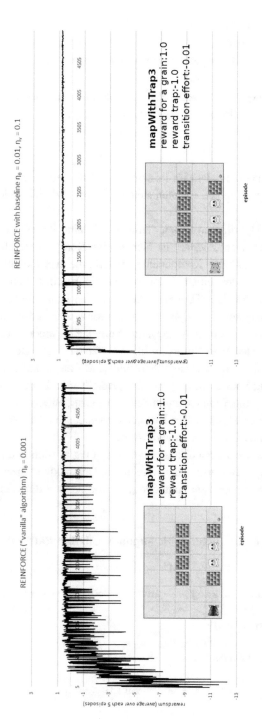

Abb. 4.10   Beispielhafte Läufe der Implementation von Monte-Carlo Policy Gradient REINFORCE mit und ohne Baseline in der Arena „mapWith-Trap3"

```
7      I ← 1
8      Loop while s is not terminal.
9         choose a ~ πθ(s)
10        get s′ and r from the environment (observation)
11        δ ← r + γ V̂(s′) − V̂(s)
12        V̂(s) ← V̂(s) + ηvδ (critic with tabular implementation of V̂)
13        θ ← θ + ηθIδ∇lnπθ(s)
14        I ← γI
15        s′ ← s
```

Die „Actor-Critic"-Konzeption sieht im Prinzip zwei getrennte Komponenten vor: eine, die taktikbasiert das Verhalten des Agenten steuert (Actor) und eine andere, die das Verhalten bewertet (Critic).

Die „Actor-Critic"-Algorithmen lernen damit sowohl eine Policy π als auch eine Value-Funktion V „online". Der „Akteur" ist hierbei eine Komponente, die die Policy erlernt, während der „Kritiker" eine Komponente darstellt, die über die Policy lernt.

Der „Kritiker" verwendet einen Standard-TD-Algorithmus, um eine Zustandsbewertung zu erlernen. Mit dem TD-Fehler lässt sich im Prinzip einschätzen, ob eine gewählte Aktion in Bezug auf die bislang durchschnittlich erzielten Resultate „gut" oder „schlecht" war. Eine Aktion war „gut" gewählt, wenn sie zu einem Zustand mit einem besseren als dem erwarteten Wert führte, „schlecht" war sie, wenn sie zu einem Zustand mit einem niedrigeren als dem erwarteten Wert führte. Mit dieser auf dem TD-Fehler basierenden Rückmeldung vom „Critic" passt der „Actor" mittels des Policy Gradienten seine Steuerung an, was die Wahrscheinlichkeit von günstigen Aktionen erhöht und die von ungünstigen Aktionen absenkt. Der Kritiker verwendet den TD-Wert zugleich auch noch dazu, seine Zustandsbewertung zu verbessern.

Ein wesentliches Merkmal besteht in der Arbeitsteilung hinsichtlich reaktiver Durchführung und unabhängiger Bewertung der Ergebnisse: Der „Akteur" besitzt keinen direkten Zugriff auf das Belohnungssignal und der „Kritiker" keinen direkten Zugriff auf die Aktionsauswahl.

Java implementation of an „actor-critic"-update (tabular state-value function and policy)

```java
protected void update(String s, int a, double reward, String s_new,
boolean episodeEnd ){
  double observation = 0.0;
  if (episodeEnd) {
     observation = reward;
  } else {
     observation = reward + (GAMMA * getV(s_new));
  }
  double v = getV(s);
```

```
double delta = observation-v; // temporal difference
// update "critic"
double v_new = v + ETA_V*delta;
setV(s, v_new);
// update "actor"
double[] pi_sa = P_Policy(s);
double[] theta = getTheta(s);
List <Integer> A_s = env.coursesOfAction(s);
double gradient_ai = 0;
for (int a_i : A_s){
   gradient_ai=-pi_sa[a_i];
   if (a_i==a) gradient_ai=gradient_ai+1;
   theta[a_i] += ETA_theta*I_gamma*delta*gradient_ai;
}
setTheta(s,theta);
I_gamma = GAMMA*I_gamma; // update discount factor (global variable)
}
```

4.2.3.2 Technische Verbesserungen der Actor-Critic-Architektur

Es sind in letzter Zeit eine Vielzahl an Weiterentwicklungen im Bereich des Reinforcement Learnings präsentiert worden, die den Lernprozess bspw. durch bessere Ausnutzung statistischer Eigenschaften und technischer Möglichkeiten wie der Parallelisierung verbessern. Einer der neueren Algorithmen soll im Folgenden vorgestellt werden.

Bei den beiden Algorithmen „REINFORCE with baseline" und „Actor-critic" haben wir unsere Definition von Performanz verändert. Wir haben eine Anpassungsfunktion gewählt, die sich darauf konzentriert, die „Überraschungen" in Bezug auf erwartete Belohnungen zu minimieren, die beim Erkunden der Umgebung auftreten. Anstatt den absoluten Reward, bzw. die absolute Bewertung des Startzustands zu maximieren, suchen wir den beobachteten Fehler durch Anpassung von π und $\widehat{V}$ im Laufe der Erkundung zu minimieren.

$$VE_{\pi_\theta, V}(s) = \left(R - \widehat{V}(s)\right)^2 \tag{4.20}$$

Die beiden genannten Algorithmen lassen sich technisch gesehen als zwei gegensätzliche Extremfälle auffassen. Zum einen wird bei „REINFORCE with baseline" R dadurch gebildet, dass wir bis zum Ende der Episode schauen, welcher kumulierte und diskontierte Reward mit $R_t = G_t = \sum_{i=1}^{T_{max}} \gamma^{i-1} r_{t+i}$ sich insgesamt einstellt. Im anderen Falle bei „Actor-Critic" gehen wir nur einen einzigen Schritt, wobei in diesem Falle der Wert $R_t = r_{t+1} + \gamma \widehat{V}(s_{t+1})$ gemäß der Bellman Gleichung aus der kassierten Belohnung und der skontierten Bewertung des Nachfolgezustandes gebildet wird.

In der Praxis hat sich ein Mittelweg aus beiden Extremen bewährt. Wir können statt nach Monte-Carlo-Art bis zum Ende der Episode zu erkunden oder im TD(0)-Fall nur einen einzelnen Schritt weiter zu schauen, eine gewisse Anzahl n Schritte vorwärtssehen und einen sogenannten n-step Return verwenden (Abb. 4.11):

$$R = \sum_{i=0}^{n-1} \gamma^i r_{t+i} + \gamma^n \widehat{V}(s_{t+n}) \tag{4.21}$$

Man spricht auch davon, dass eine „Advantage-Funktion" $A_{\pi_\theta,V}(s_t, a_t)$ eingesetzt wird:

$$A_{\pi_\theta,V,n}(s_t, a_t) = \sum_{i=0}^{n-1} \gamma^i r_{t+i} + \gamma^n \widehat{V}(s_{t+n}) - \widehat{V}(s_t) \tag{4.22}$$

Im Prinzip werden dabei die Beobachtungen einige Schritte im Voraus kumuliert und in Differenz zur vorhandenen Schätzung gesetzt. Im 1-step Fall entspricht die Advantage-Funktion genau dem bekannten TD-Fehler:

$$A_{\pi_\theta,V,1}(s_t, a_t) = r_{t+1} + \gamma \widehat{V}(s_{t+1}) - \widehat{V}(s_t) \tag{4.23}$$

Weiterhin ist es technisch günstig, wenn mehrere gleichzeitig arbeitende Agenten die Umgebung parallel erkunden und ihre Erfahrungen in einer geteilten Struktur sammeln könnten.

Ein Algorithmus, der diese Ansätze umsetzt, ist der „Asynchronous Advantage Actor-Critic" (A3C) (Mnih et al. 2016), auch mit „A3C" abgekürzt. Im Folgenden wird eine tabellarische Version des Algorithmus vorgestellt. Das parallele Einsammeln von unabhängigen Beobachtungen hat darüber hinaus einen besonders günstigen Effekt bei der Anwendung von Approximatoren wie künstlichen neuronalen Netzwerken (vgl. Kap. 5). Der Algorithmus ermöglicht es, die benötigte Rechenzeit mit der Anzahl der parallel arbeitenden Threads skalieren.

Die parallele Exploration des Zustandsraum bringt mitunter auch günstige Effekte, die nicht nur auf die bessere Ausnutzung und Kombination der vorhandenen

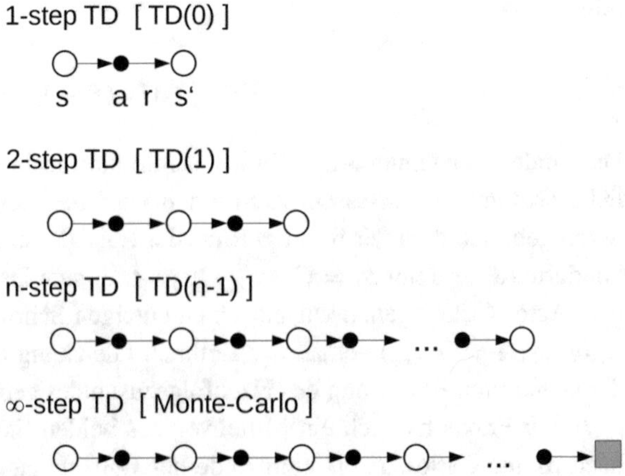

Abb. 4.11 "Backup-Diagramme", die die Verbindung von n-Schritt TD Algorithmen mit dem Monte-Carlo-Update zeigen

1-step TD [TD(0)]

s   a   r   s'

2-step TD [TD(1)]

n-step TD [TD(n-1)]

∞-step TD [Monte-Carlo]

Rechenleistung zurückgeführt werden können, sondern teilweise auch einen verbesserten Erkundungsprozess z. B. durch besser abgesicherte Bewertungsabschätzungen. Allerdings wird der große Vorteil dieser Algorithmen erst bei der Anwendung von Schätzern wie z. B. künstlichen neuronalen Netzwerken deutlich (Kap. 5).

Asynchronous advantage actor-critic – pseudocode for each actor-learner thread (Mnih et al. 2016)

```
1 Assume global shared policy parameter vectors θ and a global state-
  value approximation V̂ and a global shared step counter T=0.
2 Assume thread-specific parameter vectors θⁱ state-value approximation
  V̂ⁱ
3 Initialize thread step counter t ← 1
4     repeat
5         Reset gradients:dθ ← 0 and dv ← 0
6         Synchronize thread-specific parameters θⁱ = θ and V̂ⁱ = V̂
7         t_start = t
8         Get state s_t
9         repeat
10            choose a_t ∼ π_θ(s_t)
11            Receive reward r_t and new state s_{t+1}
12            t ← t + 1
13            T ← T + 1
14        until terminal s_t or t − t_start == t_max // terminal or n steps sol-
          ved?
```

$$
15 \quad R = \begin{cases} 0\,for\,terminal\,s_t \\ \widetilde{V}'for\,non-terminal\,s_t \end{cases}
$$

```
16        For i ∈ {t − 1, ..., t_start} do
17            R ← r_i + γR
18            Accumulate changes Δθ'_{s_i} ← Δθ'_{s_i} + η_θ(R − V̂'(s_i))∇_{θ'}lnπ(a_i, s_i, θ')
19            Accumulate changes ΔV̂_{s_i} ← ΔV̂_{s_i} + η_v(R − V̂'(s_i)) (tabular state
              values)
20        end for
21        Perform asynchronous update of θ and V̂ using Δθ'_s and ΔV̂_s for all
          changes stored.
22 until T > T_max
```

Eine erste Änderung besteht darin, dass wir statt einem Agenten eine „Population" haben, die Datenstrukturen teilweise gemeinsam nutzt. Diese geteilten Datenstrukturen wurden hier als static Klassenattribute im A3C_Hamster implementiert.

```
protected static HashMap <String, double[]> thetas_global;
protected static HashMap <String, Double> V_global;
```

```
protected static int cnt_steps_global=0;
protected static int cnt_episodes_global=0;
protected static int max_episodes_global=250000;
protected static double sum_reward_global=0.0;


public static int NUM_A3C_AGENTS = 8;
public  static  A3C_Hamster[]  hamsters  =  new  A3C_Hamster[NUM_A3C_
AGENTS];
```

Java Implementation eines „A3C"-update (tabular state-value function and policy)

```
protected void update( LinkedList <Experience> nstep_sequence, String
s, boolean episodeEnd ){
 if (nstep_sequence.isEmpty()) return;
 LinkedList <StateThetas> delta_theta=new LinkedList <StateThetas> ();
 LinkedList <StateV> delta_V = new LinkedList <StateV> ();
 double R = 0;
 if (!episodeEnd){
    R=getV(s);
 }
 while (!nstep_sequence.isEmpty()){
     e = nstep_sequence.removeLast();
     String s_i = e.getS();
     int a_i = e.getA();
     R=e.getR()+GAMMA*R;
     double advantage = R-getV(s_i);
     // accumulate gradients
     double[] pi_sa = P_Policy(s_i);
     double[] d_theta_s = new double[SIZE_OF_ACTIONSPACE];
     double d_v=0.0;
     ArrayList <Integer> A_s = env.coursesOfAction(s_i);
     for (int b : A_s){
         double gradient_b=-pi_sa[b];
         if (b==a_i) gradient_b=gradient_b+1;
         d_theta_s[b] = ETA_theta*gradient_b*advantage;
         d_v = ETA_V*advantage;
     }
     delta_theta.add(new StateThetas(s_i,d_theta_s));
     delta_V.add(new StateV(s_i,d_v));
 }
}
```

Die „Arbeit" wird in parallel arbeitenden Threads erledigt, die als static Array an der Klasse A3C_Hamster implementiert sind. Die Methode run wird im Worker-Thread ausgeführt. Das asynchrone Update der Datenstrukturen findet in der act-Methode statt.

```java
@Override
public void run() {
 int cnt_done=0;
 done=true;
 while (!Thread.currentThread().isInterrupted()){
    if (!done) {
        act_task();
        cnt_done++;
        if ((cnt_done>ACTS_BEFORE_UPDATE)||(episodeEnd)){ // default 0
            done=true;
            cnt_done=0;
            }
    }
 }
 System.out.println(workers[ID].getName()+": Bye, bye.");
}
@Override
public void act(){
 if (env==null) return;
 if (done) {
    // update global parameters
    updateGlobalTheta();
    updateGlobalV();
    if (episodeEnd) startNewEpisode();
    done = false;
 }
}
```

Es wurden noch zahlreiche weitere Verbesserungen an der vorgestellten Architektur vorgeschlagen, die den technischen Eigenschaften der Rechentechnik und den stochastischen Eigenschaften der anfallenden Datenmengen besser Rechnung tragen. Eine umfangreiche Sammlung der aktuellen Algorithmen mit Policy Gradienten und dazugehörigen Publikationen ist bspw. unter https://lilianweng.github.io/lil-log/2018/04/08/policy-gradient-algorithms.html (31.05.2021) zu finden.

In der Karte „DynaMaze" mit den Parametern
reward for a grain $= 1.0$ (terminal)
reward trap $= -1.0$ (terminal)
transition effort $= -0.01$
learning paramter: $\eta_V = 0.0 \eta_\theta = 0.005 \gamma = 0.9999999 T = 1.0$

ergaben sich auf einem „AMD Ryzen 7 2700X Eight-Core"-Prozessor und der Green-foot-Standard-VM bei Testläufen mit 250.000 Episoden Laufzeiten von ca. 7 s für den Actor-Critic und ca. 3 s beim A3C. Der A3C lief mit 8 Threads und 7-steps-Advanta-gefunktion. Die durchschnittlich akkumulierte Belohnung war in beiden Fällen 0,85 pro Episode. Bei 1.000.000 Episoden ergaben sich für den einfachen AC ca. 25 s und 10 s für den A3C.

Die Laufzeiten skalieren auf Grund des gestiegenen Overheads und den Eigen-schaften unserer Umgebung nicht linear mit der Anzahl der Threads. Eine Möglich-keit den Ressourcenverbrauch weiter zu optimieren bietet das Profilingtool visualvm. Mit ihm lassen sich z. B. die Verweildauern in den jeweiligen Funktionen, aber auch Speicherverbrauch u.v.m. detailliert untersuchen. Das Tool ist kostenlos unter https:// visualvm.github.io/index.html (15.11.2023) verfügbar. Diese Art der Programmierung ist in der für Bildungszwecke gestalteten Greenfoot-Umgebung eigentlich nicht vor-gesehen, daher kann es zu Problemen kommen, z. B. beim Mousehandling. Sicherlich lassen sich weitere Verbesserungen realisieren, z. B. in dem man den Threads erlaubt mehrere Episoden unabhängig von act auszuführen und man deren Rhythmus besser auf die Simulationsgeschwindigkeit von Greenfoot abstimmt. Die technischen Kunstgriffe, mit denen sich das eine oder andere Delta vielleicht noch herausholen lässt, sollen uns an dieser Stelle jedoch nicht weiter interessieren. 100.000 Episoden pro Sekunde sind für eine didaktische Umgebung gar nicht mal so übel. Das Ziel des Buches ist es ja auch einen Überblick über die verschiedenen grundlegenden Ansätze des Reinforcement Le-arnings zu liefern, und mit dieser Geschwindigkeit lässt sich sicherlich die eine oder an-dere Frage schon ganz gut untersuchen.

4.2.3.3 Merkmalsvektoren und teilweise beobachtbare Umwelten

Bisher sind wir von Markov-Systemen ausgegangen, in denen wir vollen Zugriff auf die Zustände haben. Für gewöhnliche sterbliche Wesen mit eingeschränkten Beobachtungs-möglichkeiten ist dies in der Regel nicht möglich, so dass es immer wieder zu „Über-raschungen" bei Entscheidungen kommt, da ein für unseren Agenten völlig identisches Verhalten bei oberflächlich gleichen Zuständen (Beobachtungen) zu völlig unterschied-lichen Ergebnissen führen kann vgl. Abb. 4.12.

Ein eingebetteter Agent welcher, wie in Abb. 4.12 dargestellt, nur eingeschränkte Be-obachtungsmöglichkeiten besitzt, kann aus der unmittelbaren Wahrnehmung heraus nicht erkennen, ob er eine Belohnung vorfinden kann, wenn er sich vorn-links um die Ecke herumbewegt.

Eine Lösung bestünde darin, einen Zustandsschätzer mit „latenten Zuständen" voranzu-stellen, der hilft, die Situation besser einzuschätzen und z. B. mithilfe der Handlungs- und Beobachtungshistorie feststellt: Ich befinde mich an Ort A oder an Ort B. Wir verlassen hierbei auch den Rahmen von Markov-decicion-processes (MDPs) und gelangen zum Setting von „partially observable markov decision processes" (POMDP). Auf dem Gebiet wird auch noch stark geforscht, vgl. (Sutton und Barto 2018, Abschn. 17.3.) Die Problema-tik der Zustandsschätzung, tritt besonders im Bereich der Robotik auf. Im RoboCup z. B.

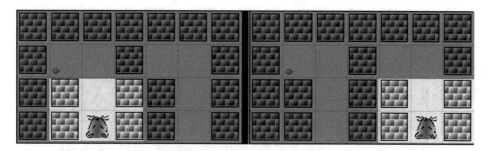

Abb. 4.12 Für einen Agenten mit eingeschränkten Beobachtungsmöglichkeiten, der annimmt, die Welt bestünde nur aus den beobachtbaren Zuständen, bleibt unerklärlich, warum er im Zustand s mit der Aktionsfolge („Nord", „Nord", „West") einmal ein Korn findet und einmal nicht

müssen die fußballspielenden Roboter möglichst richtig „erraten", wo sie sich auf dem Feld befinden. In der Frühphase des RoboCup ist es wegen dieser Problematik auch zu vielen „Eigentoren" gekommen, da die robotischen Spieler auf das falsche Tor geschossen haben. Die Berücksichtigung dieses Ansatzes würde erhöhte Anforderungen an die Modellierungsfähigkeiten unseres Agenten erfordern. Wir kehren an dieser Stelle zunächst zurück zu den „modellfreien" stochastischen Policies.

Mit den Policy-Gradienten können wir explizite stochastische Policies erzeugen, die wir stetig anpassen. Daher haben die Algorithmen mit stochastischen („SoftMax"-) Policies Vorteile in unsicheren bzw. nur teilweise beobachtbaren Umgebungen. Stochastische Policies erlauben es, mit den Mitteln des modellfreien Reinforcement Learnings den Reward auch unter unsicheren Bedingungen zu erhöhen. Zwar erreicht man auf diesem Weg nicht den Wert, der theoretisch mit einem guten Umgebungsmodell möglich wäre, aber wir können die Performanz deutlich erhöhen, weil die stochastische Policy den Aktionen genau angepasste Wahrscheinlichkeiten zuordnen kann, welche den Eigenschaften des Umweltsystems besser entsprechen.

Dies nützt uns gerade in solchen „unsicheren" Szenarien, in denen es nicht sinnvoll ist, einem vorliegenden Zustand eine einzelne „optimale" Handlungsentscheidung zuzuordnen. Denken wir bspw. an das Bakterium Escherichia coli aus Abschn. 4.2.2.1. Von unserer Perspektive aus betrachtet, befindet es sich in einer vergleichsweise riesigen Umgebung (z. B. einem Darm). Die Welt des Bakteriums besteht allerdings aus nur einem sehr kleinen Zustandsraum. Wodurch es gezwungen ist, „stochastische" Entscheidungen zu treffen. Ähnlich ist die Situation beim Pokerspiel, zwar können wir die aufgenommenen Blätter sinnvoll bewerten, allerdings können wir keinen Einblick in die Psychologie der Mitspieler gewinnen. Weshalb wir in bestimmten Situationen Entscheidungen nur gemäß einer bestimmten Wahrscheinlichkeitsverteilung wählen können. Das Beispiel in Abb. 4.13, das von David Silver (David Silver 2015, https://www.youtube.com/watch?v=KHZVXao4qXs 20.03.2020) entlehnt ist, veranschaulicht die Problematik.

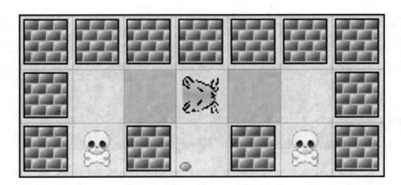

Abb. 4.13 Der Hamster befindet sich in einer unsicheren Umgebung. Die blau getönten Felder sind für den Agenten ununterscheidbar, wenn er nur die Umgebungsinformationen (angrenzende Mauer vorhanden oder nicht) besitzt

Nehmen wir an, dass die Zustände des Agenten und ihre Bewertung nur aus bestimmten „ausgewählten" Eigenschaften seiner beobachtbaren Umgebung hervorgehen. Um dies zu realisieren, führen wir einen Merkmalsvektor x ein, der uns die An- oder Abwesenheit bestimmter Eigenschaften in der Umgebung des Agenten anzeigt, wie z. B. das Vorhandensein einer Wand. Der Zustandsraum wird damit im Prinzip aus den Zuständen des Merkmalsvektors gebildet.

In unserem Beispielfall können wir nur sehen, ob sich nördlich, östlich, südlich oder westlich vom Hamster eine Mauer befindet, die Richtungen drehen sich in unserem Beispiel nicht mit. Es handelt sich somit um eine Art Scheinwerfer, der nur die Teile der Welt beleuchtet, die direkt am Agenten angrenzen.

$$x_i = \begin{cases} 1, \textit{falls eine Mauer vorhanden} \\ 0, \textit{sonst} \end{cases} \quad i \in \{"Nord"(0), "Ost"(1), "Süd"(2), "West"(3)\}$$

Für die beiden markierten Felder s erhalten wir also den Vektor

$$\boldsymbol{x}(s) = (1, 0, 1, 0)^{\mathrm{T}}$$

Die Policy-Parameter $\boldsymbol{\theta}_a$ sollen nun jeweils für jede Aktion durch das lineare Produkt aus dem Parameter- und dem Merkmalsvektor die Präferenzen $h(s, a, \boldsymbol{\theta}_a) = \boldsymbol{\theta}_a^T \boldsymbol{x}(s)$ bilden. Jede Aktion hätte damit ein eigenes Parameterset, mit welchem die Zuordnung berechnet wird.

Wir können nun eigentlich auch die Ein- und Ausgabe direkt kombinieren, um die Aktionspräferenzen für komplette Zustand-Aktionspaare parametrisieren zu können. Dafür ergänzen wir den Merkmalsvektor noch durch einen „Aktionsvektor", der die verfügbare Motorik repräsentiert. Eine Abbildung der möglichen Aktionen für unseren Hamsteragenten bilden wir so, dass wir

$$x_j = \begin{cases} 1, \textit{falls } j = a \\ 0, \textit{sonst} \end{cases} \quad j \in \{"Nord"(0), "Ost"(1), "Süd"(2), "West"(3)\}$$

setzen. Für die Aktion $a = $ „*Ost*" erhielten wir also den Vektor: $\boldsymbol{x}(1) = (0, 1, 0, 0)^{\mathrm{T}}$ Damit hätte in einem der hell markierten Felder *s* die Aktion $a = $ „*Ost*" die Darstellung:

$$\boldsymbol{x}(s, "Ost") = \underbrace{(1, 0, 1, 0}_{\substack{Sensorik \\ (Wände)}}, \ \underbrace{0, 1, 0, 0}_{\substack{Motorik \\ (Richtung)}})^{\mathrm{T}}$$

In Anlehnung an die Formulierung in (Sutton, Barto 2018, Kap. 13) können wir nun den

$$\nabla \ln \pi(s, a, \boldsymbol{\theta}) = \boldsymbol{x}(s, a) - \sum_b \pi(s, b, \boldsymbol{\theta}) \boldsymbol{x}(s, b) \tag{4.24}$$

für den Policy-Gradienten verwenden Term (vgl. Gl. 4.16). Er ergibt sich mathematisch auf ähnliche Weise wie Gl. 4.16. Zwar nutzen wir nun eine wahrscheinlich viel zu große Parameterzahl, allerdings können wir dies später noch in dem Abschnitt einsetzen, wo es um die Verwendung von Approximatoren geht.

Calculating the actor-critic update from feature vectors in Java

```java
protected void update( String xs_key, int a, double reward, String
xs_new_key, boolean episodeEnd ){
 double observation = 0.0;
 if (episodeEnd) {
    observation = reward;
 } else {
    observation = reward + (GAMMA * getV(xs_new_key));
 }
 double v = getV(xs_key);
 double delta = observation-v;
 // Update "critic"
 double v_new = v + ETA_V*delta;
 setV(xs_key, v_new);
 // Update "actor"
 double[] x_sa = getFeatureVector(xs_key, a);
 double[] theta_xa = getTheta(xs_key,a);
 double[] gradient= gradient_ln_pi(xs_key,a);
 for (int k=0;k<theta_xa.length;k++){
    theta_xa[k] += ETA_theta*I_gamma*delta*gradient[k];
 }
 setTheta(xs_key,a,theta_xa);
 I_gamma = GAMMA*I_gamma;
}
private double[] gradient_ln_pi(String xs, int a){
 double[] gradient = this.getFeatureVector(xs,a);
 double[] pi_s = P_Policy(xs);
```

```
for (int k=0;k<gradient.length;k++) {
    double sum=0;
    for (int b=0;b<pi_s.length;b++){
        double[] x_sb = this.getFeatureVector(xs,b);
        sum+=pi_s[b]*x_sb[k];
    }
    gradient[k]-=sum;
}
return gradient;
}
```

An den von den Algorithmen gefundenen Lösungen für das Beispiel mit den uneindeutigen Zuständen Abb. 4.13, lässt sich der Unterschied zwischen einem bewertungsbasierten und einem policybasierten Lernen gut verdeutlichen vgl. Abb. 4.14.

Die vom (SoftMax-)Policygradienten erzeugte stochastische Policy funktioniert daher, deutlich besser als eine „winner takes all" policy, wie z. B. die vom Q-Learning Abb. 4.15.

Während sich mit dem Policy-Gradienten auf den uneindeutigen Feldern für die Aktionen „West" bzw. „Ost" jeweils gleiche Wahrscheinlichkeiten mit den Werten 0,5 einstellen. Erkennt Q-Learning zwar äquivalente Bewertungen, der Agent muss sich aber in den beiden ununterscheidbaren Feldern für die gleiche „optimale" Richtung entscheiden, der der Agent mit der Wahrscheinlichkeit $p^*(a|s) = 1 - \varepsilon$ folgt. Daher bleibt die Erfolgsquote deutlich hinter der stochastischen Taktik die mit dem Policy-Gradienten erzeugt wurde zurück Abb. 4.16.

Zusammenfassung

Mit Q- und Sarsa-Learning haben wir wertorientierte Lernverfahren kennengelernt. Diese lernen eine Bewertungsfunktion, um jeweils die beste Entscheidung für einen

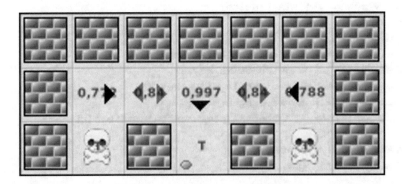

Abb. 4.14 Ergebnis des „Actor-Critic" mit den beschriebenen Merkmalsvektoren. Auf den uneindeutigen Feldern stellt die stochastische Policy mit jeweils 0,5 gleiche Wahrscheinlichkeiten für die Aktion „West" bzw. „Ost" ein

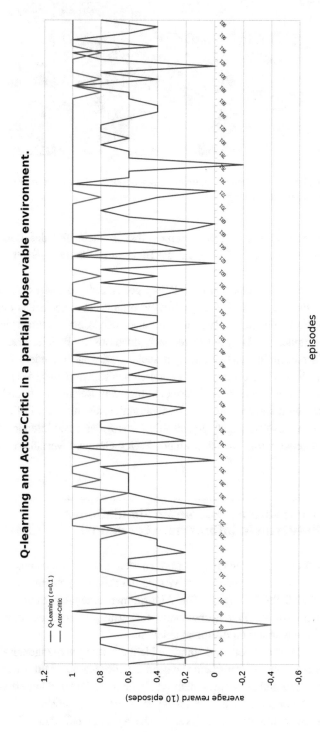

Abb. 4.15 Vergleich des durchschnittlich erhaltenen Rewards im Java-Beispiel von „Q-Learning" und „Actor-Critic"-Policy-Gradient (in jeweils 10 Testläufen)

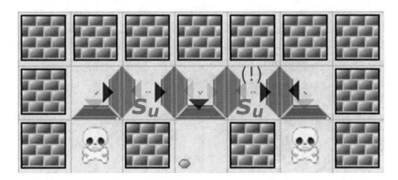

Abb. 4.16 Für die unsicheren Zustände s_u entwickelt bewertungsbasiertes Lernen mit impliziter ε-greedy Policy eine suboptimale Lösung

gegebenen Zustand zu ermitteln. Die Steuerung selbst ist nicht Teil des Lernens und wird mehr oder weniger „gierig" in Bezug auf die Bewertungsfunktion gestaltet, um Exploration zu gewährleisten.

In den Verfahren der Taktiksuche wird die Policy gelernt, also die direkte Zuordnung von Aktionen zu Zuständen. Die Bewertungsfunktion nimmt dabei höchstens eine unterstützende Rolle ein. Probabilisitische Parametrisierungen der Policy erlauben eine „weiche" Anpassung der Steuerung. Dadurch lassen sich stochastische Policies erzeugen und jeweils optimale Wahrscheinlichkeitsverteilungen suchen. Dies ist besonders in nur teilweise beobachtbaren Welten interessant, da wir dadurch den Eigenschaften des nicht sichtbaren Teils der Welt in unserer Policy zumindest ein Stück weit Rechnung tragen können.

Bei „Actor-Critic" wird sowohl die Bewertungsfunktion als auch die Policy gelernt. Beide Komponenten unterstützen sich gegenseitig, wobei das resultierende Verhalten durch eine Policy erzeugt wird, die nach einem Policy-Gradient Verfahren angepasst wird.

4.3   Erkunden mit vorausschauenden Simulationen („Modellbasiertes Reinforcement Learning")

Alle bisher vorgestellten Algorithmen gehörten zu den sogenannten „modellfreien"-Methoden. Sie nutzen weder voreingestelltes Wissen über die Umgebung noch erstellen sie ein explizites Modell ihrer Umwelt. Die Algorithmen erzeugten Steuerungen, die aus einem gegebenen Zustand über gespeicherte Bewertungen bzw. aus direkten Zuordnungen jeweils ihre favorisierten Aktionen ableiten.

Das Lernen geschieht also durch eine ständige Neubewertung vergangener Zustände. Beobachtungen werden dabei so verarbeitet, dass die Differenz aus dem jeweils in der Vergangenheit erwartetem und dem tatsächlich erhaltenem „Lohn" verkleinert wird. Dadurch wird von den Algorithmen eine Art „reaktive Kompetenz" erzeugt. Die modellfreien Methoden lernen sozusagen „rückwirkend". Der Agent „weiß" dadurch immer unmittelbar, welche Aktion zu wählen ist.

Man kann sich allerdings schnell davon überzeugen, dass Modelle, die quasi „innere Simulationen" erlauben, ungemein nützlich sein können. Gute Modelle erlauben es einem Agenten vorherzusehen, wie sich seine Aktionen auf die Umwelt auswirken würden. Dadurch wird ermöglicht sozusagen mithilfe von „Gedankenexperimenten" zweckmäßige Vorhersagen zu treffen, ohne wirklich handeln zu müssen. Wir können mit Modellen also „simulierte Erfahrungen" produzieren.

Echte Erfahrungen haben zwar einen deutlich größeren Wert, da es auf diese letztlich ankommt, jedoch wird der Nutzen davon, mittels einer Art „Landkarte" zu planen, schnell offensichtlich, wenn man bedenkt, welche Kosten reales Experimentieren mit sich bringen kann. Um es in der Art von Karl Popper zu formulieren: Hypothetisches Verhalten ermöglicht, dass anstatt des wirklichen Agenten nur dessen Hypothese zugrunde geht.

Ein aktuelles Thema der KI-Forschung ist es, die beiden Ansätze „rückwirkendes Anpassen" des Gedächtnisses und „vorausschauendes Planen" mittels Modellen der Umwelt zu vereinigen vgl. (Sutton und Barto 2018, Kap. 8).

Da sich auch in der „GOFAI" mit Suchen und Planen mittels Wissens über die Außenwelt befasst wird („wissensbasierte Systeme"), existieren umfangreiche Werke darüber, wie z. B. in (Russell und Norvig 2010) beschrieben. Wir können leider nur einige Stichproben untersuchen, wobei es vor allem darum gehen soll einerseits „verbessern der Reaktion" und andererseits „vorausschauendes Planen" eng zu verknüpfen. Im folgenden Beispiel werden wir feststellen, dass man aus einzelnen Beobachtungen viel mehr Informationen herausziehen kann, wenn wir uns diese merken und sie dazu nutzen zahlreiche kostenarme „virtuelle Aktionen" durchzuführen.

4.3.1 Dyna-Q

Die Idee besteht darin, virtuelle Erfahrungen zu erzeugen, indem wir einzelne Handlungen der Vergangenheit in unserem jeweils vorläufigen „Modell" wiederholen. Das Modell liefert uns jeweils den in der Vergangenheit gesehenen Folgezustand und die eventuell vorhandenen direkten Belohnungen. Mit diesen „Gedankenexperimenten" verbessern wir „großflächig" unsere Zustand-Aktionsbewertungen, ohne die entsprechenden Beobachtungen in der Wirklichkeit machen zu müssen.

Wenn mit einem Modell ein Zustand $s\prime$ vorhergesagt werden soll, so kann die Ausgangssituation (s, a) im Modell willkürlich gewählt werden. Prognosen können daher entkoppelt von den aktuellen Zustands- bzw. Aktionsbewertungen und der aktuellen „Handlungspolicy" des Agenten produziert werden. Wir können auch im Rahmen unseres Modells das Umweltsystem unabhängig von echten Erfahrungen erkunden und damit vielleicht bessere Wege oder Bewertungen zunächst „virtuell" entdecken.

Der Algorithmus „Dyna" (Sutton und Barto 2018) Abschn. 8.2. ist deshalb inhaltlich sehr spannend, weil er einen ersten Ansatz darstellte, die aus der Interaktion mit der Umwelt gewonnenen Informationen in jedem Schritt „online" zu verarbeiten und dabei

„Modelllernen" und direktes Reinforcement Learning zu integrieren. Die realen „Online-Erfahrungen" beeinflussen das Modell und verändern damit auch die vorausschauende Planung permanent.

Innerhalb eines Agenten mit Planung gibt es mindestens zwei Verwendungszwecke für „reale" Erfahrungen: Sie können zum ersten zur Verbesserung der Bewertungsfunktion bzw. der Policy und zum zweiten zur Verbesserung des Modells verwendet werden. Bei der ersteren Verwendungsart können wir direktes Reinforcement Learning nutzen, so wie es in den vorangegangenen Abschnitten beschrieben worden ist. Bei der zweiten Verwendung geht es darum, das Umwelt-Modell so anzupassen, dass es über diese zuverlässige Vorhersagen machen kann.

Die Beziehungen zwischen den Komponenten des Lernsystems sind in der Abbildung Abb. 4.17 dargestellt. Die Pfeile markieren Wirkungen, die die entsprechenden Komponenten beeinflussen und nach Möglichkeit verbessern.

„Realworld"-Erfahrungen können die Zustandsbewertung und die Policy entweder direkt oder auch indirekt über das Modell verbessern. Letzteres wird mitunter als „indirektes Reinforcement-Learning" bezeichnet. Indirekte Methoden nutzen die begrenzte Menge an Erfahrungen besser aus und erreichen so eine bessere Steuerung mit geringeren Aufwänden. Auf der anderen Seite sind direkte Methoden viel einfacher und werden nicht durch Verzerrungen und durch die Ausgestaltung des Modells beeinflusst.

Eine Besonderheit von Dyna-Q ist, dass es zwei Felder der KI-Forschung verbindet, zum einen „deliberatives Planen", eher ein Ansatz der „GOFAI", und zum anderen „reaktives Entscheiden", ein Ansatz, der aus dem maschinellen Lernen stammt und Wert auf die „Situiertheit" und die „Körperlichkeit" von Agenten legt.

Der in (Sutton und Barto 2018) vorgestellte Algorithmus ist technisch gesehen minimalistisch, was der Zielstellung dieses Buches entgegen kommt, die Lernalgorithmen verständlich zu machen. Die Planung findet als einstufige, tabellarische Q-Planungsmethode nach dem Zufallsprinzip statt. Für das direkte Reinforcement-Learning wird

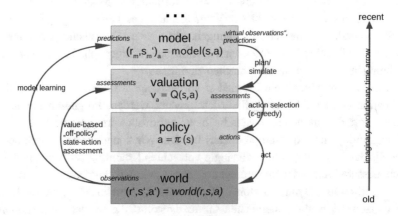

Abb. 4.17 Beziehungen der Komponenten des Lernsystems bei Dyna-Q

einstufiges tabellarisches Q-Learning verwendet. Die Modell-Lernmethode ist ebenfalls tabellenbasiert und geht davon aus, dass sich die Umgebung deterministisch verhält. Nach jedem Übergang $s_t, a_t \to r_{t+1}, s_{t+1}$ wird ein Tabelleneintrag angelegt, der ermöglicht, vorherzusagen, welcher Zustand und welche Belohnung auf eine eventuelle Aktion a im Zustand s folgen würde. Wenn also das Modell mit einem zuvor hinterlegten Zustands-Aktions-Paar abgefragt wird, dann gibt dieses einfach den zuletzt beobachteten Folgezustand und die ihm beigelegte direkte Belohnung als seine Vorhersage zurück. Bei der „Planung" greift der Algorithmus zufällig auf vorher beobachtete Zustand-Aktionspaare zurück. Für das Lernen aus realen Erfahrungen als auch für das indirekte Lernen aus simulierten Erfahrungen wird bei Dyna-Q der gleiche Reinforcement-Learning-Algorithmus verwendet. Echtes „Lernen" und simulierendes „Planen" sind bei Dyna-Q tief integriert. Sie unterscheiden sich eigentlich nur durch die Quelle ihrer „Erfahrungen".

Im Prinzip kann Planen, Handeln, Modellieren und das direkte Reinforcement Learning in Dyna-Agenten parallelisiert stattfinden. Auf einem seriellen Rechner können diese aber auch innerhalb eines Zeitschrittes nacheinander ausgeführt werden. In Dyna-Q erfordern die Prozesse des Handelns, des Modelllernens und des direkten RL relativ wenig Rechenaufwand. Die meiste Zeit wird im Planungsprozess verwendet. Der Algorithmus wurde so konzipiert, dass in jedem Schritt nach dem Handeln, dem Modelllernen und dem direkten Reinforcement Learning eine gewisse Anzahl Iterationen des „Planungsalgorithmus" durchgeführt werden.

Im Pseudocode für Dyna-Q bezeichnet Modell(s, a) den vorhergesagten nächsten Zustand und die Belohnung für das Zustand-Aktions-Paar (s, a). Das direkte Verstärkungslernen, das Modelllernen und die Planung werden durch die Schritte (d), (e) und (f) umgesetzt. Wenn (e) und (f) weggelassen würden, wäre der verbleibende Algorithmus ein einstufiges tabellarisches Q-Learning.

„Dyna-Q" (Sutton and Barto)

```
1 Initialize Q(s, a) and Model(s, a)
2 Loop for each episode:
3     Initialize start s
4     Repeat
5         s ← current state
6         a ← πQ(s) (e.g. ε-greedy)
7         Take action a and observe r and s′
```
$$8 \quad Q(\mathrm{s}, a) \leftarrow Q(\mathrm{s}, a) + \eta[r + \gamma \max_{a'} Q(s', a') - Q(\mathrm{s}, a)]$$
```
9         Model(s, a) ← r, s′ (deterministic environment)
10        Loop repeat n times:
11            s ← random previously observed state
12            a ← random action previously taken in S
13            r, s′←Model(s, a)
```
$$14 \quad Q(\mathrm{s}, a) \leftarrow Q(\mathrm{s}, a) + \eta[r + \gamma \max_{a'} Q(s', a') - Q(\mathrm{s}, a)]$$

Das im Ordner „chapter 4 decision making and learning/HamsterWithTDLearning"
bereitgestellte Szenario enthält auch einen Agenten „DynaQHamster". Wenn Sie neben
diesem Hamsteragenten zudem die Arena dynaMaze einstellen, in dem Sie im Konstruktor der Klasse „TD_AgentEnv" die Zeilen `hamster=new DynaQHamster();`
und `super(dynaMaze);` einkommentieren, können Sie den „Dyna Maze" Task aus
(Sutton und Barto 2018) in unserem Hamstermodell reproduzieren. Die Implementation
des Dyna-Q ergänzt das Q-Learning durch das im Pseudocode ab Zeile 8 beschriebene
„Modelllernen".

Dyna-Q in Java

```java
@Override
public void act(){
 if (s_new==null) {
    s = getState();
 }else{
 s = s_new;
 }
 // apply policy
 double[] P = P_Policy(s);
 a = selectAccordingToDistribution(P);
 incN(s,a);
 // apply transition model (consider uncertainties in the result of an
 // action)
 int dir = transitUncertainty(a);
 // execute action a
 if (dir<4){
    try{
        setDirectionOfView(dir);
        goAhead();
    }catch (Exception e){
        //System.out.println("bump!");
    }
    cnt_steps++;
 }
 // get new state
 s_new = getState();
 // get the reward from the environment
 double r = env.getReward(s_new);
 sum_reward+=r;
 episodeEnd = false;
 if ((env.isTerminal(s_new))||(cnt_steps>=max_steps)) {
    episodeEnd=true;
 }
```

```java
// Q-update
update(s,a,r,s_new, episodeEnd);
// Update model
setToModel(s,a,new Observation(s_new,r));
// Generate simulated experiences "planning"
for (int i=0;i<this.planningIterations;i++){
    simulateAnExperience();
}
    if     (this.evaluationPhase)      env.putTracemarker(getSX(s),get-
SY(s),a,1.0);
    if     ((env.DISPLAY_UPDATE)&&(cnt_steps%env.DISPLAY_UPDATE_INTER-
VAL==0))
      env.updateDisplay(this);
// episode end reached?
if (episodeEnd) {
    startNewEpisode();
}
}
public void simulateAnExperience(){
  String[] s_keys = model.keySet().toArray(new String[0]);
  String s_sim = s_keys[random.nextInt(s_keys.length)];
  HashMap <Integer,Observation> predictions = model.get(s_sim);
  Integer[] actions = (Integer[])predictions.keySet().toArray(new
                        Integer[0]);
  int a_sim = actions[random.nextInt(actions.length)];
  Observation o = predictions.get(a_sim);
  update(s_sim,a_sim,o.getR(),o.getS(),
          env.isTerminal(getSX(o.getS()),getSY(o.getS())));
}
```

Durch „Planungen" mit dem Modell können sich die Beobachtungen der Vergangenheit erneut nützlich machen. Dies zeigt sich auch praktisch an den Lernkurven in Abhängigkeit von den durchgeführten Planungsschritten Abb. 4.18. Das Prinzip zahlt sich besonders da aus, wo „reale" Erfahrungen relativ „teuer" sind, z. B. in der Robotik, oder wo mit vergleichsweise wenigen realen Beobachtungen möglichst große Bereiche des Zustandsraums bewertet werden sollen (z. B. bei bestimmten Brettspielen).

Dyna-Q kann also die online-Erfahrungen des Agenten durch die „virtuellen" Wiederholungen im Modell besser verwerten, als es z. B. beim einfachen Q-Learning der Fall wäre. Es zeigt sich im Hamster-Szenario, dass Dyna-Q im Vergleich mit den Algorithmen, die Bewertungsfunktionen ohne Modell bilden, deutlich besser abschneidet.

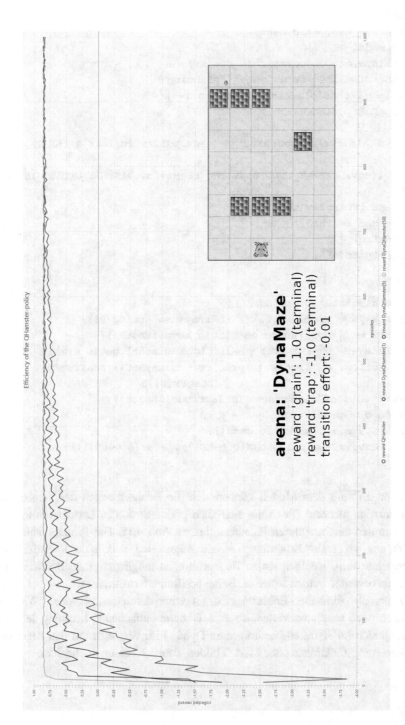

Abb. 4.18 Lernkurven des Hamsteragenten mit DynaQ im „DynaMaze" in Abhängigkeit von der Anzahl durchgeführter Planungsschritte (1; 5 und 50 mit $\varepsilon = 0.1$; $\eta = 0.01$; $\gamma = 0.9999$).

4.3.2   Monte-Carlo Rollout

Im folgenden Beispiel werden wir mit dem Modell nicht nur eine bestimmte Anzahl „virtueller Handlungen", sondern komplette „virtuellen Episoden" durchführen. Die sogenannten „Rollout-Algorithmen" bewerten die jeweiligen Aktionsmöglichkeiten dadurch, dass sie die durchschnittlichen Erträge aus zahlreichen Simulationsläufen ermitteln. Dabei ist hilfreich, dass wir diese willkürlichen Episoden mit sehr geringen Kosten und daher in sehr großer Zahl erzeugen können. Hierfür wird ein inneres Modell benötigt, welches ermöglicht „virtuelle Züge" auszuführen und mögliche Zustände vorherzusagen. Der Raum möglicher Zustände und Pfade wächst ohne heuristische Hilfsmittel schnell ins Unermessliche. Es ist praktisch sehr selten möglich, diesen Raum „blind"-schematisch zu durchsuchen, wie in Kap. 3 beschrieben.

Die Simulationen werden in Rollout-Algorithmen jeweils für jede mögliche Aktion in dem gegebenen Zustand gestartet und danach mit zufälligen Verläufen bzw. einer „billigen" Rollout-Policy fortgesetzt. Anders als bei „richtigen" Monte-Carlo-Algorithmen, geht es bei Rollout-Algorithmen nicht darum, eine vollständige Bewertungsfunktion $\widehat{Q}(s, a)$ zu produzieren. Die Monte-Carlo-Schätzungen der Aktionswerte werden jeweils nur für den vorliegenden Zustand ermittelt. In vielen Fällen ist es nicht möglich oder auch nicht nötig, Zustands- bzw. Aktionsbewertungen für alle besuchten bzw. simulierten Zustände zu produzieren und abzuspeichern.

Die Rollout-Algorithmen nutzen die ermittelten Abschätzungen sofort und verwerfen diese umgehend. Dadurch wird die Implementierung der Rollout-Algorithmen deutlich einfacher, da wir keine Funktion über dem gesamten Zustands- bzw. dem Zustand-Aktionsraum approximieren und Anpassungen für die gespeicherten Zustands-Aktionspaare berechnen müssen.

Pseudocode „monte-carlo rollout evaluation" (for TicTacToe)

```
1  function rollout_evaluation(s, player); s ∈ S and player ∈ {'X', 'O'}
2     if s a terminal state
3        return Reward(s)
4     else
5        opponent ← {'X', 'O'} \ player
6        perform random action a and observe s' (simulation)
7        v ← −rollout_evaluation(s', opponent)
8        return v
```

Eine Java-Umsetzung des Algorithmus in Greenfoot können Sie im Begleitmaterial im Verzeichnis „chapter 4 decision making and learning\TicTacToeWith_Q_MCRollout_MCTS" finden.

Der rekursive Rollout besitzt große strukturelle Ähnlichkeiten mit dem in Kap. 3 vorgestellten NegaMax-Algorithmus. Ein Vergleich der beiden Algorithmen ist lohnend. Vielleicht ist es für den Lerneffekt sinnvoll, wenn Sie sich eine Kopie des NegaMax-Agenten anlegen (Kontextmenü -> Duplizieren…) und diesen zur Übung manuell in die Rollout-Variante transformieren. Es muss hierfür nur wenig angepasst werden. Der Unterschied zwischen den beiden Algorithmen besteht darin, dass bei der Simulation des Gegenspielers nicht für alle möglichen Gegneraktionen der Wert rekursiv geholt wird, sondern immer nur eine zufällige Aktion ausgewählt wird. Der Baum wird dadurch nur auf einem einzigen zufälligen Pfad von der Wurzel direkt bis zu einem Blatt durchlaufen, also ohne die für die Tiefensuche charakteristischen Rücksprünge nach der „Abarbeitung" eines Knotens.

Die Ergebnisse der zahlreichen Rollout-Simulationen müssen schließlich noch statistisch ausgewertet werden. Dies geschieht durch eine übergeordnete Funktion, welche die Simulationen in einer Zählschleife startet und die Erträge einsammelt und auswertet.

recursive „Monte-Carlo Rollout" for TicTacToe

```
public double evaluateAction( int action, char player ){
 double sum = 0;
 for (int i=1;i<=samplesNumber;i++){
    double v = rollout_evaluation(action,player);
    sum+= v;
    return sum/samplesNumber;
 }
}
public double rollout_evaluation( int action, char player ){
 state[action]=player;
 double reward = belohnung(state, player);
 if (reward!=0) {
    state[action]='-';
    return reward;
 }
 // opponent
 player = (player=='o') ? 'x':'o';
 ArrayList <Integer> A = coursesOfAction(state);
 if (A.size()==0){
    state[action]='-';
    return 0; // board full
 }
 double value = -rollout_evaluation(
                A.get(random.nextInt(A.size())), player );
 state[action]='-'; // undo simulated action
 return value;
}
```

Es ist bemerkenswert, wie zügig eine relativ hohe Bewertungsqualität mit diesem einfachen und zufälligen Vorgehen erreicht werden kann. Wir möchten im Folgenden herausfinden, ob und wann die MC-Rollout-Taktik eine optimale TicTacToe-Policy erzeugt. Wir erhöhen hierfür schrittweise die Anzahl der Rollouts und beobachten die Erfolge gegen eine optimale „NegaMax"-Policy. Hierbei lassen wir den Rollout-Algorithmus zunächst in der „offensiven" Position als beginnender X-Spieler starten.

In der Klasse „TicTacToe_Umgebung" des Scenarios „chapter 4 decision making and learning\TicTacToeWith_Q_MCRollout_MCTS", ist eine Routine vorbereitet, mit der Sie Vergleichstests durchführen können. Sie finden die entsprechende Methode im Code der Klasse unter der Deklaration.

```
public void agentCompare(int spiele,int parameterMin, int parameterMax,
          int parameterStep)
```

Um die Funktion in Greenfoot zu starten, müssen Sie diese im „Kontextmenü der Welt" auswählen. Hierfür müssen Sie in den Bereich zwischen dem Spielfeld und dem Fensterrand klicken vgl. Abb. 4.19

Mit der Funktion können Sie jeweils die eingestellten Agenten gegeneinander antreten lassen und die Ergebnisse auswerten lassen. Sie können einstellen, wie viele Spiele die Agenten pro Iterationsschritt gegeneinander spielen. Dabei können Sie über einen

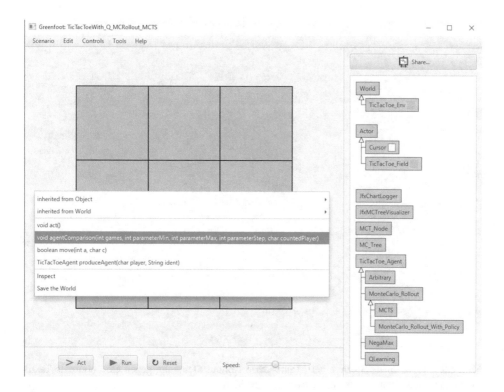

Abb. 4.19 Im „Kontextmenü der Welt" können Sie die Routine „agentComparison" starten

bestimmten Parameter iterieren, in unserem Fall die Anzahl der Rollouts. Hierfür legen Sie zunächst den Start- und den Endwert des Parameters fest und stellen die Schrittweite der Parameteränderung ein.

Für spiele = 1000, parameterMin = 1, parameterMax = 101 und parameterStep = 1 sollten Sie ungefähr ein Bild wie in Abb. 4.20 erhalten, wenn Sie das „Monte-Carlo Rollout" offensiv, also mit X und „NegaMax" defensiv, also mit O spielen lassen.

```
public class TicTacToe_Env extends World{
    public final static String x_player = "Monte-Carlo Rollout";
    public final static String o_player = "NegaMax";
...
```

Achten Sie noch darauf, dass Sie in der Funktion „agentenVergleich" festlegen, von welchem Spieler Sie die gewonnenen Spiele im Chart anzeigen lassen wollen. Es ist sinnvoll, falls die optimale Policy „NegaMax" eine Rolle spielen soll, die Gewinne von dieser anzeigen zu lassen, da der Gegenspieler keine Chance hat zu gewinnen (also z. B. ‘o'). Geringer Werte als 100 % entstehen dadurch, dass der Gegenspieler der optimalen Policy mitunter ein „Unentschieden" erreicht.

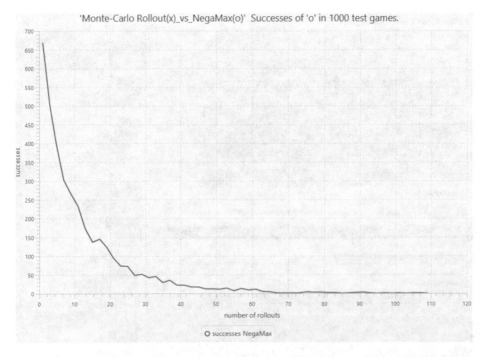

Abb. 4.20 Gewonnene Spiele einer Monte-Carlo Rollout Steuerung gegen eine optimale Taktik (NegaMax-Algorithmus) in der defensiven Startposition

Man erkennt, dass bereits mit ca. 100 Rollouts die optimale Steuerung über 99 % der Spiele nicht mehr gewinnt, wobei NegaMax hier aus der defensiven Position heraus spielt, d. h. die optimale Taktik spielt derjenige Spieler, der als zweites setzt. Bei TicTac-Toe ist es ja so, dass man bei optimaler Spielweise immer ein Unentschieden erreicht.

Ein anderes Bild ergibt sich, wenn NegaMax in der offensiven Position spielt. Probieren Sie es gern aus, indem Sie die von den Agenten verwendeten Algorithmen entsprechend anpassen. Es sollte sich dann ungefähr ein Bild wie in Abb. 4.21 ergeben.

Befindet sich der Rollout-Algorithmus in der defensiven Position, dann erreicht er selbst mit 1000 Rollouts keine Ebenbürtigkeit, – spielt der offensive Player mit optimaler Taktik, dann verliert der Rollout-Algorithmus praktisch nie viel weniger rund 40 % der Spiele. Woran liegt das?

Schaut man sich die Spiele genauer an, die die Rollout-Taktik verliert, dann sind es genau die, die landläufig als „Zwickmühlen" oder „Fallen" bezeichnet werden. Es ist bemerkenswert, dass wir einen Mechanismus geschaffen haben, der uns quasi „interessante" Spielzüge filtert.

Beim TicTacToe wird vom defensiven Spieler offenbar eine etwas größere „Intelligenz" als vom offensiv spielenden Agenten verlangt, um nicht in eine solche „Falle" zu geraten. Allerdings scheint es beim rein zufälligen Rollout eine Art „Intelligenzbarriere" zu geben, denn auch durch größeren Rechenaufwand schafft es der Algorithmus nicht, diese Herausforderung zu meistern. Woran liegt das?

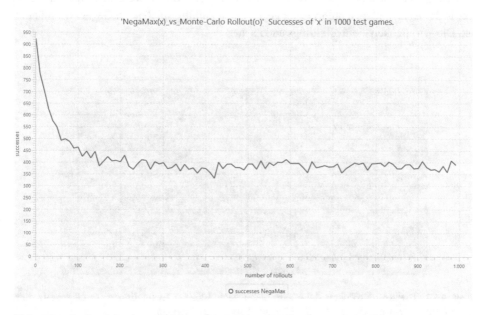

Abb. 4.21   In der defensiven Position wird ein rein zufälliges Rollout beim TicTacToe dem Nega-Max-Algorithmus nicht ebenbürtig

Hierfür können wir uns einmal genauer anschauen, wie der Rollout-Algorithmus auf eine solche „Falle" reagiert. Dazu öffnen wir im Szenario „TicTacToe mit MonteCarlo" den Code der Klasse TicTacToe_Umgebung und ersetzten für den x_spieler die Angabe „NegaMax" durch „Mensch". Zudem bereiten wir als Startstellung eine Falle vor.

```
public final static String x_player = "Human";
public final static String o_player = "Monte-Carlo Rollout";
protected char[] matrix ={'-','-','-',
                          '-','o','-',
                          'x','-','-'};
```

Nach dem Start mit „Reset" und „Run" (ggf. muss zuvor die TicTacToe_Umgebung durch Auswahl des Konstruktors erzeugt werden) setzen wir unser Kreuz in die rechte obere Ecke. Um die drohende „Zwickmühle" abzuwehren, müsste der Algorithmus eigentlich in eines der mittleren Randfelder setzen, stattdessen setzt der Algorithmus in den allermeisten Fällen in eine Ecke und ermöglicht uns die Vollendung der Falle. „NegaMax" erkennt das Problem und bewertet richtig, die Abb. 4.22 zeigt die unterschiedlichen Zustandseinschätzungen.

Die Rollout-Taktik weist eine sehr „naive" Spielweise auf. Zwar könnten wir mit der Integration von Vorwissen oder Tricks die Erfolgsquote steigern, z. B. indem wir „Fallen" erkennen oder unentschiedene Spiele gegen die optimale Policy als „Erfolg" bewerten. Erklärlich wird das naive Verhalten des Algorithmus, wenn man bedenkt, dass der in der Abb. 4.22 ausgeführte Zug gegen einen zufällig spielenden Gegner oft lohnend ist. Die Wirklichkeit sieht allerdings anders aus.

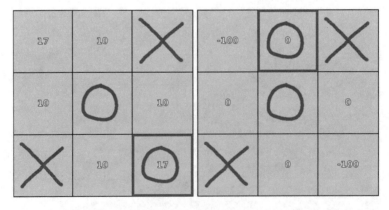

Abb. 4.22 Die Rollout-Policy links kann auch nach 100.000 Evaluationen im Gegensatz zum „NegaMax"-Algorithmus (rechts) die drohende Falle nicht erkennen

4.3.3   Künstliche Neugier

In komplexeren Umgebungen sind wir darauf angewiesen, die Exploration zu optimieren. Im Prinzip geht es bei der Erkundung darum „spannende" Zustände zu suchen, d. h. Zustände, die wir noch nicht kennen und in denen sich viel neues Wissen erwerben lässt.

Energie- und Zeitverbrauch besitzen in „real-world"-Zusammenhängen existentielle Bedeutung. Daher sollten wir „spannende" Zustände suchen und überflüssige Wiederholungsaktionen und Zustandsbesuche vermeiden. Von daher ist es naheliegend zu prüfen, ob wir eine aktuelle Beobachtung bereits kennen. Dabei soll sich unser Agent „freuen", wenn er eine neue Beobachtung macht. Daher sehen wir nun in unserem Agenten eine Art „Neugiermodul" vor, welches ein „intrinsisches Belohnungssignal" auf dieser Basis generiert und der „extrinsischen Belohnung" aus der Umwelt hinzufügt. Die Policy wird nun so trainiert, dass sie die Summe aus dem extrinsischen und dem intrinsischen Belohnungssignal optimiert. Der Aufbau wurde durch die Arbeit [5] inspiriert, wobei es uns hier allerdings nur um das Basisprinzip gehen soll. „Langeweile" wirkt auf ähnliche Weise, wie ein Transitionsaufwand, der sich in der Klasse RL_GridEnv_FV einstellen lässt. Auf diese Weise werden häufig besuchte Bereiche negativer bewertet, während Bereiche an den Rändern des erkundeten Gebietes, in denen viele Entdeckungen gemacht werden, positiv bewertet werden und entsprechend attraktiv wirken (Abb. 4.23).

Für basale Versuche wird der relativ übersichtliche Q-Algorithmus gern herangezogen. An dieser Stelle funktioniert er allerdings nicht so gut, da er auf Änderungen in der Nachbarschaft nicht gut reagiert. Eine Aktionsbewertung ändert sich beim Q erst dann, wenn sich das entsprechende Maximum im Folgezustand verändert, weshalb wir für das folgende Experiment auf den Sarsa ausweichen werden.

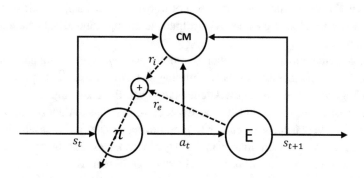

Abb. 4.23 Die Policy wird so trainiert, dass sie die Summe aus der extrinsischen Belohnung und der auf Langeweile/Neugier basierenden intrinsischen Belohnung optimiert

Für das Experiment wurde das im Zusammenhang mit dem DynaQ genutzte Modell $model(s_t, a_t)$ so weiterentwickelt, dass es auch mehrere Folgezustände speichern kann. Der intrinsische Reward wird nun beim Update hier auf denkbar einfache Weise erzeugt: Falls der beobachtete Folgezustand unbekannt war, so wird von der Updatefunktion der „Neugier"-Reward zurückgegeben. Der „Neugier"-Reward liegt in unserem Fall bei 1 also in der Größenordnung der möglichen positiven Belohnungen. Man könnte dies auch mithilfe einer Besuchsstatistik implementieren und immer dann einen intrinsischen Reward geben, wenn eine Transition bislang noch nicht besucht worden ist. Die Nutzung des Modells folgt der theoretischen Überlegung, dass die Neugierbelohnung dort groß ist, wo noch keine sicher zutreffende Vorhersage möglich ist. Dies eröffnet Raum für interessante Experimente, bspw. durch Berücksichtigung von stochastischen Vorhersagen etc. Sie finden das Beispiel im Szenario „HamsterWithPolicyGradient_POMDP_featureVecs" (Merkmalsvektoren und POMDP, Abschn. 4.2.3.3) in der Agentenklasse SarsaHamster_CM_FV, die einen Sarsa-Agenten mit „Neugiermodul" darstellt. Die verwendete Karte „mapFeatureFlat1" gleicht der Karte „mapFlat" weitgehend, allerdings besitzen die „Räume" Wände mit unterschiedlicher Beschaffenheit, um dem Agenten zusätzliche Orientierungsmöglichkeiten und Anlässe für „neugieriges Verhalten" zu geben. Sie können die jeweiligen Agenten mit und ohne neugieriges Verhalten im Konstruktor der Umgebungsklasse PolicySearch_Environment einstellen, indem Sie ihn entsprechend einkommentieren.

```
hamster = new SarsaHamster_FV(); // Sarsa ohne Neugier
//hamster = new SarsaHamster_CM_FV(); // Sarsa mit Neugier
```

Die Lernkurve des Sarsa-Agenten mit den „Neugiermodul" zeigt zwar eine im Vergleich höhere Volatilität, – es zeigt sich allerdings auch, wie nun auch weiter entfernt liegende Belohnungen in der Umgebung sicher entdeckt werden. Bei den in Abb. 4.24 dargestellten Kurven handelt sich um den Lernfortschritt (pro Episode eingesammelten Reward) von zweimal dem gleichen Algorithmus allerdings einmal mit „Neugiermodul" und einmal ohne.

Die Implementation lässt noch viel Raum für weitere Verbesserungen und Untersuchungen bspw. die bessere Berücksichtigung der stochastischen Eigenschaften der POMDP-Umgebung oder durch eine Augmentation von Beobachtungen.

Spannend ist auch, die systematische Erkundung des Sarsa-Algorithmus zu Beginn des Trainings zu beobachten, wenn der Explorationsparameter auf 0 gesetzt ist. Im Fall ohne ein Neugier-Modul sieht man, wie der Agent jeweils einfach die noch nicht durchgeführten Aktionen auswählt, weil die bereits durchgeführten Aktionen negativ markiert werden. Dies erinnert an die Vorgehensweise bei der Breitensuche. Die „Neugier"-Belohnungen dagegen veranlassen den Agenten nun auch dazu, sich gezielt in die Tiefe zu begeben. Die Neugierbelohnungen „ermutigen" den Agenten dazu, an die Ränder des bekannten Gebietes vorzustoßen und hierbei sogar von bereits erkundeten Belohnungen abzulassen. Ein Ansatz, der sich systematisch dieser Balance von „Breite" und „Tiefe"

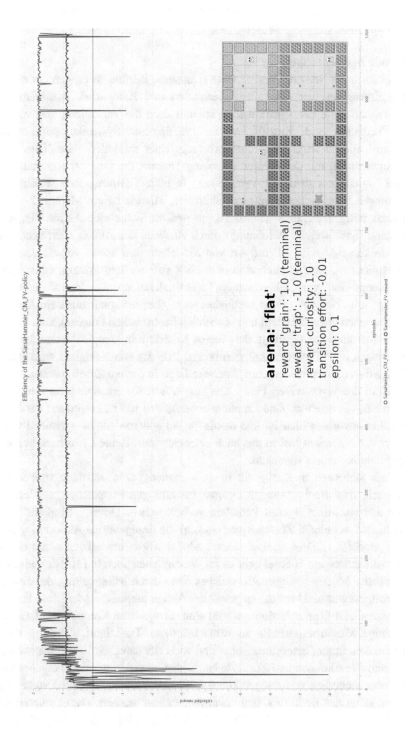

Abb. 4.24 Vergleich der Lernkurven von Sarsa ohne (rot) und mit Neugiermodul (grün) in einer POMDP-Umgebung (Merkmalsvektoren), die Parameter des Sarsa-Algorithmus sind bei beiden gleich

sowie „Exploration" und „Exploitation" annimmt, ist die Monte-Carlo-Tree-Search, welche im folgenden Abschn. 4.3.4. vorgestellt wird.

Weiterführende Betrachtungen

Das Thema „künstliche Neugier" besitzt viele spannende Bezüge zu Fragen der selbstüberwachten Erzeugung von relevanten Merkmalen und Kategorien. Aus dem Bereich der Kybernetik und der Systemtheorie stammt auch die Vorstellung von vorausschauendem Verhalten (vgl. Kap. 6), wo im Prinzip eine Systemkomponente angenommen wird, die so wirkt, dass ein Vorhersagefehler minimiert wird. Dies steht auch in Zusammenhang mit der Predictive-Coding-Theorie, die eine Art Relevanzfilter annimmt, der Signale nur dann zur Verarbeitung in höhere Hirnregionen weiterleitet, wenn Erwartungen bzw. Vorhersagen nicht eintreffen. Hierfür ist ein Modell des Umgebungssystems nötig, welches abschätzen kann, welche Folge eine Aktion hat, d. h. welcher Zustand (bzw. welche Belohnung) durch Auswahl der Aktion a erreicht werden wird $model : (s_t, a_t) \rightarrow \widehat{s}_{t+1}$. Diese Art von Modellen wird auch „Vorwärtsmodell" genannt. Dies gibt uns, ganz ähnlich zum dem oben vorgestellten Prinzip, einen Wert, den wir mit einem Grad von „Überraschung" identifizieren können. Identifizieren wir „Überraschung" mit „Neugier", dann bestünde unser „Neugiersignal" aus dem Abstand $\Delta(s_{t+1}, \widehat{s}_{t+1})$ zwischen abgeschätztem und tatsächlich beobachteten Folgezustand.

Es hat sich allerdings auch gezeigt, dass dieses Kriterium in komplexen und dynamischen Umgebungen neue Probleme mit sich bringt: jede Art von Neuigkeit wird attraktiv, unabhängig davon, ob sie in unserem Interesse liegt. In diesem Zusammenhang wird oft das „Problem des verrauschten Fernsehers" angeführt, wo ein Agent vor dem weißen Rauschen eines Fernsehers ohne Empfang erstarrt, weil jeder Zustand auf der Mattscheibe komplett unvorhersehbar ist und damit für ihn außerordentlich spannend wäre. Nicht jede Art von Neuigkeit löst in uns auch „Neugier" aus. Reine Unvorhersehbarkeit ist auf Dauer nicht besonders spannend.

Möchten wir Sicherheit in Bezug auf unser Verhalten gewinnen, dann streben wir nicht nur danach, dass Beobachtungen unseren Erwartungen entsprechen, sondern im Prinzip auch danach, unser eigenes Verhalten vorherzusehen. „Inverse Modelle" können darüber hinaus aus einem Zustandspaar (s_t, s_{t+1}) die dazugehörige Aktion a_t wieder herstellen $inv\_model(s_t, s_{t+1}) \rightarrow \widehat{a}_t$. Ein solches Modul würde uns erlauben, die eigene Aktionswahl vorherzusagen. Hierbei geht es im Wesentlichen auch in [5]. Hier wird ein „Intrinsic Curiosity Module" vorgestellt, welches dann durch Minimierung des Fehlers zwischen vorhergesagter und tatsächlich gewählter Aktion diejenigen Merkmale herausfindet, die bestimmend für die Aktionsauswahl sind. Eine solche Komponente lernt dadurch unwichtige Musterbestandteile zu vernachlässigen. Dies führt allerdings dazu, dass unser Verhalten immer deterministischer und vorhersehbarer wird. Als „langweilig" möchten wir nun alle Aktionen und Zustände betrachten, in denen wir unser eigenes Verhalten mit großer Sicherheit vorhersagen können. Wenn das eigene Verhalten vorhersagbar wird, dann steigt das Bedürfnis, mal etwas Anderes zu machen. Damit würden wir übrigens auch das „Einfrieren" vor dem TV-Gerät bald langweilig finden.

4.3.4   Monte-Carlo-Baumsuche (MCTS)

Wir können davon ausgehen, dass sich die Exploration von Zuständen, die wir schon häufig besucht haben, weniger lohnt als die Erkundung von noch unbekannten Zuständen. Wie bereits erwähnt, liegt es nun nahe eine Statistik über die in der Vergangenheit besuchten Zustände und die darin ausgewählten Aktionen zu führen. Hierfür legen wir z. B. eine Tabelle $N(s, a)$ an, in der gezählt wird, wie oft Zustand-Aktionspaare bereits besucht worden sind. Nun ließe sich z. B. die Lernrate η bspw. mit $\eta = 1/N(s, a)$ oder auch die Explorationsrate von dieser Besuchsstatistik abhängig machen.

Wir können nun aber auch eine Policy entwickeln, bei der wir Zustände, die schon sehr oft besucht worden sind, eher meiden, indem wir nicht nur gierig entsprechend dem größten beobachteten $\widehat{Q}_t(s, a)$-Wert entscheiden, sondern zusätzlich eine intrinsische Belohnung $U_t(s, a)$, addieren, die umgekehrt proportional dazu ist, wie oft die Aktion a in s bereits ausgeführt wurde. Der Agent würde damit entsprechend der Maximierung von $\widehat{Q}_t(s, a) + U_t(s, a)$ entscheiden. Dies bewirkt, dass das Verhalten zusätzlich davon getrieben wird, die statistische Verlässlichkeit der Gewinnabschätzung zu verbessern. Günstig hierfür hat sich die sog. „Upper Confidence Bound" erwiesen. Dieses Prinzip wird bei der „Monte-Carlo-Tree Search" (MCTS) angewendet. Die MCTS hat auch eine zentrale Rolle bei den spektakulären Erfolgen von „Alpha Zero" beim Computer-Go gespielt.

Wenn wir unsere Entscheidungen aufwendiger simulieren und abwägen möchten, dann bekommen wir es mit einer schnell wachsenden Komplexität und dem damit verbundenem Rechenaufwand zu tun.

Da wir in der Regel nicht die nötige Zeit und die Rechenleistung haben, um den Baum möglicher Folgezustände für eine optimale Lösung hinreichend gut zu durchsuchen, müssen wir unsere Exploration geeignet orientieren. Ein Problem, welches uns selbst bei Brettspielszenarien begegnet, obwohl wir es hier mit vergleichsweise sehr einfachen, diskreten und kontrollierbaren Umwelten zu tun haben.

Beim vorzeitigen Abbruch der Berechnung nach einem bestimmten Zeitraum entstehen zwei zentrale Probleme: zum ersten ist der bis dahin durchsuchte Bereich eventuell noch nicht richtig bewertet, zum zweiten gibt es noch große Bereiche im Zustandsraum, die überhaupt nicht begangen worden sind.

Die MCTS stellt sich beiden Herausforderungen: Innerhalb des bekannten Bereichs ist es sinnvoll, in erster Linie den bislang erfolgreichsten Pfaden zu folgen, wobei es auch notwendig ist zu beachten, dass der Agent hin und wieder neue Möglichkeiten ausprobiert, um vielleicht bessere Pfade zu entdecken. Zwar lässt sich durch diese Maßnahmen der zu prüfende Zustandsraum bereits enorm reduzieren. Irgendwann erreichen wir jedoch einen Zustand, an dem wir den bekannten Bereich verlassen. Hier wird bei der MCTS der „Spielbaum" erweitert, indem ihm ein weiterer Knoten hinzugefügt wird. Außerhalb des begangenen und deswegen nicht bewerteten Bereichs können wir nun eigentlich nur willkürlich oder heuristisch in unserem Modell entlang eventuell wieder-erkannter „Landmarken" entscheiden.

Die Idee bei der MCTS ist es, an dieser Stelle ein „Rollout", ablaufen zu lassen vgl. Abschn. 4.3.2, ohne die simulierten Erfahrungen im Einzelnen zu verarbeiten. Dies macht Sinn, da die Kosten an Speicherplatz und Rechenzeit im Hinblick auf Nutzen und Qualität der erhaltenen Informationen relativ gering sind. Der letztliche Erfolg oder Misserfolg dieses Rollouts wird anschließend an dem Zustand eingetragen, der dem Baum hinzugefügt wurde. Die simulierte Episode, der „Sample", wird also zunächst nur dazu verwendet, den Wert des letzten „Blattes" abzuschätzen.

Schließlich wird noch innerhalb des Bewertungsbaums die neue „virtuelle Er-fahrung" rückwirkend verarbeitet, indem für jeden darüber liegenden Knoten eine „Erfolgsstatistik" angepasst wird, – die neue Information wird quasi im Baum „zurück-propagiert".

Die MCTS wird daher in 4 Phasen unterteilt (Abb. 4.25):

1. Selektion
2. Expansion
3. Simulation
4. Backpropagation

Diese Schritte werden wiederholt, solange noch Zeit zur Verfügung steht. Es ist eine sehr interessante und äußerst praktische Eigenschaft des Algorithmus, dass wir zu jedem Zeit-punkt ein mehr oder weniger brauchbares, vorläufiges Resultat besitzen, dessen Qualität von der jeweils eingesetzten Rechenzeit abhängt. MCTS gehört daher zu den „anytime algorithms".

Zu Beginn der Evaluation befindet sich nur ein Wurzelknoten im Baum. Er entspricht dem Zustand, indem sich der Agent aktuell befindet. Bei jedem Durchlauf wächst der

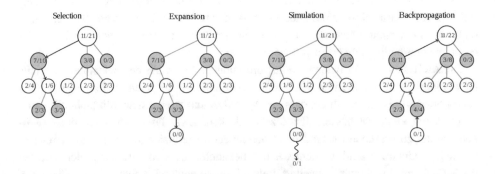

Abb. 4.25 Phasen eines Durchlaufs bei „Monte Carlo Tree Search" (Mciura, Dicksonlaw583 [CC BY-SA 4.0] von https://commons.wikimedia.org/)

Spielbaum um einen weiteren Knoten an. Im Folgenden werden die vier Phasen eines Durchlaufs bei der MCTS im Detail beschrieben.

Schritt 1 – Selektion

Zunächst müssen wir uns innerhalb des Spielbaums bis zu dem Zustand bewegen, den wir weiterentwickeln möchten. Der Spielbaum wird bei der MCTS nicht gleichmäßig durch eine „blinde" Systematik entwickelt, wie z. B. bei einer Breitensuche. Bei der MCTS wird in jedem Knoten des Spielbaums eine „Erfolgsstatistik" hinterlegt, die anzeigt, wie viele Simulationen von diesem Knoten aus bereits gestartet worden sind und wie viele davon erfolgreich endeten. Der Baum wächst asymmetrisch entlang erfolgreicher Pfade, da wir innerhalb des Baumes einer Taktik folgen, die – bis zu einem gewissen Grade – gierig ist. Diese Taktik innerhalb des Baums, die die widersprüchlichen Anforderungen „Exploration" und „Exploitation" ausbalancieren muss, wird „TreePolicy" genannt.

Spontan könnte man meinen, dass es sinnvoll ist, einfach den durchschnittlichen Erfolg einer Aktion a zu verwenden, indem wir die Summe der erfolgreich verlaufenen Episoden w_a durch die Anzahl durchgeführter Simulationen teilen.

$$\overline{R_a} = \frac{w_a}{N_a}$$

Dies trifft allerdings nur sehr eingeschränkt zu, da eine solche Stichprobe stochastisch gesehen nur eine Punktschätzung darstellen würde. Eine solche Schätzung wird umso verlässlicher je umfangreicher die Stichprobe ist. Dies hatten wir auch im Abschnitt 4.1 auch schon angesprochen und das Beispiel unterschiedlicher „Einarmiger Banditen" besprochen. Wir können uns dies auch mit Würfeln veranschaulichen. Stellen wir uns vor, wir bekommen in einer Situation s zwei Würfel a_1 und a_2, der Würfel a_1 besitzt zwei golden eingefärbte Seiten, der Würfel a_2 nur eine. Wir gewinnen G = 1, wenn eine goldene Seite nach oben zeigt. Wir müssen nun empirisch herausfinden, welcher Würfel der bessere ist. Führen wir nur eine geringe Anzahl Versuche durch, so kann es leicht sein, dass wir Pech haben und der „schlechte" Würfel a_2 zufällig häufiger gewinnt, als der „bessere" Würfel a_1 und wir dadurch schließlich den falschen auswählen. Wie verlässlich sind die vorliegenden Schätzungen?

Angenommen wir erhalten mit a_1 nach $N_{a1} = 50$ Versuchen insgesamt 15 Gewinne und mit a_2 nach $N_{a2} = 10$ Würfen 3 Gewinne. Dies hieße.
$\overline{R_1} = 0,3$ und $\overline{R_2} = 0,3$

Intuitiv ist klar, dass die Schätzung $\overline{R_1}$ deutlich sicherer ist als die Schätzung $\overline{R_2}$. Zur quantitativen Beantwortung dieser Frage werden die sogenannten „Konfidenzintervalle" verwendet.

Für den Ausdruck

$$c_{N,N_a} = \sqrt{\frac{2\ln N}{N_a}}$$

der nur auf der Anzahl N_a der mit a durchgeführten Versuche und der Gesamtanzahl N aller Versuche beruht, wurde gezeigt, dass die Wahrscheinlichkeiten

$$P(\overline{R_1} \geq \mu_a + c_{N,N_a}) \text{ und } P(\overline{R_1} \leq \mu_a - c_{N,N_a}) \text{ kleiner als } \tfrac{1}{N^4} \text{ sind ("Hoeffding-Unglei-}$$
chung").

Man erkennt mit der Ungleichung, dass mit wachsender Anzahl an Versuchen N die Unsicherheit sehr schnell abnimmt. Hierbei stellt μ_a den theoretischen, "wirklichen" Erwartungswert dar, den man nach unendlich vielen Versuchen erhalten würde. Bei den Würfeln a_1 und a_2, wären dies ein Drittel und ein Sechstel.

Die Formel UCB1 (für "Upper Confidence Bound") nutzt zur Bewertung diese obere Intervallschranke. Die Übertragung der UCB1 Formel auf einen "Monte-Carlo Tree" wurde erstmalig von (Kocsis und Szepesvári 2006) auf der ECML 2006 in Berlin vorgestellt.

$$UCB1(\overline{R_a},N_a,N) = \overline{R_a} + c_{N_a,N}$$

Kocsis und Szepesvári empfahlen innerhalb des Baums jeweils den Knoten a auszuwählen, für den der Wert von

$$\frac{w_a}{N_a} + c\sqrt{\frac{\ln N}{N_a}}$$

maximal ist. Dabei ist w_a die Anzahl der erfolgreich durchgeführten Simulationen und N_a die Anzahl aller durchgeführten Versuche von a. N stellt die Gesamtanzahl der Versuche des Vaterknotens dar und c ist ein "Explorationsparameter" der zwar theoretisch den Wert $\sqrt{2}$ besitzt, aber in der Praxis oft empirisch ermittelt wird.

Im Beispiel erhielten wir für die Aktionsmöglichkeit Würfel a_1 mit UCB1 einen Wert $\approx 0,7$ und für die Aktionsmöglichkeit Würfel a_2 einen Wert $\approx 1,2$. UCB1 würde also bei gleicher durchschnittlicher Bewertung zur Auswahl des unsichereren Knoten mit der kleineren Stichprobe tendieren, wodurch sich dessen Abschätzung verbessert. Man kann dies daher mit etwas Phantasie als eine Variante künstlicher Neugier interpretieren, bei der die mögliche Reduktion von Unsicherheit in die Aktionsbewertung einfließt. Die explorative Komponente wird umso kleiner, je öfter die Aktion bereits ausgeführt wurde. Dabei wir nicht nur jede Aktionsmöglichkeit einzeln bewertet, sondern jeweils der Kontext, also die Gesamtanzahl der durchgeführten Stichproben mitberücksichtigt. Dies kann auch dazu führen, dass Knoten, die bislang eine Erfolgsquote von 0 hatten, hin und wieder ausgewählt werden, wenn die Anzahl seiner Besuche vergleichsweise klein und die entsprechende relative Bewertungsunsicherheit groß ist.

Schritt 2 – Expansion

Wenn ein Knoten erreicht wurde, der keinen Terminalzustand markiert und noch nicht vollständig expandiert wurde, so wird eine der unbekannten Aktionen ausgewählt und ein entsprechender Knoten an den Spielbaum angehängt.

Schritt 3 – Simulation

In diesem Schritt findet das „Rollout" statt, das in der ursprünglichen Variante zufällig abläuft und die einzelnen simulierten Erfahrungen nicht speichert. Dabei geht es in der ursprünglichen Variante nur darum, zu ermitteln, ob die Rollout-Simulation einen „Treffer" landet oder erfolglos verläuft. Es gibt hierzu allerdings auch einige Weiterentwicklungen.

Beim sogenannten „Realtime MCTS" wird das Rollout nach einer bestimmten Tiefe oder durch eine Bewertungsfunktion abgeschnitten. Dies kann in Szenarien sinnvoll sein, bei denen keine eindeutigen Terminalzustände zur Verfügung stehen, die mit „gewonnen" oder „verloren" gekennzeichnet sind.

Weiterhin müssen die Simulationen nicht zwingend rein zufällig verlaufen. In solchen Ansätzen werden die Simulationsaktionen durch eine „Rollout-Policy" ausgewählt. Verallgemeinert können wir dann sagen, dass wir bei der MCTS zwei Policies haben, eine „Tree-Policy" die innerhalb des entwickelten Baums gültig ist und eine „Rollout-Policy" – die oft eine „Random Policy" ist – welche außerhalb des Baums für die Steuerung der Rollout-Simulationen angewendet wird.

Schritt 4 – Backpropagation

Mit dem Ergebnis des Rollouts muss nun noch die Statistik in allen Knoten auf dem Pfad vom evaluierten Knoten bis zum Wurzelknoten hin aktualisiert werden.

Eine Java Umsetzung der MCTS

Für die Umsetzung der MCTS in Java entwickeln wir das Rollout-Beispiel in unserem Greenfoot-Scenario aus Abschn. 4.3.2 weiter, um die Rollout-Funktionen weiter zu nutzen. Allerdings müssen wir, da wir in der MCTS nicht mehr jede Aktionsmöglichkeit für sich, also unabhängig von den anderen, bewerten, beim MCTS-Agenten auch die Policy des Rollouts überladen. Es reicht nicht, nur eine neue Bewertungsfunktion zu implementieren.

MCTS-Policy

```java
@Override
public int policy(char[] state){
 char[] backup = getState();
 char opponent = (ownSign=='o') ? 'x':'o';
 if (TicTacToe_Agent.countActionOptions(state)==0) return -1;
 MC_Tree mct = new MC_Tree(state);
 MCT_Node root = mct.getRoot();
 root.setState(state);
 root.setPlayer(opponent);
 long endTime = System.currentTimeMillis()+timelimit; int c=0;
  while ((System.currentTimeMillis() < endTime) && (c<getMaxRol-
louts())){
```

```
    MCT_Node selectedNode = selection(root);
    if              (TicTacToe_Umgebung.checkMatrixWon(selectedNode.getS-
tate())=='-'){
        expand(selectedNode);
    }
    MCT_Node nodeToBeEvaluated = selectedNode;
    if (selectedNode.getNumberOfChildren() > 0)
        nodeToBeEvaluated = selectedNode.selectChildRandomly();
    }
    setState(nodeToBeEvaluated.getState());
    double  v =rollout_evaluation(nodeToBeEvaluated.getActionFromFat-
her(),
            nodeToBeEvaluated.getPlayer());
    backpropagation(nodeToBeEvaluated, v);
    c++;
 }
 MCT_Node bestNode = root.childWithMaxScore();
 setState(backup);
 return bestNode.getActionFromFather();
}
```

Die Abfolge der vier Phasen Selektion, Expansion, Simulation und Backpropagation ist in der Implementation der MCTS-Policy deutlich zu erkennen (siehe While-Schleife). Eine Implementation der einzelnen Funktionen in Java, welche diese Phasen erledigen, finden Sie im folgenden Kasten. Für das Rollout verwenden wir die von der Superklasse „MonteCarlo_Rollout" geerbte Funktion.

MCTS-Phasen

```
private MCT_Node selection(MCT_Node root){
 MCT_Node node = root;
 while (node.getNumberOfChildren() != 0) {
    node = node.childWithMaxUCT();
 }
 return node;
}
private void expand(MCT_Node node){
 char[] fatherState = node.getState();
 char childNodePlayer = (node.getPlayer()=='o') ? 'x':'o';
 List <Integer> moeglicheAktionen = coursesOfAction(fatherState);
 for (int a : moeglicheAktionen){
    char[] childState = fatherState.clone();
    childState[a]=childNodePlayer; // perform action
    MCT_Node newNode = new MCT_Node(childState);
```

```
    newNode.setPlayer(childNodePlayer);
    newNode.setFather(node);
    node.addChild(newNode,a);
  }
}
private void backpropagation(MCT_Node node, double score{
  MCT_Node temp = node;
  score = Math.round(score);
  char winner = '-';
  if (score>0) winner=node.getPlayer();
  if (score<0) winner=node.getOpponent();
  if (score==0) winner=ownSign;
  while (temp != null) {
     temp.incVisits();
     if (temp.getPlayer() == winner) {
     temp.addScore(1);
     }
     temp = temp.getFather();
  }
}
```

In unserem TicTacToe-Umfeld mit einem optimal spielenden Gegner, gegen den wir niemals gewinnen können, werten wir ein Unentschieden als Erfolg für unseren Agenten. Beim Testlauf in der defensiven Position zeigt sich, dass der MCTS-Agent ab ca. 1700 Stichproben praktisch kein Spiel mehr gegen die optimale Policy verliert Abb. 4.26.

Worin besteht die Überlegenheit gegenüber den einfachen Rollout-Algorithmen? Wichtig ist, dass die Tree-Policy innerhalb des entwickelten Spielbaums auch das Verhalten des Gegners simuliert, da wir Erfolge des Gegners abspeichern. Darüber hinaus verfolgen wir erfolgreiche Pfade verstärkt weiter und weichen nur im Rahmen der „Konfidenzschranken" von einem erfolgreichen Pfad ab.

Dies hat Parallelen zum Verhalten des Monte-Carlo Hamsters in der im Abschn. 4.2.1.1 vorgestellten Gridworld, dessen Verhalten auch in erster Linie durch erfolgreiche Episoden geprägt wird. Das Vorgehen ermöglicht uns auch Spiele mit größeren und „erfolgsarmen" Zustandsräumen zu meistern.

4.3.5   Bemerkungen zum Intelligenzbegriff

„Modellbasierte Methoden" werden heute eher einem Bereich der Künstlichen Intelligenz zugerechnet, der nicht zum „Maschinellen Lernen" im engeren Sinne gezählt wird, da die „modellfreien Methoden", grob gesprochen, im Gegensatz und in Abgrenzung zum „Good Old Fashioned AI"-Ansatz entstanden sind. In der GOFAI ging es darum (symbolische) Repräsentationen der Welt zu erzeugen und innerhalb dieses Modells zu

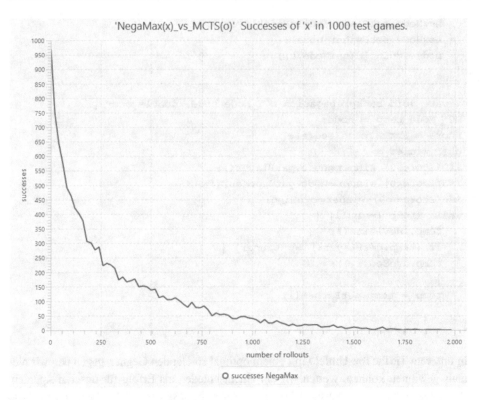

Abb. 4.26 Von einer optimalen Policy gewonnene TicTacToe-Spiele (von 1000) gegen eine MCTS-Policy

suchen und zu planen. GOFAI hatte bis zur Krise und der Renaissance in den 1980ern die „modellfreien Methoden" weitgehend verdrängt, vgl. Kap. 6. Es hatten sich dann allerdings deutliche Schranken des GOFAI-Ansatzes gezeigt.

Die „Intelligenz" eines Agentensystems mit spezifischen sensomotorischen Voraussetzungen zeigt sich darin, wie vielfältig und umfangreich die Bedingungen sind, unter denen es einem System erlaubt ist, sinnvoll und zielführend zu handeln (Legg und Hutter, 2007). Bei der Intelligenz geht es also nicht zuerst darum, die Annäherung eines Modells an eine gegebene „Wahrheit" zu bewerkstelligen, sondern erfolgreiches Verhalten zu erzeugen. Innere Modelle müssen daher keine „Wahrheit" wiederspiegeln, sondern in erster Linie nützliche Abbilder darstellen, die es erlauben, sinnvoll zu planen und „Hypothesen" zu prüfen. Konstruktivistisch betrachtet gibt es keine „partiell beobachtbare Wirklichkeit", es gibt nur nützliche und weniger nützliche Modelle. Die entscheidende Frage lautet: Ist das Modell in der Lage, gut vorherzusagen, was aktuell passiert bzw. was passieren würde, wenn … ?

Diese Sichtweise tangiert den Begriff der „Wahrheit". Wird „objektive Wahrheit" damit sinnlos? Zwar wird Wahrheit nicht sinnlos, aber der Begriff wird relativiert.

„Wahr", das ist nun kein Attribut mehr, das irgendwelchen Begriffen oder Aussagesätzen „objektiv" anhängt. Vielmehr wird damit angezeigt, dass die Information für den empfangenden Agenten nachvollziehbar sein sollte und von daher für ihn nutzbringend sein könnte. „Wahrheit" wird damit von einem „objektiven" Attribut zu einem innerhalb eines sozialen oder eines „Multi-Agenten"-Kontext zweckmäßigen Begriff, mit dem wir dem Empfänger mitteilen, dass er eine Information getrost in sein Portfolio einbauen kann, wodurch sich dessen Fähigkeit sinnvoll zu agieren wahrscheinlich vergrößert.

„Skinnerianischen Geschöpfe", um mit den Begriffen von D.C. Dennett vgl. (Dennett 2018) zu sprechen, sind rein reaktive Geschöpfe, die mit „Kompetenz ohne Verständnis" ausgestattet sind, wie z. B. eine Motte die bis zur Erschöpfung gegen eine Lampe fliegt und nicht in der Lage ist, deren Eigenschaften zu durchschauen oder eine Spinne, die zwar hochkompetent kunstvolle Fangnetze webt, aber wahrscheinlich nicht einmal ansatzweise versteht, was sie da eigentlich tut und dadurch auch gezwungen ist, dies immer wieder auf gleiche Weise zu tun, wenn die das Verhalten auslösenden Bedingungen gegeben sind. Anpassungen dieses „Skills" sind nur durch zufällige Umstände und nur in einem langwierigen „unreflektierten" Prozess möglich.

Planendes Handeln birgt auch das Potenzial, das Verhalten unseres Agenten auf eine höhere Stufe zu bringen. Die „virtuelle Zielsuche" im Modell erlaubt es, Ziele und damit auch Handlungsgründe festzustellen und zu explizieren, was eine notwendige Voraussetzung für das Verlassen der Stufe der reaktiven skinnerianischen Geschöpfe ist.

Wir haben, als wir uns das Verhalten des Monte-Carlo-Rollout-Agenten ansahen, begründet davon gesprochen, dass sich NegaMax (mit seiner optimalen Policy) „intelligenter" verhält als der Rollout-Algorithmus. Dies weist auf den angewendeten „Intelligenzbegriff" hin. Wagen wir daher eine Betrachtung des angewendeten Intelligenz-Maßstabes: Mit Blick auf ein gegebenes Umweltsystem und gleichen lohnenden Zielen darin, sowie jeweils gleichen Aktionsmöglichkeiten, kann der „intelligentere" bzw. „geschicktere" Agent eine größere Menge von gegebenen Weltzuständen erfolgreich behandeln. Für probabilistisch entscheidende Agenten können wir sagen, dass die jeweils durchschnittlich erreichten kumulierten Belohnungen für eine umfangreichere Menge an Zuständen bei dem „intelligenteren" größer sind als bei dem „weniger intelligenten".

Shane Legg und Marcus Hutter 2007 in (Legg und Hutter 2007) formulierten eine Definition für „Intelligenz":

„Intelligence measures an agent's ability to achieve goals in a wide range of environments."

In ihrem Papier haben die Autoren 70 unterschiedliche Intelligenz-Definitionen zu diesem Satz kondensiert. In ihrer Bestimmung finden wir die beiden genannten Faktoren „ability to achieve goals" und „wide range of environments".

Mit diesem Begriff von „Intelligenz" – der weiterhin sehr eingeschränkt ist, es kommt z. B. keinerlei sozialer oder Umgebungen erschaffender Aspekt vor – wäre Intelligenz von zwei Faktoren abhängig: erstens der Anzahl an Situationen, in denen ein Agent in der Lage ist sinnvoll zu agieren und zweitens dem durchschnittlichen Erfolg, den er, über seinen Handlungszeitraum hinweg in diesen Situationen erzielt. Die Geschwindigkeit der Anpassung an neue Umwelten stellt hier ebenfalls eine wichtige Größe dar, denn der Gewinn ist zu Beginn sehr klein, im Vergleich mit dem, was später kassiert wird. Die Anpassungsgeschwindigkeit wird insbesondere dann wichtig, wenn die Flexibilität des Agenten groß sein soll.

Im Vergleich mit menschlicher Intelligenz ist ein TicTacToe oder auch ein Schach-Agent weiterhin sehr dumm, denn die Menge der Umweltzustände, in denen er erfolgreich handeln kann, beschränkt sich auf TicTacToe- oder Schachspielfelder. Auch ist der Intelligenzbegriff auch kritisierbar, einer der nicht so sehr auf Anpassung und Problemlösen fokussiert wäre, wäre z.B. einer der die Fähigkeit berücksichtigt nachhaltig (gesellschaftliche) Umgebungen zu erschaffen, in denen sich viele unterschiedliche und interessante Ziele mit geringem Riskio und Aufwand erreichen lassen.

4.4 Systematik der Lernverfahren

Wir können an dieser Stelle versuchen, einen allgemeineren Überblick über die Komponenten eines Lernsystems und ihrer Beziehungen zu gewinnen und diese in einen größeren Zusammenhang einzuordnen Abb. 4.27.

Die grobe Anordnung der Komponenten weist eine gewisse Plausibilität hinsichtlich einer „imaginären evolutionären Entwicklung" auf. Dieser „imaginäre" Zeitpfeil dient dazu, der Darstellung eine zusätzliche Dimension zu geben, eine Art imaginäres „Vorher" und „Nachher". Er dient also nur der strukturellen Übersicht und entspricht nicht einer „real" abgelaufenen Entwicklung.

Das „älteste" Element ist hier sicherlich die Policy, als die Komponente, die sensorische Zustände direkt Aktionen zuordnet. Danach kommt die Komponente, die Zustands-

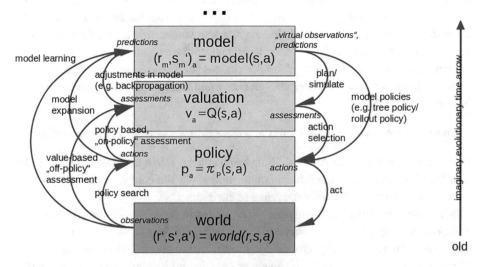

Abb. 4.27 Systematik von Lernkomponenten und -verfahren

bewertungen und damit zielorientierte Entscheidungen ermöglicht, während ein „Modell" die Simulation von Aktionen ermöglicht und dazu dienen kann, „virtuell" Ziele zu identifizieren und Wege zu optimieren, was schließlich auch die Zustandsbewertungen sowie die Policy verbessern kann. Weiter oben - jenseits der drei Punkte - folgen noch weitere Fähigkeiten wie der mentalen Simulation von eigenem und fremden Verhalten, sowie der komplexen Kommunikation und dem Teilen von Informationen, Intentionen und Plänen.

Sicherlich werden hierdurch Fragen aufgeworfen, die im Rahmen dieses Buches nicht bearbeitet werden, vieles ist auch noch Gegenstand aktueller Forschungen und mag den Leser gerne zu eigenen Spekulationen inspirieren und auch dazu, weitere eigene Experimente und Nachforschungen anzustellen.

Die bislang vorgestellten Algorithmen konnten technisch nur durch zwei massive Vereinfachungen funktionieren, erstens waren die Umwelten mit denen die Agenten interagierten auf eine mehr oder weniger überschaubare Anzahl von Zuständen beschränkt, zweitens waren alle Welten hinsichtlich ihrer Dynamik und der Interaktionsmöglichkeiten von einem klar festgelegten Typ (Gridworlds und Spielbretter).

Möchten wir die Zustände des Umweltsystems signifikant erhöhen, dann stoßen wir mit unseren diskreten Repräsentationen in Form von Tabellen oder Bäumen schnell an Grenzen. Im folgenden Kapitel werden wir uns diesem Problem widmen.

Literatur

Dennett DC (2018) Von den Bakterien zu Bach – und zurück. Die Evolution des Geistes. Suhrkamp, Berlin

Kocsis L, Szepesvári C (2006) Bandit Based Monte-Carlo Planning. In: Fürnkranz J, Scheffer T, Spiliopoulou M (Hrsg) Machine learning: ECML 2006. 17th European Conference on Machine Learning, Berlin, Germany, September 18–22, 2006; proceedings. ECML; European Conference on Machine Learning. Springer, Berlin (Lecture notes in computer science Lecture notes in artificial intelligence, 4212), S 282–293

Godfrey-Smith P (2019) Der Krake, das Meer und die tiefen Ursprünge des Bewusstseins, 1. Aufl. Matthes & Seitz, Berlin

Legg S, Hutter M (2007) A collection of definitions of intelligence. In: IDSIA-07-07

Pathak D, Agrawal P, Efros AA, Darrell T (2017) Curiosity-driven Exploration by Self-supervised Prediction. arXiv:1705.05363

Russell S, Norvig P (2010) Artificial intelligence. A modern approach, 3. Aufl. Pearson Education Inc., New Jersey, USA

Silver D, Huang A (2016) Mastering the game of go with deep neural networks and tree search. *Nature*. https://www.nature.com/articles/nature16961

Sutton RS, Barto A (2018) Reinforcement learning. An introduction. Second edition. The MIT Press, Cambridge (Adaptive computation and machine learning)

Williams RJ (1992) Simple statistical gradient-following algorithms for connectionist reinforcement learning, S 229–256

Schätzer für Zustandsbewertung und Aktionsauswahl

5

Ergänzende Information Die elektronische Version dieses Kapitels enthält Zusatzmaterial, auf das über folgenden Link zugegriffen werden kann
https://doi.org/10.1007/978-3-662-68311-8_5.

„Ebenso wie Federn irrelevant für das Fliegen sind, werden wir
im Laufe der Zeit möglicherweise entdecken, dass Neuronen und
Synapsen für die Intelligenz unbedeutend sind." (Alpaydin 2019).
(Ethem Alpaydin)

Zusammenfassung

In der Regel reichen die verfügbaren Ressourcen nicht aus, um Steuerung, Bewertungsfunktion oder Modell tabellarisch zu erfassen. Daher werden in diesem Kapitel parametrisierte Schätzer eingeführt, mit denen wir die Bewertung von Zuständen
oder probabilistische Aktionspräferenzen abschätzen können, selbst dann, wenn sie
nicht in genau gleicher Form zuvor beobachtet worden sind.

Da es in sehr vielen Fällen nicht praktikabel ist, für jeden Zustand und jede Aktion Wahrscheinlichkeiten bzw. Bewertungen in einer Tabelle zu speichern, benötigen wir Methoden, dies mithilfe von parametrisierten Schätzfunktionen zu berechnen.

Diese Schätzfunktionen haben eine große Anzahl von Parametern, die so eingestellt
werden, dass sie die gewünschten Werte unter der Zustands-(Aktions-)-Vorgabe berechnen. Normalerweise ist der Parameterraum wesentlich kleiner als der Zustandsraum,
da die Schätzer in der Lage sind, Werte zu interpolieren oder zu extrapolieren. Bei bestimmten Entwürfen entfällt sogar die Notwendigkeit, kontinuierliche Zustandsräume in
diskrete Intervalle zu unterteilen, man denke z. B. an selbstfahrende Autos oder Auto-
piloten. Parametrisierte Schätzer haben einen weiteren entscheidenden Vorteil: Sie können nicht nur für die Trainingsmenge sinnvolle Werte berechnen, sondern auch für Zustände, die der Agent noch nie zuvor gesehen hat. Ob diese „Verallgemeinerung" gut
funktioniert, hängt allerdings davon ab, ob der Schätzer geeignet gewählt wurde.

Die überwachten und unüberwachten Methoden füllen oft den Hauptteil der Werke
über maschinelles Lernen. Eine besondere Aufmerksamkeit erhalten dabei oft Funktionsapproximatoren, die auf der Simulation neuronaler Netzwerke beruhen. Diese
Variante nichtlinearer Funktionsschätzer hat viele interessante Eigenschaften, regt
die Fantasie an und hat eine Menge beeindruckender Ergebnisse vorzuweisen. Es ist
durchaus nicht selbstverständlich, dass Computer in der Lage sind, eine Funktion wie:
$katze : \mathbb{R}^{N \times M} \to [0; 1]$ abzuschätzen, welche für eine beliebige Matrix von Helligkeits-
werten berechnet, ob es sich um ein Katzenbild handelt.

Zwar sind überwachte Lerner nicht Hauptgegenstand dieses Buches, ein kleiner Exkurs in die Untergruppe der künstlichen Neuronalen Netze soll an dieser Stelle jedoch
nicht ausgespart werden. Wir werden uns im Folgenden noch einmal deren Funktionsweise und die wichtigsten Eigenschaften vergegenwärtigen und das berühmte „Hallo
Welt!" des überwachten maschinellen Lernens, die Erkennung handgeschriebener Zif-

fern mit dem „MNIST"-Datensatz ausführen und im Anschluss daran die Regression einer Finanzmarktkurve versuchen und einige Werte extrapolieren.

5.1 Künstliche neuronale Netze

Die Leistungen biologischer kognitiver Apparate, insbesondere des menschlichen Gehirns, übertreffen bisweilen die Möglichkeiten bester ingenieurtechnischer Lösungen deutlich. Bei den vielen historischen Versuchen „Intelligenz" künstlich zu erzeugen, zeigte sich i. d. R. sehr deutlich, wie unrealistisch die Vorstellungen waren. Es stellte sich heraus, dass nicht nur der biologische Körper der Lebewesen, sondern auch das Nervensystem, inklusive dem Gehirn, eine stammes- und individualgeschichtlich gewachsene, überaus komplexe Hardware-Implementierung darstellt. Es wurde zudem erkannt, dass es bei der Kognition weniger um logisches Denken und explizites, symbolisches Wissen, sondern vielmehr um (soziales) Handeln und die eigenständige Verarbeitung entsprechender Interaktionen geht. Unser Körper mit dem hochentwickelten Nervensystem ermöglicht uns „lediglich", uns innerhalb unserer physikalischen, biologischen, ökologischen oder sozialen Kontexte, in unseren „Milieus", erfolgreich zu verhalten.

Logik und Mathematik sind dagegen Techniken, die nicht direkt erfolgreiches Handeln zum Gegenstand haben, sondern Hilfswissenschaften, die mit ihren strengen Modellen dabei helfen, vielfältige praktische, technische oder wissenschaftliche Aufgaben zu bewältigen. Sie erlauben es verschiedene Fragestellungen rechnerisch zu beantworten. Der Computer ging aus dem Bestreben hervor das Rechnen zu automatisieren, u. a. auch in Anbetracht von militärischen oder ökonomischen Herausforderungen. Offensichtlich ist das mechanisierte Rechnen mit Computern für sich nicht verwandt mit kognitiven Vorgängen in der Natur. Ein charakteristisches Merkmal evolutionärer Prozesse ist die sprunghafte Entwicklung durch Zweckentfremdung allmählich gewachsener Organe und Instrumente. Der Computer ist seiner Rolle als (langweilige) Büromaschine und Steuerungsmodul in Industrieanlagen längst entwachsen und wird heute eher oft als eine Art interaktive Projektionsfläche für kreative Ideen angesehen. Aufgrund der nachgewiesenen Fähigkeit eines Computers („Turing-Maschine" (Turing 1937)) mit entsprechenden Ressourcen alle berechenbaren Prozesse nachbilden zu können, ist es theoretisch möglich mehr oder weniger isomorphe Nachbildungen aller möglichen Systeme zu modellieren u. a. Wettermodelle, Kernreaktionen oder neuronale Netze. Hierbei können auch unvorhersehbare „chaotische" Entwicklungseigenschaften auftreten, so wie sie in den realen Prozessen an vielen Stellen zu beobachten sind. Es gehört sicher zu den spannendsten Entdeckungen des 20. Jahrhunderts, dass im Allgemeinen selbst vollständig deterministische und genau bestimmte „rechnende" Systeme unvorhersehbare Eigenschaften haben können, was zeigt, dass sich Determiniertheit und „Freiheit", im Sinne einer zumindest teilweisen Abwesenheit von externer Kontrolle, nicht ausschließen.

Beim Konstruieren von „intelligenten" Systemen lag es nahe in Anbetracht des gewaltigen „Nicht-Wissens", sich zunächst vom Aufbau der biologischen Vorbilder inspirieren zu lassen. Dies gleicht der Vorgehensweise in der Luftfahrt, wo man zunächst begann mit Holz und Leinwand Vögel nachzubilden, bevor die Gesetze der Aerodynamik entdeckt werden konnten. Daher wurde die moderne Computergeschichte von Anfang an auch von der Forschung an künstlichen neuronalen Netzen begleitet. So beschrieben McCulloch und Pitts bereits 1943 das erste mathematische Modell für ein künstliches Neuron. Allerdings unterscheidet sich die biologische Hardware, welche die verschiedenen kognitiven Leistungen erzeugt, deutlich von der eines üblichen seriellen Rechners mit von Neumann-Architektur. Zwar erzeugt das Reinforcement Learning teilweise spektakuläre Ergebnisse, aber eigentlich besitzen wir noch keine „Rechentheorie der Intelligenz". Würden wir dies besitzen, dann könnten vielleicht Lösungen konstruiert werden, die ähnlich wie bei den Flugzeugen, auf die Möglichkeiten der verfügbaren Hardware auf der Basis von Silizium und Metallen optimal zugeschnitten sind. In der Luftfahrt wurde z. B. erkannt, dass man auf die Nachbildung von Federn komplett verzichten kann vgl. (Alpaydin 2019). Es ist allerdings auch schon heute so, dass das gängige Computermodell eines neuronalen Netzes mit seinen natürlichen Vorlagen sehr wenig gemein hat.

Der Aufbau des menschlichen Gehirns ist außerordentlich komplex. Verschiedenste Systeme und Komplexe wirken auf unterschiedlichen Organisationsstufen zusammen. Die Verarbeitung geschieht größtenteils parallel. Die auffälligsten Elemente des Gehirns sind die Neuronen. Ihre Anzahl wird auf ca. 10^{11} geschätzt. Diese Neuronen operieren im Millisekundenbereich, also eigentlich verhältnismäßig langsam. Was für die enorme „Rechenleistung" sorgt, ist die innere Konnektivität: ein Neuron im Zentralnervensystem ist über sogenannte Synapsen im Schnitt mit etwa 10^4 anderen Nervenzellen verbunden, die alle parallel arbeiten. Durch die parallele Architektur kann das Gehirn bei einer chemischen Leistungsaufnahme von nur 25 bis maximal ca. 100 W etwa 10^{13} bis 10^{16} analoge Rechenoperationen pro Sekunde durchführen. Die Leistungsaufnahme mag für ein biologisches Organ zwar relativ viel sein, aus technischer Sicht ist es sensationell wenig: 10^{16} analoge Rechenoperationen pro Sekunde, – dies entspricht ungefähr der Rechenleistung eines Supercomputers, z. B. Summit (OLCF-4) von IBM, der zwar bis zu $2 \cdot 10^{17}$ Gleitkommaoperationen pro Sekunde erreicht, hierfür jedoch wegen seines Stromverbrauchs von ca.13 Megawatt beinahe ein eigenes Kraftwerk benötigt und etliche Tonnen Gewicht auf die Waage bringen dürfte.

Der Grundaufbau eines Neurons Abb. 5.1 wird in der gängigen Literatur vielfach beschrieben: Eine typische Säugetier-Nervenzelle ist aus Dendriten, dem Zellkörper und einem Axon aufgebaut. Dieser Zellfortsatz kann sehr lang sein und somit eine Erregungsleitung über weite Strecken ermöglichen. Hierfür läuft ein elektrisches Signal durch das Axon, dass erzeugt wird, indem bestimmte Ionen gezielt durch die

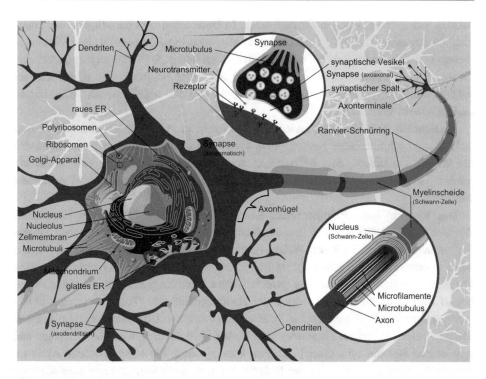

Abb. 5.1 Struktur einer Wirbeltiernervenzelle (Urheber: „LadyofHats", Gemeinfrei auf Wikipedia veröffentlicht.)

Zellmembran geschleust werden. Das Axonende steht über Synapsen, an denen das Signal meist chemisch weitergegeben wird, mit anderen Nervenzellen oder Empfängerzellen, z. B. eine neuromuskuläre Endplatte, in Verbindung.

Funktional lassen sich die Neuronen in motorische und sensorische Nervenzellen sowie Interneuronen einteilen. Sensorische Neuronen – an anderen Stellen auch als afferente Nervenzellen oder Nerven bezeichnet – leiten Informationen von den Rezeptoren der inneren Organe oder den Sinnesorganen an das Gehirn, das Rückenmark oder Nervenzentren des Verdauungstraktes weiter. Motorische Neuronen[1] übermitteln Impulse von Gehirn und Rückenmark zu den Muskeln oder Drüsen und lösen dort beispielsweise die Ausschüttung von Hormonen aus oder sorgen für eine Kontraktion von Muskelzellen. Die Interneuronen stellen die größte Menge an Neuronen im Nervensystem und sind nicht spezifisch sensorisch oder motorisch. Sie haben eine Vermittlerfunktion. Sie verarbeiten Informationen in lokalen Schaltkreisen oder vermitteln Signale über weite Entfernungen zwischen verschiedenen Körperbereichen. Man unterscheidet zwischen

---

[1] Auch „efferente Nervenzellen" oder „Motoneuronen"

lokalen und intersegmentalen Interneuronen. In Untersuchungen der 90iger Jahre zeigte sich, dass man sowohl die Neuronenvielfalt also auch die Komplexität ihrer Wirkungsweisen in der Großhirnrinde bei weitem unterschätzt hatte: „So würde sich aufgrund anatomischer und immunozytischer Kriterien bei corticalen Neuronen wahrscheinlich eine Anzahl von Untertypen ergeben, die zwischen 50 und 500 liegen müsste." (Churchland und Sejnowski 1997, S. 53).

Hinsichtlich ihrer Wirkung lassen sich Neuronen in zwei Klassen einteilen: exzitatorische und inhibitorische Nervenzellen. Durch ein exzitatorisches Signal erhöht sich die Wahrscheinlichkeit, dass postsynaptische Zellen feuern, während diese bei einem inhibitorischen Signal abnimmt. Einige Neuronen wirken auch modulierend auf andere Neuronen.

Das Szenario des „Reinforcement Learning" mit seinen lernfähigen künstlichen Agenten weist vielfältige Parallelen zur Situation von natürlichen, biologischen „Agenten" in ihren Ökosystemen auf. Welche Aufgaben fallen künstlichen neuronalen Netzen beim Reinforcement Learning zu? Mustererkennung ist beim Reinforcement Learning vor allem unter dem Aspekt der zweckmäßigen Handlungsauswahl zu sehen. Hierbei ist zum einen die Approximation der Handlungsfunktion (Policy) $\pi(s, a)$, der Bewertungsfunktion $V(s)$ bzw. $Q(s, a)$ oder eines Umweltmodells $model(s, a)$ zu nennen. Modelle liefern in diesem Zusammenhang Vorhersagen dazu, welche Folgezustände und ggf. welche Belohnungen erreicht werden können, wenn die entsprechenden Aktionen ausgewählt werden würden. In der Robotik kommen auch sog. „Inverse Modelle" vor $modell^{-1}(s, s') = a$, die zurückliefern, welche Aktion nötig ist, um einen gewünschten Zustand zu erreichen.

Alle diese Funktionen liefern ihre Ergebnisse in Abhängigkeit vom beobachteten Weltzustand s, welcher ein Element aus dem Raum aller möglichen Zustände S ist. Da dieser aber, wie wir gesehen haben, schnell unbeherrschbar groß werden kann, müssen die Schätzer im Prinzip die Wiedererkennung von gleichwertigen Zuständen leisten, unabhängig von „unwesentlichen" Veränderungen in der Perzeption, wie z. B. Verschiebung, Drehung, unwesentlichen Farb- oder Lautstärkeveränderungen usw. Hier kommt die Fähigkeit künstlicher neuronaler Netze ins Spiel, aus Trainingsdaten automatisch hilfreiche Merkmale zu extrahieren. Kritisch anzumerken wäre hierzu allerdings, dass dies zwar zunächst sehr gut klingt, weil es genau das ist, was wir wollen, jedoch ist diese „Fähigkeit" durchaus kritisch zu betrachten in Ribeiro et al. (2016) wird u. a. gezeigt, dass diese „Merkmale" nicht immer das sind, was wir mit einem gesunden Menschenverstand nutzen würden. In einem dort beschriebenen Beispiel, wo Hunde von Wölfen unterschieden werden sollten, wurden Wölfe an Hand der sie umgebenden Schneelandschaft klassifiziert, weil die Trainingsbilder Wölfe auch in winterlicher Umgebung zeigten, aber Hunde nie im Schnee. Bei einem solchen Netz würden Hunde im Schnee automatisch zu Wölfen.

5.1.1 Mustererkennung mit dem Perzeptron

Gegenüber den natürlichen, stellen die künstlichen Neuronen eine massive Vereinfachung dar Abb. 5.2. Das einfachste und grundlegendste Modell ist Rosenblatts Perzeptron. Ist x der Vektor mit den Eingabeaktivierungen und w_j ein Vektor, welcher den
gespeicherten Verbindungsgewichten zur Ausgabeeinheit y_j entspricht, so lässt sich die
eintreffende Aktivierung als inneres Produkt von x und w_j auffassen. Die eintreffenden
Signale werden schließlich über eine Transferfunktion zum „Axon", d. h. zur gewichteten „Stimulation" der verbundenen Zellen, weitergeleitet.

Im Perzeptron propagieren zunächst sensorische Neuronen die Aktivierung durch ihre
jeweiligen gewichteten Verbindungen direkt zu den Ausgabeneuronen. Im einfachsten
Fall ist die Eingabe am Ausgabeneuron eine gewichtete Aufsummierung der Inputs aus
den sensorischen Einheiten (Sigma-Neuron).

Das Perzeptron kann eine Art Übereinstimmungsmaß zwischen zwei Mustern berechnen. Im Falle einer linearen Transferfunktion erhielten wir das „Kosinusmaß". Dies
ist ein „Ähnlichkeitsmaß", das für den Vergleich den Winkel zwischen zwei Vektoren
nutzt und somit vom Betrag der Vektoren abstrahieren kann. Sind zwei Vektoren kon-
gruent, so ist der Winkel 0 Grad und damit das innere Produkt $x \circ w$ und damit auch
die Aktivierung der entsprechenden Ausgabeeinheit maximal. Würde man den euklidi-
schen Abstand nach einem auf höhere Dimensionen verallgemeinerten „Satz des Pytha-
goras" verwenden, so würde bspw. zwischen einem helleren und einem dunkleren Bild,
auf dem das gleiche Motiv ist, ein entsprechender Abstand bestehen und damit „Unähn-
lichkeit" postuliert. Im Kosinusmaß dagegen wären Vektoren, die nur skaliert worden
sind, z. B. die Vektoren (1,2,3) und (3,4,6), gleich. Problematisch sind allerdings z. B.
Verschiebungen in der visuellen Matrix, so kann eine kleine Verschiebung innerhalb des
Bildes eine „Wiedererkennung" vollständig verhindern.

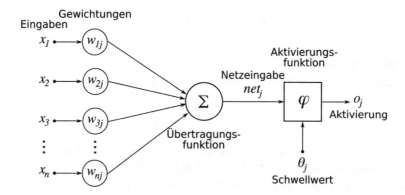

Abb. 5.2 Künstliches „Neuron" (Christoph Burgmer, Lizenz: GFDL (CC BY-SA 3.0). (Quelle:
wikipedia)

Abb. 5.3 Perzeptron als
Musterassoziator

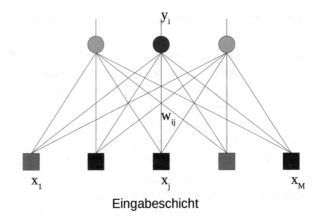

Eingabeschicht

Ein einfacher Musterassoziator Abb. 5.3 enthält N parallele Perzeptronen und kann somit in gewissen Grenzen zur Klassifikation von Mustern eingesetzt werden. Die Klassen werden durch Hyperebenen eingeteilt, die durch den Ursprung verlaufen.

Durch Einführung eines zusätzlichen „Bias"-Neurons x_0 oder auch b, das keinen „sensorischen Eingang" hat und immer die Aktivierung 1 (oder -1) aussendet, können beliebige Ebenen verwendet werden, d. h. die Ebenen müssen dann nicht mehr durch den Koordinatenursprung verlaufen.

Oft werden, analog zu natürlichen Neuronen, nichtlineare Aktivierungsfunktionen verwendet, um die Ausgangsaktivierung zu berechnen. Auf diesem Weg lassen sich teilweise irrelevante Aktivierungen ausblenden oder Mehrdeutigkeiten reduzieren. Die Ausgabe eines Neurons verhält sich dann gemäß einer bestimmten Transformationsfunktion. Dies soll gewöhnlich dazu führen, dass die Aktivität einen qualitativen Sprung macht, wenn die Eingangsaktivierung einen bestimmten Schwellwert überschreitet.

Für die Ausgabe eines künstlichen Neurons y_j erhalten wir damit:

$$y_j = g\left(\sum_i w_{ij} x_i\right) = g\left(w_j^T x\right)$$

Transferfunktionen
Die einfachste nichtlineare Transferfunktion ist die Schwellwertfunktion „binary step".

$$g_{step}(x) = \begin{cases} 0 \, f\ddot{u}r \, x \leq 0 \\ 1 \, f\ddot{u}r \, x > 0 \end{cases}$$

Diese „springt" auf 1, wenn die Eingangsaktivierung größer als ein bestimmter Schwellwert θ ist. Ähnlich einfach ist die „ReLU"-Funktion („Rectifier Linear Unit"). Sie entspricht einer linearen Funktion, die im Koordinatenursprung beginnt und im negativen Bereich 0 ist.

$$g_{ReLU}(x) = max(0, x)$$

Um stetige Übergänge zu erhalten, verwendet man z.B. Transferfunktionen, deren Graph einer S-Kurve ähnelt. Besonders bei der Backpropagation-Adaption in mehrlagigen Perzeptrons, wir werden darauf noch eingehen, sind gut differenzierbare Aktivierungsfunktionen von Bedeutung. Vergleichsweise häufig findet man die Sigmoid-Funktion

$$g_{sigmoid}(x) = \frac{1}{1 + e^{-x}}$$

und den Tangens Hyperbolicus. Der Wertebereich der Sigmoidfunktion liegt zwischen 0 und 1, beim Tangens Hyperbolicus liegt er nicht nur im positiven Bereich, sondern erstreckt sich von -1 bis $+1$.

$$g_{tanh}(x) = \tanh(x) = \frac{e^{2x} - 1}{e^{2x} + 1}$$

Solche nichtlinearen Transfers sind auch für die Netze von Bedeutung, die beliebige Funktionen approximieren sollen, da aus einer Kombination von linearen Funktionen nur lineare Funktionen hervorbringen kann. Mehrlagige Perzeptrons mit bereits zwei inneren Schichten können jede stetige Funktion approximieren, wenn die inneren Schichten solche Sigmoid-Transferfunktionen und die Output-Layer lineare Transferfunktionen enthalten (Abb. 5.4).

Die bislang vorgestellten Netze generieren nur *lokale* Ausgaben aus den Eingaben und den Gewichten. Unter anderem bei Klassifikationsproblemen gilt es i. d. R. die Wahrscheinlichkeiten unter Berücksichtigung der gesamten Ausgabe zu generieren. Hierfür können wir auch die bekannte SoftMax-Funktion anwenden, die wir schon bei der Berechnung einer Wahrscheinlichkeitsverteilung für die probabilistische Aktionsauswahl kennen gelernt haben. Dabei müssen wir allerdings zweistufig vorgehen. Zunächst wird die Aktivierung der einzelnen Neuronen $o_j = w_j^T x$ generiert und die Summe $\sum_k e^{o_k}$ gebildet, um anschließend die SoftMax-Werte berechnen zu können.

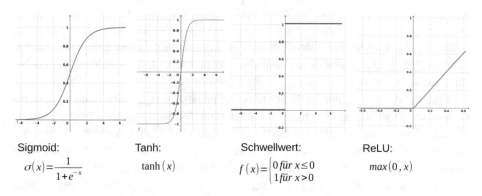

Sigmoid: Tanh: Schwellwert: ReLU:

$\sigma(x) = \frac{1}{1 + e^{-x}}$ $\tanh(x)$ $f(x) = \begin{cases} 0 \text{ für } x \leq 0 \\ 1 \text{ für } x > 0 \end{cases}$ $max(0, x)$

Abb. 5.4 Beispiele für Aktivierungsfunktionen (**a**) Sigmoid, (**b**) Tanh. (**c**) Schwellwert, (**d**) ReLU

$$y_j = g_j(\mathrm{x}) = \frac{e^{o_j}}{\sum_k e^{o_k}} \tag{5.1}$$

Hierbei bestimmt j jeweils ein einzelnes Ausgabeneuron und k iteriert über alle N Ausgaben.

5.1.2 Die Anpassungsfähigkeit von künstlichen Neuronalen Netzen

Ein wesentliches Merkmal künstlicher neuronaler Netze ist die Adaptionsfähigkeit. Der Lernvorgang besteht aus einzelnen Lernschritten, wobei jeweils ein neues Trainingsbeispiel verarbeitet wird. Die Adaption findet normalerweise durch eine Justierung der Verbindungsgewichte statt. Bei jedem Lernschritt werden die Gewichte w_{ij} angepasst:
$w_{ij}^{neu} = w_{ij}^{alt} + \Delta w_{ij}$

Für die Berechnung Δw_{ij} existieren einige grundlegende Lernregeln. In einfachen vorwärts verknüpften Assoziatoren ohne verdeckte Schichten sind das die Delta-Regel und die Hebb-Regel. Der Vollständigkeit halber möchte ich die Hebb-Regel hier mit erwähnen, obwohl es eine Lernregel ist, die im Prinzip für „unüberwachte" Lernszenarien Kap. 1 angewendet wird, lässt sich die Delta-Regel nur im überwachten Fall einsetzen.

Die Hebb-Regel
Donald Hebb beschrieb 1949 in „The Organisation of Behavior" (Hebb 1949) den berühmten Zusammenhang:

> „When an axon of cell A is near enough to excite cell B and repeatedly or persistently takes part in firing it, some growth process or metabolic change takes place in one or both cells such that A's efficiency, as one of the cells firing B, is increased."

Dies bedeutet, reduziert für die Simulation im Rechner, dass sich das Gewicht Δw_{ij} der Verbindung zwischen i und j dann verstärken soll, wenn i und j gleichzeitig aktiv sind. Für das zweistufige Netz ohne verdeckte Schicht wäre die Regel für das Hebb – Update:
$\Delta w_{ij} = \eta x_i y_j$

Beim Hebb-Lernen liegt der Fokus des Lernens auf wiederkehrende Musterzusammenhänge. Man geht davon aus, dass wiederkehrende Beobachtungen von besonderem Interesse sind.

Durch die Anpassung der Gewichte nach der Hebb-Lernregel wird erreicht, dass bei wiederholter Präsentation das Netz mit verstärkter Aktivität reagiert. Betrachtet man die Hebb-Regel, so fällt auf, dass die Gewichte entweder unverändert bleiben oder anwachsen. Daraus resultiert bei wiederholtem Training ein unbegrenztes Wachstum der Gewichte. Es stellt sich die Frage des praktischen Umgangs mit diesem Problem.

Eine Möglichkeit ist es, das Wachstum bis zu einer oberen Grenze w^+ bzw. unteren Grenze w^- zu erlauben und dann die Gewichte einfach abzuschneiden. Der offensichtliche

Nachteil dieser Methode ist, wenn alle Gewichte die eine oder andere Grenze erreicht haben, dann ist der verbliebene Informationsgehalt in diesen Gewichten nur sehr gering.

Eine andere Option ist es, die Gewichtsvektoren, die Aktivierungen einer Ausgabe y_j zuleiten nach jeder Lernepoche zu normalisieren, z. B. mit

$$w_j \leftarrow \frac{w_j}{\|w_j\|}$$

eine weitere wäre es, die Gewichtesumme auf 1 zu setzen, d. h. für alle Ausgabeunits j gilt $\sum_i w_{ij} = 1$. Eine solche Skalierung führt zu einem Verteilungskampf. Stark frequentierte Verbindungen gehen gegen ein Maximum und ungenutzte Verbindungen verschwinden. Weiterhin werden durch die normierten Gewichte die Korrelationswerte von unterschiedlich umfangreichen Repräsentationen vergleichbar. Dies ist von Vorteil beim Wettbewerbslernen, denn hier soll allein die Repräsentation des Siegers, d. h. der Repräsentation mit der „besten" Musterkorrelation, in Richtung des Eingabemusters angepasst werden.

Bei der Herausbildung generalisierender Musterrepräsentationen gilt es, von den Besonderheiten des Einzelfalls zu abstrahieren. Mit allgemeinen „Repräsentanten" lässt sich Speicherplatz einsparen und die Berechnung beschleunigen. Daher kommt auch eine Idee, die Gewichte zu rasieren, welche scheinbar keine Bedeutung für die Netzwerkoperationen haben. Typischerweise sind das solche, die wesentlich kleiner als ihre Nachbarn sind. Diese Operation setzt jedoch nicht lokales Wissen voraus.

Eine „übergreifende Perspektive" nimmt auch ein anderer Ansatz ein, bei dem negatives Feedback der alternativen Ausgabeeinheiten als Verfallsterm in die Lernregel eingeht (Fyfe 2007):

$$e_i = x_i - \sum_{j=0}^{N-1} w_{ij} y_j \quad mit \quad \Delta w_{ij} = \eta e_i y_i$$

Dieses Vorgehen hat den Vorteil, dass es statistische Eigenschaften der vorliegenden Trainingsdaten berücksichtigt – Stichwort „Hauptachsentransformation" (PCA) – und darüber hinaus „nachträgliche" Netzwerkmanipulationen vermeidet.

Solche Ansätze überwinden die isolierte Betrachtung der einzelnen Ausgaben, was auch deshalb interessant ist, weil es die in der Einleitung erwähnte konstruktivistische Erkenntnis berücksichtigt, dass kognitive Repräsentationen keine objektive Wahrheit repräsentieren, sondern nützliche Unterscheidungen produzieren sollen, somit also nur „relativ" zu den anderen „Repräsentationen" existieren.

Die automatische Herausbildung „Ähnlichkeiten" ist durchaus kein triviales Problem. Oft verlassen sich Anwender von fertigen Frameworks des maschinellen Lernens auf Standardkonstruktionen, ohne deren Eigenschaften genauer zu reflektieren. Bei Unterscheidungen kommt es z. B. definitionsgemäß darauf an, zu erkennen, was die Muster *voneinander* unterscheidet, d. h. die Merkmale müssen kontextabhängig in Abgrenzung zu den anderen Mustern herausgebildet werden. Ob „o" und „ö" unterschiedlich sind, hat nichts mit ihrer Beschaffenheit an sich zu tun, sondern hängt davon ab, ob die Muster im vorliegenden Einsatzkontext unterschieden werden müssen oder nicht. Falls ja, so machen die beiden Pünktchen einen gewaltigen Unterschied aus, falls nicht, dann sind die Muster praktisch gleich. Dieses Problem ist nicht kontextunabhängig zu lösen, mitunter wird sogar nur aus dem Kontext heraus entschieden, ob es sich um ein o oder ö handelt. Eine andere Variante von maschinellen Lernern, sind z.B. die sog. Support Vector Maschinen (SVMs). Hier werden die Trennebenen nicht mit allen Trainingsbeispielen bestimmt, sondern nur von sogenannten „Stützvektoren", die an den „Rändern" der zu unterscheidenden Klassen liegen. Die Architektur von Klassifikatoren und Schätzern hängt tiefgreifend von den Aufgabenkontexten ab, in denen diese angewendet werden sollen.

Überwachtes Lernen im Perzeptron mit der Delta-Regel

Im überwachten Fall haben wir zur Bewertung der Ausgabe $\widehat{y}_j$ am Neuron j jeweils Sollwerte y_j zur Verfügung. Ist die Ausgabe $\widehat{y}_j$ gegenüber dem Sollwert y_j zu niedrig, so wird für jeden anregenden Eingang das Gewicht entsprechend erhöht, ist die Ausgabe zu hoch, dann wird das Gewicht reduziert. Bei Verbindungen mit negativem Input findet die Anpassung der Gewichte jeweils umgekehrt statt. Damit ergibt sich für das Update der Verbindungsgewichte w_{ij}:

$$\Delta w_{ij} = \eta \left(y_j - \widehat{y}_j \right) x_i \tag{5.2}$$

Durch die Anpassung der Gewichte mit Δw_{ij} reduziert sich der Fehler über der Trainingsmenge, d. h. wir bewegen uns auf der Fläche, die den Fehler über den Verbindungsgewichten beschreibt, talwärts. Deshalb handelt es sich bei der Delta-Regel mathematisch um ein Gradientenabstiegsverfahren. Durch η wird eine Lernrate dargestellt, die geeignet klein gewählt werden sollte, damit keine Minima „übersprungen" werden. Die Kehrseite einer zu kleinen Lernrate ist, dass das Training länger dauert und u.U. nur lokale Minima gefunden werden.

Nach Übergabe eines Trainingsdatensatzes (x, y) lässt sich der Fehler an einer Ausgabeeinheit j in Abhängigkeit von den zu ihr führenden Verbindungsgewichten w_j durch

$$E_j\left(w_j | x, y \right) = \frac{1}{2} \left(\widehat{y}_j - y_j \right)^2 \tag{5.3}$$

beschreiben, wobei die Schätzung $\widehat{y}_j$ als allein von **w** abhängig gesehen werden soll.

Den „Abstiegsvektor" Δw (Gradient) berechnen wir durch die partiellen Ableitungen für jedes Gewicht. Wir müssen beim Ableiten des Terms die Kettenregel anwenden. Dadurch erhalten wir

$$\Delta w_j = \nabla E_t\left(w_j | x, y \right) = \left(y_j - \widehat{y}_j \right) \nabla \widehat{y}_j \tag{5.4}$$

Was uns zusammen mit $\widehat{y} = w^T x$ zur Delta-Regel aus Gl. 5.2 führt.

Kennen wir die Menge der Trainingsbeispiele, so können wir die Änderung Δw_{ij} auch mit dem summierten Fehler des Netzes über einer Menge von Trainingsbeispielen (sog. „Batch-Learning") bestimmen, wobei E hier die Menge der Trainingsbeispiele bezeichnet:

$$\Delta w_{ij} = \eta \sum_{t \varepsilon E} \left(y_{t_j} - \widehat{y}_{t_j} \right) x_{t_i}$$

Das allgemeine Prinzip dem die Anpassungen im Perzeptron beim überwachten Lernen folgen lautet:

$$\ddot{A}nderung = Lernrate \cdot (SollZustand - IstZustand) \cdot Eingabe$$

Ein erstes Perzeptron mit dem Framework „Neuroph"

Eine gute Wahl, um die Funktionsweise von künstlichen neuronalen Netzwerken kennenzu-lernen, ist das kostenlose Open-Source-Framework „Neuroph". Diese Java-Bibliothek bildet neuronale Netze auf objektorientierte Weise ab, wodurch die Strukturen auf allen Ebenen sehr transparent und gut zugänglich sind, z. B. auch für eigene „abwegige" Experimente. Im Kasten ist ein Ausschnitt aus dem Code der Klasse „Neuron" abgebildet (an Stellen mit [...] wurde für die Übersichtlichkeit Code ausgeblendet), zudem wurden Kommentare ent-fernt. Man erkennt, wie für jede der Basiskomponenten eines künstlichen neuronalen Net-zes, wie dem Neuron, aber auch den Schichten „Layer", den Verbindungen „Connection" oder Transferfunktionen „TransferFunction" explizit Klassen definiert wurden.

Ausschnitt aus der Neuroph-Klasse „Neuron"[2]

```
public class Neuron implements Serializable, Cloneable
{
[...]
     protected Layer parentLayer;
     protected List<Connection> inputConnections;
     protected List<Connection> outConnections;
     protected transient double totalInput = 0;
     protected transient double output = 0;
     protected transient double delta = 0;
     protected InputFunction inputFunction;
     protected TransferFunction transferFunction;
     private String label;
     public Neuron(){
          this.inputFunction = new WeightedSum();
          this.transferFunction = new Step();
          this.inputConnections = new ArrayList<>();
          this.outConnections = new ArrayList<>();
     }
     [...]
     /**
     * Calculates neuron's output
```

---

[2]Autor: Zoran Sevarac; Copyright 2010 Neuroph Project http://neuroph.sourceforge.net. Licen-sed under the Apache License, Version 2.0 (the „License"); http://www.apache.org/licenses/LI-CENSE-2.0. Weitere Hinweise sind in den Files des zitierten Programmcodes.

```
    */
    public void calculate(){
        this.totalInput = inputFunction.getOutput(inputConnections);
        this.output = transferFunction.getOutput(totalInput);
    }
    [...]
}
```

Obwohl eine solche explizite, objektorientierte Kodierung gegenüber Frameworks mit hochoptimierter Matrixmathematik im Hinblick auf die verfügbare Hardware, z. B. den Fähigkeiten aktueller Grafikkarten, einen enormen Geschwindigkeitsnachteil hat, so ist ihre Transparenz sehr praktisch, zum einen für Lernende, die schnell eigene Netze ausprobieren und sich die Details ansehen wollen, zum anderen auch für die Untersuchung von Forschungsfragen. Das Paket ist klein, gut dokumentiert, einfach zu bedienen und sehr flexibel. So ist beispielsweise der Zugriff auf das Verhalten von einzelnen Verbindungen (den „Synapsen") oder Neuronen leicht möglich. Dies ist z. B. hilfreich, wenn es um Experimente geht, mit denen Hypothesen hinsichtlich der Wirkungsweise von Netzstrukturen, Transferfunktionen usw. überprüft werden sollen (Abb. 5.5).

Der Kern von Neuroph besteht aus den bereits erwähnten Java-Klassen, welche die Netzstrukturen abbilden können. Damit Sie diese selbst nutzen können, müssen Sie zunächst das Neuroph-Framework von der Downloadseite des Projektes herunterladen: http://neuroph.sourceforge.net/download.html (28.7.2023). Nach dem Entpacken der zip-Datei erhalten Sie einen Ordner mit den Neuroph-Paketen, wie in Abb. 5.6 dargestellt.

Es lohnt sich bei Neuroph die Quellcodes etwas genauer anzuschauen, um das Framework und auch die Funktionsweise von neuronalen Netzwerken zu verstehen. Der Code ist auf Transparenz ausgelegt. Im Source-Ordner unter neuroph/core finden sich die Kernelemente wie Neuron, Layer, Connection usw. Der weiter oben gezeigte Codeausschnitt aus der Klasse Neuron zeigt bspw. wie mittels der Transferfunktion die Ausgabe des Neurons erzeugt wird. Im Ordner transfer finden Sie die Implementationen der bereitgestellten Transferfunktionen. Darunter sind auch die, die zu Beginn des Abschn. 0 vorgestellt worden sind. Der Java-Code gibt exakt Aufschluss über das zu erwartende Verhalten der einzelnen Neuronen.

Zusammenstellung der Transferfunktionen im Neuroph-Framework[3]

```
// TransferFunctionType.STEP („Binary Step")
public double getOutput(double net) {
        if (net > 0d)
```

---

[3]Autor: Zoran Sevarac; Copyright 2010 Neuroph Project http://neuroph.sourceforge.net. Licensed under the Apache License, Version 2.0 (the „License"); http://www.apache.org/licenses/LICENSE-2.0; Weitere Hinweise sind in den Files des zitierten Programmcodes.

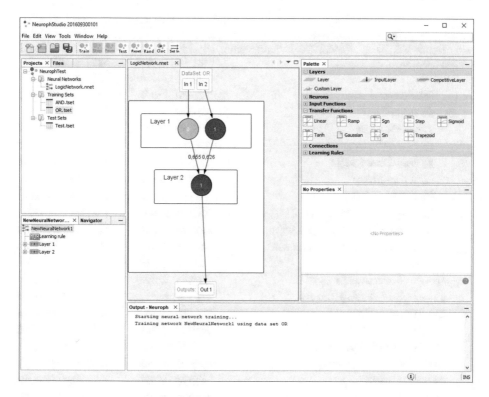

Abb. 5.5 Ein im NeurophStudio trainiertes Netzwerk, das die logische „ODER"-Funktion abbildet

```
            return yHigh;
    else
            return yLow;
    }
}
// TransferFunctionType.GAUSSIAN
public double getOutput(double totalInput){
    output = Math.exp(-Math.pow(totalInput, 2) / (2*Math.pow(sigma,
2))));
    return output;
}
// TransferFunctionType.LINEAR
public double getOutput(double net) {
    return slope * net;
}
// TransferFunctionType.RAMP:
public double getOutput(double net) {
    if (net < this.xLow)
```

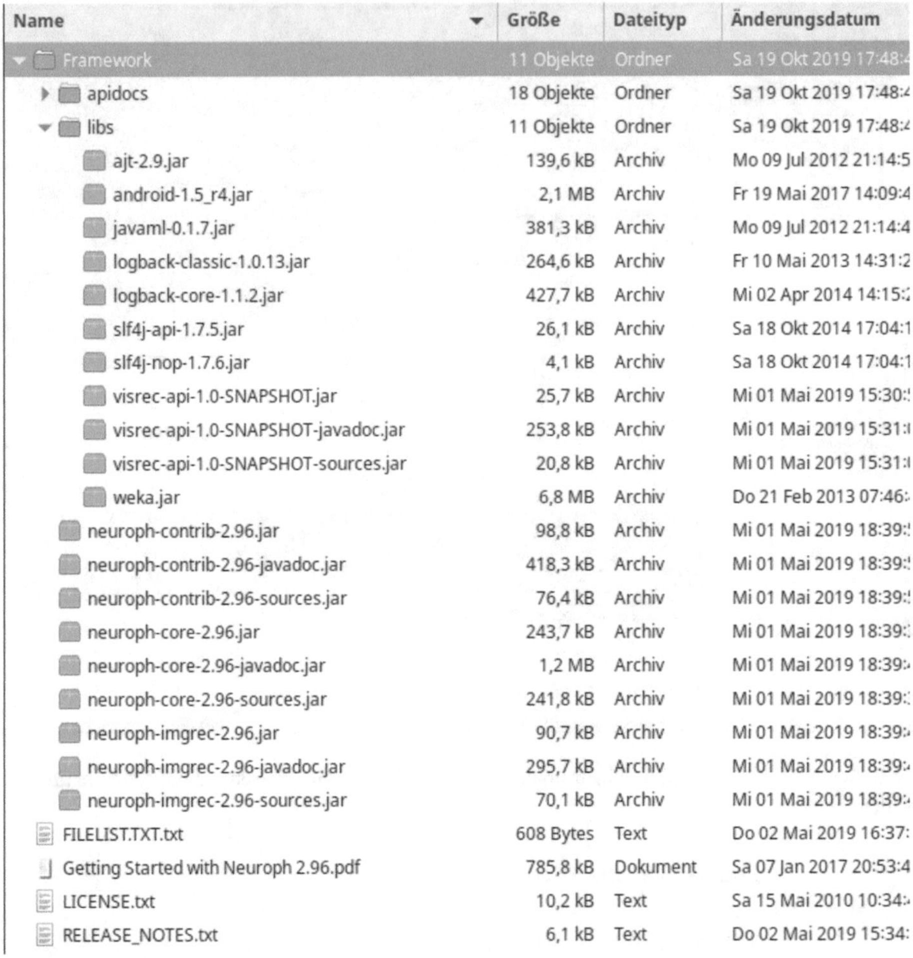

Name		Größe	Dateityp	Änderungsdatum
▼ 📁 Framework		11 Objekte	Ordner	Sa 19 Okt 2019 17:48:4
▶ 📁 apidocs		18 Objekte	Ordner	Sa 19 Okt 2019 17:48:4
▼ 📁 libs		11 Objekte	Ordner	Sa 19 Okt 2019 17:48:4
	📦 ajt-2.9.jar	139,6 kB	Archiv	Mo 09 Jul 2012 21:14:5
	📦 android-1.5_r4.jar	2,1 MB	Archiv	Fr 19 Mai 2017 14:09:4
	📦 javaml-0.1.7.jar	381,3 kB	Archiv	Mo 09 Jul 2012 21:14:4
	📦 logback-classic-1.0.13.jar	264,6 kB	Archiv	Fr 10 Mai 2013 14:31:2
	📦 logback-core-1.1.2.jar	427,7 kB	Archiv	Mi 02 Apr 2014 14:15:2
	📦 slf4j-api-1.7.5.jar	26,1 kB	Archiv	Sa 18 Okt 2014 17:04:1
	📦 slf4j-nop-1.7.6.jar	4,1 kB	Archiv	Sa 18 Okt 2014 17:04:1
	📦 visrec-api-1.0-SNAPSHOT.jar	25,7 kB	Archiv	Mi 01 Mai 2019 15:30:5
	📦 visrec-api-1.0-SNAPSHOT-javadoc.jar	253,8 kB	Archiv	Mi 01 Mai 2019 15:31:1
	📦 visrec-api-1.0-SNAPSHOT-sources.jar	20,8 kB	Archiv	Mi 01 Mai 2019 15:31:1
	📦 weka.jar	6,8 MB	Archiv	Do 21 Feb 2013 07:46:2
📦 neuroph-contrib-2.96.jar		98,8 kB	Archiv	Mi 01 Mai 2019 18:39:5
📦 neuroph-contrib-2.96-javadoc.jar		418,3 kB	Archiv	Mi 01 Mai 2019 18:39:5
📦 neuroph-contrib-2.96-sources.jar		76,4 kB	Archiv	Mi 01 Mai 2019 18:39:5
📦 neuroph-core-2.96.jar		243,7 kB	Archiv	Mi 01 Mai 2019 18:39:2
📦 neuroph-core-2.96-javadoc.jar		1,2 MB	Archiv	Mi 01 Mai 2019 18:39:4
📦 neuroph-core-2.96-sources.jar		241,8 kB	Archiv	Mi 01 Mai 2019 18:39:2
📦 neuroph-imgrec-2.96.jar		90,7 kB	Archiv	Mi 01 Mai 2019 18:39:4
📦 neuroph-imgrec-2.96-javadoc.jar		295,7 kB	Archiv	Mi 01 Mai 2019 18:39:4
📦 neuroph-imgrec-2.96-sources.jar		70,1 kB	Archiv	Mi 01 Mai 2019 18:39:4
📄 FILELIST.TXT.txt		608 Bytes	Text	Do 02 Mai 2019 16:37:
📄 Getting Started with Neuroph 2.96.pdf		785,8 kB	Dokument	Sa 07 Jan 2017 20:53:4
📄 LICENSE.txt		10,2 kB	Text	Sa 15 Mai 2010 10:34:4
📄 RELEASE_NOTES.txt		6,1 kB	Text	Do 02 Mai 2019 15:34:

Abb. 5.6 Inhalt des Neuroph-Pakets

```
        return this.yLow;
    else if (net > this.xHigh)
        return this.yHigh;
    else
        return (double) (slope * net);
}
// TransferFunctionType.RECTIFIED („ReLU")
public double getOutput(double net) {
    return Math.max(0, net);
}
// TransferFunctionType.SGN
```

```
public double getOutput(double net) {
    if (net > 0d)
        return 1d;
    else
        return -1d;
}
// TransferFunctionType.SIGMOID („Sigmoid")
public double getOutput(double netInput) {
    // conditional logic helps to avoid NaN
    if (netInput > 100) {
        return 1.0;
    }else if (netInput < -100) {
        return 0.0;
    }
    double den = 1 + Math.exp(-this.slope * netInput); this.output
    = (1d / den);
    return this.output;
}
// TransferFunctionType.TANH („Tangens Hyperbolicus")
final public double getOutput(double input) {
    // conditional logic helps to avoid NaN
    if (Math.abs(input) * slope > 100) {
        return Math.signum(input) * 1.0d;
    }
    double E_x = Math.exp(2.0d * slope * input);
    output = amplitude * ((E_x - 1.0d) / (E_x + 1.0d));
    return output;
}
// TransferFunctionType.TRAPEZOID
public double getOutput(double net) {
    if ((net >= leftHigh) && (net <= rightHigh)) {
        return 1d;
    } else if ((net > leftLow) && (net < leftHigh)) {
        return (net - leftLow) / (leftHigh - leftLow);
    } else if ((net > rightHigh) && (net < rightLow)) {
        return (rightLow - net) / (rightLow - rightHigh);
    }
    return 0d;
}
// Die beiden noch vorhandenen Typen TransferFunctionType.LOG und
TransferFunctionType.SIN nutzen nur die entsprechenden Java-Funktionen
für den natürlichen Logarithmus und den Sinus.
```

Darüber hinaus wird auf der Seite des Neuroph-Projektes auch ein kostenloses GUI-Tool „NeurophStudio" bereitgestellt, welches Erstellung, Visualisierung und Speicherung neuronaler Netze grafisch unterstützt. Wir werden direkte Java-Codierungen gegenüber der grafischen Modellierung vorziehen, – die Strukturen sind dann übersichtlicher und klarer und das Verhalten des Netzes lässt sich eindeutiger nachvollziehen, zudem können wir unsere Netze besser an die Greenfoot-Agenten koppeln. Um jedoch einen ersten Eindruck zu gewinnen und erste Erfahrungen zu sammeln, ist eine GUI wie „NeurophStudio" durchaus gut geeignet. Unter http://neuroph.sourceforge.net/download. html (19.10.2019) können Sie die aktuelle Version des NeurophStudios herunterladen. Für den Start der GUI wird ein geeignetes JDK benötigt. Es wurde bei den dargestellten Versuchen JDK 8u221 und das NeurophStudio 2.96 verwendet. Das Framework enthält eine pdf-Datei „Getting started with Neuroph …" vgl. Abb. 5.6. Hierbei handelt es sich um eine Anleitung, mit der Sie ein einfaches Perzeptron erzeugen können, welches die logischen Funktionen „und" bzw. „oder" erlernt. Tutorials hierfür können Sie auch auf Videoportalen wie „YouTube" finden.

Einbindung in Greenfoot

Um externe Bibliotheken in Greenfoot verwenden zu können, müssen diese in den Ordner greenfoot/lib/userlib hineinkopiert werden. Für die Einbindung von Neuroph ist es sicherlich am einfachsten, wenn Sie die jar-Files aus dem Ordner Framework/libs vgl. Abb. 5.6 in diesen Ordner hinein kopieren. Es sollten mindestens die neuroph-core-xx.jar und die Dateien slf4j-api-1.7.5.jar, logback-core-1.1.1.2.jar und logback-classic-1.0.13. jar (oder neuere Versionen) enthalten sein. In der Greenfoot-Umgebung können Sie unter dem Menüpunkt Werkzeuge>Einstellungen>Bibliotheken nachprüfen, ob die kopierten jar-Dateien entsprechend aufgelistet sind.

Wenn alles geklappt hat, dann sollten Sie das Szenario NeurophGreenfoot im Ordner „chapter 5 estimators for valuations and action selection/ NeuralNetworks_in_Greenfootot" erfolgreich starten können.

Es sollte dabei ein Fenster wie in der Abb. 5.7 erscheinen, ggf. müssen Sie die Welt manuell im Kontextmenü der Klasse LogikFunktionen im Klassendiagramm erzeugen, indem Sie hier den Konstruktor new LogikFunktionen() auswählen. Beim Erzeugen der Greenfoot-Welt, erscheint, wenn mit der Einbindung von Neuroph alles geklappt hat, eine Ausgabe in der Textkonsole, die zeigt, wie die Ausgaben des Netzes durch das Training verbessert worden sind. In diesem einfachen Beispiel erhalten wir das neue Ergebnis bereits nach einer nach einer kurzen Trainingsphase deren Dauer im Bereich von Sekundenbruchteilen liegt. Es sollte auch in der „GridWorld" ein 4 mal 4 Gitter so wie in Abb. 5.7 erscheinen, das das Verhalten des Netzes noch einmal grafisch veranschaulichen soll. Dem „Muster" links, bestehend aus zwei Pixeln, wird eine Ausgabe entweder weiß (=0) oder schwarz (=1) zugeordnet.

```
Input: [0.0, 0.0] Output: [0.0]
Input: [1.0, 0.0] Output: [0.0]
Input: [0.0, 1.0] Output: [0.0]
Input: [1.0, 1.0] Output: [0.0]
```

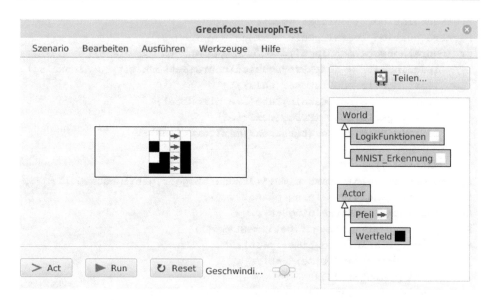

Abb. 5.7 Ausgabe eines mit der logischen Funktion ODER trainierten Perzeptrons in Greenfoot

```
start time:17-Jun-2021_16-54-48-067_CEST
Training phase...
end time: 17-Jun-2021_16-54-48-068_CEST
Input: [0.0, 0.0] Output: [0.0]
Input: [1.0, 0.0] Output: [1.0]
Input: [0.0, 1.0] Output: [1.0]
Input: [1.0, 1.0] Output: [1.0]
```

Der wesentliche Programmcode für dieses Ergebnis findet sich im Konstruktor der World „LogicFunctions". In diesem Abschnitt lässt sich gut nachvollziehen, wie mit Neuroph neuronale Netzwerke erzeugt, trainiert, getestet und abgespeichert werden können.

```
public LogicFunctions(){
 super(4, 4, 16); // 4x4 GridWorld, box size 16 pixel
 // generate training data
 trainingSet.add (new DataSetRow (new double[]{1, 0}, new double[]{1}));
 trainingSet.add (new DataSetRow (new double[]{0, 1}, new double[]{1}));
 trainingSet.add (new DataSetRow (new double[]{0, 0}, new double[]{0}));
 trainingSet.add (new DataSetRow (new double[]{1, 1}, new double[]{1}));
 // create neural network
 NeuralNetwork neuralNetwork = new Perceptron(DIM_input,DIM_output);
 //MultiLayerPerceptron neuralNetwork =
     new MultiLayerPerceptron(TransferFunctionType.SIGMOID, 2, 3, 1);
 // test untrained
```

```
testNeuralNetwork(neuralNetwork);
BackPropagation learningRule = null;
if (neuralNetwork.getClass()==MultiLayerPerceptron.class){
    learningRule = (BackPropagation)neuralNetwork.getLearningRule();
    learningRule.addListener(this);
    learningRule.setLearningRate(learningRate);
    learningRule.setMaxError(maxError);
    learningRule.setMaxIterations(maxIterations);
}
initJfxLogger();
System.out.println("start time:"+JfxChartLogger.getTimeStamp());
System.out.println("Training phase... ");
neuralNetwork.learn(trainingSet);
String et = JfxChartLogger.getTimeStamp();
System.out.println("end time: "+et);
jfxLogger.append("end time;"+et);
if (learningRule!=null){
    System.out.println("Iterations performed :"+
            learningRule.getCurrentIteration()+
            " Remaining error:"+learningRule.getTotalNetworkError());
}
// test
testNeuralNetwork(neuralNetwork);
// save trained net
neuralNetwork.save("kNNs/perceptron.nnet");
}
```

Wenn Sie die Trainingsmenge entsprechend der Funktion UND anpassen, indem Sie in den Zeilen, wo die DataSetRows erzeugt und hinzugefügt werden, die entsprechenden Einträge ändern, dann sollten Sie ohne Probleme die zu erwartende Ausgabe für das logische „UND" erhalten.

```
Input: [0.0, 0.0] Output: [0.0]
Input: [1.0, 0.0] Output: [0.0]
Input: [0.0, 1.0] Output: [0.0]
Input: [1.0, 1.0] Output: [0.0]
start time:17-Jun-2021_17-12-45-812_CEST
Training phase...
end time: 17-Jun-2021_17-12-45-813_CEST
Input: [0.0, 0.0] Output: [0.0]
Input: [1.0, 0.0] Output: [0.0]
Input: [0.0, 1.0] Output: [0.0]
Input: [1.0, 1.0] Output: [1.0]
```

Der dargestellte Lernprozess wurde von einem einfachen (einlagigen) Perzeptron absolviert. Falls Sie nun allerdings versuchen die Funktion XOR mit einem einfachen Perzeptron zu erhalten, werden Sie Schwierigkeiten bekommen. Dies ist jedoch kein Softwarefehler , sondern hängt mit den prinzipiellen Beschränkungen des Perzeptrons zusammen. Einige Zeile des oben dargestellten Codes betreffen Multilayer-Perzeptrons und weisen damit schon auf die Lösung hin. Wir werden dies im Abschnitt zu den Grenzen des Perzeptrons (Abb. 5.11) und den Multilayer-Perzeptrons weiter unten (Abschn. 5.1.3) klären. Zuvor werden wir uns allerdings noch von der bereits erstaunlich großen Leistungsfähigkeit von einfachen Perzeptrons bei der Erkennung komplexerer Muster überzeugen.

Das „Hallo Welt" des überwachten Machine-Learnings: handschriftliche Ziffern erkennen

Ein Basisproblem für das maschinelle Lernen ist das Erkennen von handgeschriebenen Ziffern. Einen berühmten frei zugänglichen Trainings- und Testdatensatz bietet die sogenannte MNIST-Datenbank („Modified National Institute of Standards and Technology database"). Er enthält ca. 60.000 handgeschriebene Ziffern im Format 28×28 Pixel mit 256 Graustufen.

Jedes Beispielmuster können wir als einen Punkt in einem n-dimensionalen Merkmalsraum betrachten. Wobei wir bei „rohen" Bilddaten eher von einem „Perzeptionsraum" sprechen müssen, da wir noch keine Merkmale extrahiert haben und alle Eingabewerte, in diesem Fall die Helligkeitswerte der Pixel, gleich gewichtet sind (Abb. 5.8)

Abb. 5.8 Beispiele aus dem MNIST Datensatz https://commons.wikimedia.org/wiki/File:MnistExamples.png (14.12.2017) von Josef Steppan [CC BY-SA 4.0 (https://creativecommons.org/licenses/by-sa/4.0)]

Jede Ziffer aus dieser Datenbank können wir quasi als einen Punkt in einem 784-dimensionalen Perzeptionsraum betrachten. Musterklassifikatoren müssen nun Trennflächen in diesem Perzeptionsraum so approximieren, dass der empirische Fehler über den Beispielen minimal – nach Möglichkeit 0 – wird. Für den Einsatz in der Praxis wesentlich ist letztlich jedoch nicht der empirische, sondern der sogenannte strukturelle Fehler, der die Wahrscheinlichkeit angibt, dass ein unbekanntes Beispiel richtig klassifiziert wird.

Um ein mit dem MNIST-Datensatz trainiertes Perzeptron zu starten, müssen Sie im NeurophGreenfoot-Szenario die Welt MNIST_Erkennung erzeugen, indem Sie wieder den entsprechenden Konstruktor im Kontextmenü der Klasse auswählen. Im zentralen GridWorld-Bereich erscheint ein leeres 28×28 Gitter. Um den Datensatz und das Perzeptron zu laden, betätigen Sie den Run-Button. Nach dem Ende der Trainingsphase sollten Sie ein Fenster wie in Abb. 5.9 sehen.

In der Textkonsole erscheint der Verlauf des Tests. Hierbei wird dargestellt, wie die Statistik über der Testmenge produziert wird. Die Textausgabe erfolgt jeweils im CSV-Format, um das „copy&paste"-Einfügen in eine Tabellenkalkulation zu ermöglichen.

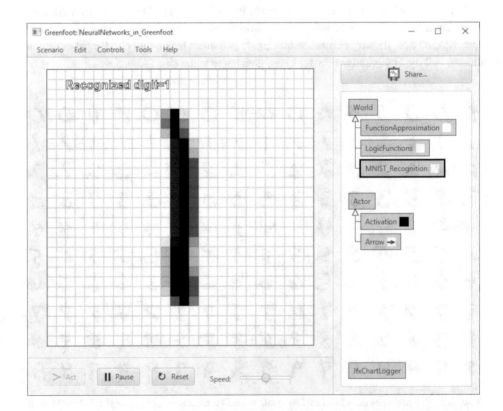

Abb. 5.9 Handgeschriebene Ziffern mit einem Perzeptron in der Greenfoot-Umgebung erkennen

Das Training kann nun mitunter schon recht langwierig sein. Nach dem Ende des Trainings werden die Ergebnisse des Testlaufs mit der Testmenge angezeigt.

```
Starting test...
record    num,num,target-output,net-output,correct,wrong,wrong    %,ran-
dom,random correct,random wrong,random wrong %
0,1,1,1,0,0.0,1,1,0,0.0
1,5,5,2,0,0.0,6,1,1,50.0
2,1,1,3,0,0.0,6,1,2,66.66666666666667
3,7,7,4,0,0.0,2,1,3,75.0
```

Das einfache Perzeptron zeigt mit einer unbekannten Testmenge einen strukturellen Fehler von ca. 20 %, der empirische Fehler über der Trainingsmenge liegt bei ca. 14,7 % Für ein rein zufällig auswählendes System ist bei zehn Klassen ein Fehler von ca. 90 % zu erwarten. Zum Vergleich wird noch eine reine Zufallsauswahl durchgeführt und ab CSV-Spalte 8 „..., Zufall,..." in der Statistik mit dargestellt.

Wir erinnern uns, dass ein solches Perzeptron keine inneren Schichten „Hidden Layers" besitzt. Die 784 Eingabeneuronen sind direkt mit der Ausgabeschicht verbunden. Auf der Website der MNIST Datenbank werden lineare Klassifikatoren erwähnt, die mit entsprechenden Einstellungen eine Fehlerrate von unter 10 % erreichen. Sie können in dem vorbereiteten Szenario auch ein Netzwerk selbst trainieren. Hierzu müssen Sie nur in der Methode „public void started()", die aufgerufen wird, wenn der Greenfoot „Run-Button" betätigt wird, die Zeile mit der Funktion „loadANN" aus- und die Zeile mit dem Aufruf der Funktion „train" einkommentieren. Die Methode sollte danach ungefähr so aussehen, wie im Codebeispiel unten gezeigt.

```
@Override
public void started() {
  System.out.println("greenfoot started "
      +JfxChartLogger.getTimeStamp()+")");
  if (jfxLogger==null) {
      initJfxLogger();
  }
  if (!netIsTrained){
      //loadANN("ANNs/mnist_perceptron.nnet","data/mnist_test200.csv");
      train("data/mnist_training1000.csv","data/mnist_test200.csv");
  }
}
```

Während der Erzeugung der Welt bekommen Sie in der Textkonsole Ausgaben, die den Lernfortschritt darstellen. Es sind Dateien vorbereitet, die etwas „abgespeckte" Trainings- und Testmengen enthalten. Die kleinere Trainingsmenge „mnist_training1000.csv" enthält die ersten 1000 Beispiele aus der MNIST-Menge, die Datei „mnist_test200.csv" die darauffolgenden 200 Datensätze für den Test. Sie finden auch umfangreichere Dateien im Ordner Data, allerdings dauert der Trainingsprozess natürlich entsprechend länger.

Das voreingestellte Netzwerk wurde mit 40.000 Beispielen 2000 Epochen lang trainiert, wobei eine Lernrate von $\eta = 0{,}001$ verwendet wurde. Der Trainingslauf hat allerdings auf einem handelsüblichen PC mehrere Stunden in Anspruch genommen, wobei nun auch die hinsichtlich des Ressourcenverbrauchs ineffiziente Struktur der Neuroph-Bibliothek negativ ins Gewicht fällt. Hinzu kommt, dass sich die Rechnungen eigentlich sehr gut parallelisieren lassen, jedoch weder die Möglichkeiten einer Multicore CPU noch einer GPU für paralleles Rechnen genutzt werden.

Wenn Sie möchten, können Sie das Training nachvollziehen, indem Sie dem Algorithmus die entsprechenden Dateien zur Verfügung stellen. Sie können diese im Unterordner „data" finden, der sich im Ordner des Szenarios befindet und wo auch die Logging-Dateien gesichert werden. Die Lernrate η hat einen relativ großen Einfluss auf die Fehlerquote, was vielleicht darin begründet ist, dass insbesondere am Ende des Trainings sehr feine Nuancen ausschlaggebend für die Entscheidung des Netzwerkes sind. Bei einer zu „groben" Justierung können die nötigen Feineinstellungen nicht ausreichend vorgenommen werden, – wie bei einem alten Radioempfänger mit einem zu groben Frequenzregler: der Lernprozess justiert vor und zurück, aber es kommt nie zu einem klaren Empfang.

Vielleicht können Sie die Effizienz des Netzes durch verbesserte Parameter oder alternative Netzeigenschaften erhöhen. Durch Abgreifen der CSV-formatierten Textausgaben mit copy&paste können Sie in einer beliebigen Tabellenkalkulation auch Ausgaben wie die in Abb. 5.10 erzeugen.

Grenzen des Perzeptrons

Die Leistungen des Perzeptrons bei der Mustererkennung sind durchaus beeindruckend. Die Grenzen werden jedoch schon anhand einfacher Beispiele deutlich. Vieleicht ist dem einen oder anderen Leser bereits bekannt, dass es für ein Perzeptron nicht möglich ist, die einfache XOR Funktion zu erlernen.

Wenn Sie im „NeuralNetworks_in_Greenfoot"-Szenario erneut die Welt „Logic-Functions" erzeugen, dann können Sie dies ausprobieren, indem Sie im Konstruktor die Trainingsmenge entsprechend der XOR-Funktion anpassen. Sie werden feststellen, dass es dem Algorithmus nicht gelingt den Fehler unter das gewünschte Maß zu bringen. Woran liegt das? Das Problem wird deutlich, wenn man den zweidimensionalen Definitionsbereich der Funktionen in einem Koordinatensystem darstellt Abb. 5.11.

Perzeptrons diskriminieren anhand von Hyperebenen, die eine Dimension weniger haben als der Eingaberaum. Für den zweidimensionalen Fall sind diese durch eine Gerade darstellbar. Die Trainingsbeispiele für die Funktion XOR sind allerdings nicht mittels einer linearen Funktion separierbar. Um dieses Problem mit einem künstlichen neuronalen Netz zu lösen, ist es notwendig zusätzliche „Hidden Layers" zwischen die Ein- und Ausgabeschichten einzufügen. Dies erfordert allerdings auch eine Erweiterung der Lernregeln.

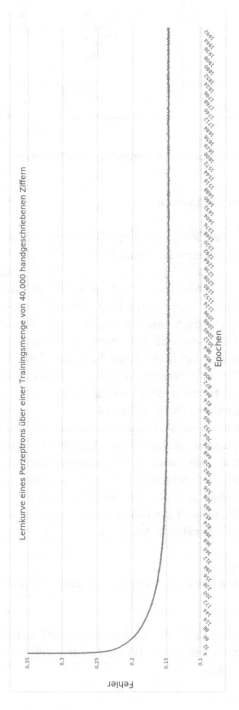

Abb. 5.10 Lernkurve des Perzeptrons mit der MNIST Trainingsmenge

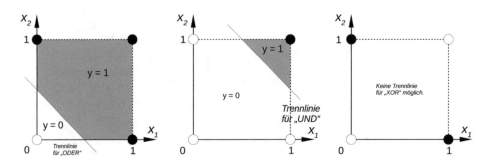

Abb. 5.11   Lineare Separierbarkeit der elementaren logischen Funktionen

5.1.3   Backpropagation-Lernen

Mit den vorgestellten künstlichen „neuronalen" Elementen und der offenen Bibliothek lassen sich vielfältige auch alternative Netztopologien erzeugen. In dem Bereich können auch von „Laien" spannende Experimente durchgeführt und kann auch noch echte Grundlagenforschung betrieben werden. Allerdings weisen frei verbundene Netzwerke schnell eine erstaunliche und mitunter schwer beherrschbare Komplexität auf.

Ein vorwärts gerichteter Schichtenaufbau erleichtert die Simulation der parallelen Verarbeitung und erhält eine mathematische Beherrschbarkeit, darüber hinaus existieren gut untersuchte Verfahren zur überwachten Adaption. Daher werden in der Praxis meist mehrlagige „feedforward" Perzeptrons (MLPs) verwendet. In diesem Gebiet hat man sich mittlerweile von den biologischen Vorbildern stark gelöst und untersucht diese Netze mit den Mitteln der mathematischen Statistik.

Für Multilayer-Perzeptrons existiert eine Erweiterung der Delta-Regel, – das bereits erwähnte Backpropagationverfahren Abb. 5.12. Der „Backpropagation"-Algorithmus wird bei Netzen mit verdeckten Zwischenschichten angewendet, also für Netze mit Neuronen ohne direkte Verbindungen zur Eingabe- oder Ausgabeschicht. Das Backpropagation Verfahren gehört wie die Delta-Regel zum überwachten Lernens, demzufolge die Adaption entsprechend der Differenz aus Vorgabe und realisierter Ausgabe stattfindet. Das Lernen erfolgt praktisch dreistufig:

Forward-Pass
Die Inputneuronen erhalten Reize mit denen eine vorläufige Ausgabe berechnet wird.

Fehlerbestimmung
An jeder Ausgabeeinheit wird die Differenz aus gewünschter und tatsächlicher Ausgabe berechnet. Falls eine Überschreitung der Fehlertoleranz stattfindet, wird der Backward-Pass im dritten Schritt ausgeführt.

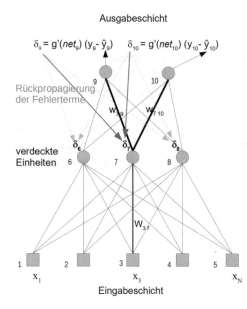

1. Vorwärtspass: Das Netz erzeugt „vorläufige" Ausgaben (y_9 und y_{10}).

$$y_9 = g(net_9) \quad net_9 = y_6 w_{69} + y_7 w_{79} + y_8 w_{89}$$

2. Fehlerbestimmung: Es werden Fehlerterme aus den Differenzen zwischen Soll- und Ist-Ausgabe gebildet.

$$\delta_9 = g'(net_9)(y_9 - \hat{y}_9)$$
$$\delta_{10} = g'(net_{10})(y_{10} - \hat{y}_{10})$$

3. Rückwärtspass: Rückpropagierung der Fehlerterme und Anpassung der Verbindungsgewichte.
Zwei Beispielrechnungen an der Einheit 7 (Gewichte w_{79} und w_{37}) :

$$\Delta w_{79} = \eta \, y_7 \, \delta_9$$
$$w_{79}^{(neu)} \leftarrow w_{79}^{(alt)} + \Delta w_{79}$$

$$\delta_7 = g'(net_7)(\delta_9 w_{79} + \delta_{10} w_{710})$$
$$\Delta w_{37} = \eta \, x_3 \, \delta_7$$
$$w_{37}^{(neu)} \leftarrow w_{37}^{(alt)} + \Delta w_{37}$$

Abb. 5.12 Backpropagation Lernen im Multilayer Perzeptron (MLP)

Backward-Pass

Die Fehlerterme werden rückwärts bis zur Inputschicht ausgebreitet. Bei jedem Schritt verringern sich diese. Anschließend erfolgt mit diesen Fehlertermen das Update der Gewichte in den Hidden-Layers.

Der zurückpropagierte Fehler δ_j an einer verdeckten Einheit j ist die gewichtete Summe der Fehler δ_l von allen Einheiten l, die einen Input von Einheit j erhalten, multipliziert mit der Ableitung der Aktivierungsfunktion g die an der vorliegenden Netzeingabe net_j berechnet wird.

$$\delta_j = \begin{cases} g'(net_j)(y_j - \hat{y}_j) & , wenn\, j\, eine\, Ausgabeeinheit\, ist \\ g'(net_j)\left(\sum_k \delta_k w_{jk}\right) & , wenn\, j\, ein\, verdecktes\, Neuron\, mit\, Verbindungen\, zu\, den\, Einheiten\, k\, ist \end{cases}$$

Beim Parameter y_i handelt es sich um die Ausgabe des entsprechenden Vorgängerneurons. Die Anpassung der Gewichte erfolgt schließlich mit: $\Delta w_{ij} = \eta y_i \delta_j$

Sie können den Backpropagation-Algorithmus in Aktion erleben, wenn Sie im Konstruktor der Klasse LogikFunktionen die Zeile.

```
NeuralNetwork neuralNetwork = new Perceptron(2, 1);
```

ersetzen durch.

```
MultiLayerPerceptron neuralNetwork = new
        MultiLayerPerceptron(TransferFunctionType.SIGMOID, 2, 3, 1);
```

Sie erreichen dies dadurch, dass Sie die entsprechenden vorbereiteten Zeilen ein- bzw. auskommentieren. Hierdurch wird ein MLP mit Sigmoid-Transferfunktionen erzeugt, was zwei Neuronen im Eingabelayer, drei „Hidden-Units" und eine einzelne Ausgabeeinheit besitzt.

Bei einer Lernrate von $\eta = 0{,}05$ und einem maximalen Fehler von 0,001 erreicht das Netz nach 36.412 Iterationen die gewünschte Genauigkeit. Man erkennt an den Testausgaben vor und nach der Trainingsphase deutlich die Output-Veränderungen des Netzwerkes.

```
Input: [0.0, 0.0] Output: [0.35445948948784073]
Input: [1.0, 0.0] Output: [0.3409904933860178]
Input: [0.0, 1.0] Output: [0.3438499793399638]
Input: [1.0, 1.0] Output: [0.3316392455492841]
start time:17-Jun-2021_18-49-30-474_CEST
Training phase...
iteration 5000: 0.12568209975580955
iteration 10000: 0.12563959681019288
iteration 15000: 0.12531262329534443
iteration 20000: 0.08914230502123272
iteration 25000: 0.0060983880224569345
iteration 30000: 0.002156014247987953
iteration 35000: 0.0012491561662580403
end time: 17-Jun-2021_18-49-30-644_CEST
Iterations performed :37834 Remaining error:9.9994637943421E-4
Input: [0.0, 0.0] Output: [0.04635849253970898]
Input: [1.0, 0.0] Output: [0.9568814261136893]
Input: [0.0, 1.0] Output: [0.9568927922736467]
Input: [1.0, 1.0] Output: [0.04615368654491579]
```

„Deep-Learning"

Die Wiedererkennung von Mustern kann mit „einfachen" MLPs allerdings oft nicht zufriedenstellend gelöst werden. Weiter oben wurde schon erwähnt, das einfache Transformationen, wie Verschiebung oder Skalierung u. U. eine Wiedererkennung komplett verhindern können. Vor dem Einsatz eines Netzwerkes sollte man sich überlegen, gegenüber welchen Arten von Veränderungen der Klassifikator „unempfindlich" sein sollte. Sogenannte „Deep-Networks" besitzen, mindestens zwei Hidden Layers und können u. a. lokale Merkmale in Mustern herausarbeiten und hierarchisch kombinieren. Diese „tiefen" neuronalen Netzwerke gehören zu den technisch aufwendigsten Modellen künstlicher neuronaler Netze, wie z. B. das bereits 1980 veröffentlich „Neocognitron" (Kunihiko Fukushima 1980). Mithilfe einer großen Zahl hierarchisch kombinierter Netzwerke wird hier

versucht die Unempfindlichkeit gegenüber Transformationen wie Verschiebung und Skalierung herzustellen. Dadurch können diese Netze hierarchisch, strukturierte räumliche
Formationen – d. h. Muster, wo einfache räumliche Elemente komplexere Strukturen bilden, die wiederum Elemente von noch komplexeren Mustern sind – auch invariant gegenüber Verschiebungen und somit auch invariant gegenüber vielfältigen Deformationen –
wiedererkennen. Modernere Versionen, die sog. „Convolutional Neural Networks", lösen
das Problem mithilfe sog. Faltungsschichten, was den Ressourcenverbrauch enorm reduziert. Weil gleichzeitig die verfügbare Hardware (z. B. Grafikkarten, Arbeitsspeicher,
Multicore CPUs) enorm weiterentwickelt wurde, insbesondere für die hierbei nötigen
Berechnungen, könnten die teilweise spektakulären Resultate erreicht werden. Mit diesen Fähigkeiten können solche Netze für viele Aufgaben eingesetzt werden, bei denen
die Verarbeitung komplexer Muster eine Rolle spielt, z. B. bei der Erkennung von Handschriften, die Auswertung von Audiosignalen oder bei der Identifikation von Objekten auf
Fotos oder Kamerabildern, um nur einige geläufige Anwendungen zu nennen.

Mithilfe einer großen Anzahl von hierarchisch kombinierten Netzen wird hier versucht, Unempfindlichkeit gegenüber Transformationen wie Verschiebung und Skalierung zu erzeugen. Dadurch können diese Netze hierarchisch strukturierte räumlich
ausgedehnte Muster – also Muster, in denen einfache räumliche Elemente komplexere
Strukturen bilden, die wiederum Elemente noch komplexerer Muster sind – invariant
gegenüber Verschiebungen und damit auch invariant gegenüber mehrfachen Ver-
formungen erkennen. Modernere Versionen, die sogenannten „Convolutional Neural Networks", lösen das Problem mithilfe von sogenannten Faltungsschichten, was
den Ressourcenverbrauch enorm reduziert. Da gleichzeitig die verfügbare Hardware
(z. B. Grafikkarten, Hauptspeicher, Multi-Core-CPUs) für die dafür notwendigen Berechnungen enorm weiterentwickelt wurde, konnten die teilweise spektakulären Ergebnisse erzielt werden.

Mit den genannten Fähigkeiten können solche Netzwerke für viele Aufgaben eingesetzt werden, bei denen die Verarbeitung komplexer Eingaben eine Rolle spielt, z. B.
bei der Erkennung von Handschriften, der Auswertung von Audiosignalen oder bei der
Identifikation von Objekten in Fotos oder Kamerabildern, um nur einige gängige Anwendungen zu nennen.

Unser Ziel im Folgenden ist es MLPs in unseren Reinforcement Learning Algorithmen als Schätzer für Zustandsbewertungen oder zur Aktionsauswahl einzusetzen. Vorher betrachten wir deren Fähigkeit beliebige Funktionen zu approximieren noch einmal
etwas genauer.

5.1.4 Regression mit Multilayer Perzeptrons

MLPs mit Sigmoid-Transferfunktionen mit zwei Hidden Layers können bereits alle stetige Funktionen approximieren (vgl. Frochte 2019). Diese Fähigkeit kann auch für eine
nichtlineare Regressionsanalyse genutzt werden. Bei der Regressionsanalyse geht es

darum, eine Kurve möglichst optimal durch eine gegebene Punktwolke zu legen. Ziel ist hierbei die Minimierung des quadratischen Fehlers über der Datenmenge. Oft wird hierzu ein bestimmter Funktionstyp als mathematisches Modell herangezogen, z. B. eine lineare, eine Potenz- oder eine Exponentialfunktion. In der Regressionsanalyse werden die Parameter des Modells so eingestellt, dass die Fehlerquadrate minimal werden. Bei der Regression mit Multilayer-Perzeptrons ist ein solches Grundmodell nicht nötig. Dies lässt sich in Anwendungsfällen mit komplexen Daten einsetzen, wo es nicht einfach möglich ist, ein geeignetes Modell zu finden, wie z. B. bei Finanzmarktinformationen.

In der Regel sind solche Daten hochdimensional, aber das Verfahren lässt sich auch mit einer einfachen Zuordnung, so wie sie auch in der Schule thematisiert werden, durchführen. Im Szenario „NeuronaleNetze in Greenfoot" ist ein MLP hinterlegt, dass mit dem Verlauf eines Aktienindex (z. B. im Beispiel der Jahresverlauf des DAX) trainiert werden kann. Ziel des Training ist, den entsprechenden Vorhersagefehler des Netzwerkes zu minimieren. Im Unterordner „data" befindet sich eine CSV Datei, die die täglichen Schlusskurse des DAX vom 01.11.2018 bis zum 31.10.2019 enthält. Da dieser Kursverlauf eindimensional ist, besitzt das voreingestellte Multilayer-Perzeptron nur ein Eingabe- und ein Ausgabeneuron. Das Hidden-Layer besteht jedoch aus 20 Neuronen mit Sigmoid-Transferfunktion.

Erzeugen Sie hierfür die Welt „FunctionApproximation". Das Greenfoot-Grid wird diesmal eigentlich nicht genutzt. Die wichtigen Ausgaben erfolgen in der Konsole und nach Abschluss des Trainings im Fenster das „jfxLogger". Das Training beginnt beim Betätigen des Run-Buttons.

Sie können gern andere Konfigurationen z. B. auch mit mehreren Hidden-Layers ausprobieren. Die voreingestellte Lernrate beträgt $\eta = 0{,}01$. Das Beispiel erhebt nicht den Anspruch optimal zu sein. Es ist durchaus allgemein mit etwas Glück und Fingerspitzengefühl verbunden, eine für die gegebene Aufgabe effiziente Netzkonfiguration zu finden. Dies wird auch in den im Folgenden dargestellten Beispielen deutlich.

Die Lernrate η hat z. B. einen großen Einfluss auf den Verlauf des Trainings. Bei den diversen Lernraten η hat sich in der Regel ein Trainingsverlauf wie der durch die in Abb. 5.13 dargestellte rote Kurve (Lernraten $\eta = 0{,}001$) ergeben. Dabei wurde i. d. R. mit einer Obergrenze von 100.000 Episoden getestet, um verschiedene Werte in einer praktikablen Rechenzeit probieren zu können. Der „rote Verlauf" in die Senke bei einem Fehler von ca. 0,0037 galt auch für einige Testdurchläufe mit der später als recht günstig festgestellten Rate $\eta = 0{,}01$. Durch die Randomisierung der Verbindungsgewichte ergeben sich unterschiedliche Trainingsverläufe. In einem Durchlauf fand das Netz nach ca. 50.000 Episoden plötzlich aus der lokalen Senke heraus und stieg bis auf einen Fehler von ca. 0,0016 ab (gelbe Kurve). Das dargestellte Training lief nur 100.000 Episoden, daher ist die Kurve nach 100.000 Episoden waagerecht.

Mit einer feineren Lernrate $\eta = 0{,}001$ findet das Netz auch 1.000.000 Episoden nicht aus der 0,0037-Senke heraus (rote Kurve). Bei einem weiteren Durchgang mit $\eta = 0{,}01$ und einer Obergrenze von 1.000.000 Episoden stieg das Netz bis auf einen Fehler von ca. 0,0012 (grüne Kurve) ab. Dabei geschah das Verlassen der Senke ziemlich plötz-

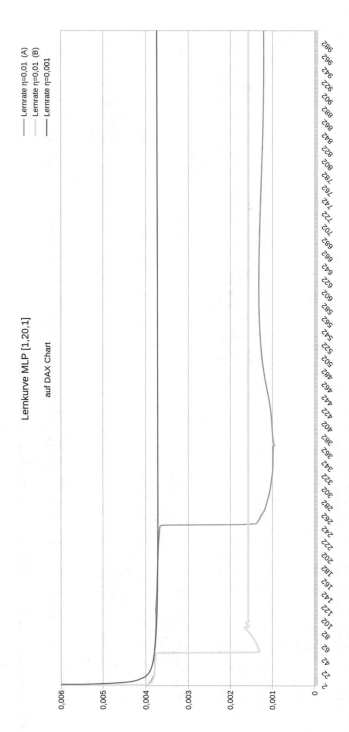

Abb. 5.13 Lernkurven bei der Regression des DAX-Jahresverlaufs

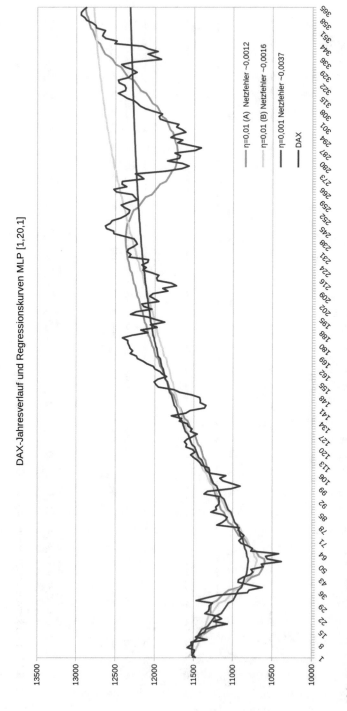

Abb. 5.14 Unterschiedliche MLP Regressionskurven im DAX Jahresverlauf

lich erst nach ca. 245.000 Episoden. In der Abb. 5.14 kann man erkennen, dass die „besseren" Kurven (gelb und grün) sich deutlich unterscheiden, obwohl die gleiche Lernrate verwendet wurde. Zu berücksichtigen ist zudem auch noch der Aspekt der Generalisierungsfähigkeit, bzw. „Overfittings". Mitunter ist eine genaue Abbildung des Originals gar nicht erwünscht, da die Regression auch dazu dient, von zufälligen Schwankungen zu abstrahieren. Eine zu exakte Abbildung spiegelt zufällige Schwankungen wider, die für den Anwendungsfall keine Bedeutung haben, auch die Extrapolationsfähigkeiten des Netzes lassen dann unter Umständen nach.

MLPs lassen sich natürlich auch zur Abschätzung von höherdimensionalen Funktionen einsetzen. Hierzu muss nur die Zahl der Eingabeneuronen im Inputlayer erhöht werden.

Weiterführende java-Technik

Im Prinzip benötigen diese Trainings aus dem Bereich des überwachten Lernens, die Greenfoot-Umgebung eigentlich nicht. Sehr viel schneller geht das Training mit der Nutzung eines professionellen Frameworks, für Java ist hier bspw. „Deeplearning4J" (https://deeplearning4j.konduit.ai/ 27.7.2023) oder die von Amazon Open-Source gestellte „Deep Java Library" DJL (https://djl.ai/;30.6.2021) verfügbar. DJL realisiert auch das Java-Prinzip „write once and run anywhere", das bedeutet, mit DJL können Sie nicht nur wählen, auf welcher der gängigen Engines, wie TensorFlow, PyTorch, mxnet, onnx und mehr, der java-Code ausgeführt werden soll, es ist auch möglich unterschiedliche Engines gleichzeitig in einer Java-Anwendung zu verwenden. Eine praktische Möglichkeit auch für professionelle Entwickler die Performance in den jeweiligen Anwendungsfällen zu vergleichen.

Die Fähigkeiten und die technische Komplexität der Approximatoren können deutlich gesteigert werden. Wir wenden uns nun allerdings wieder dem Reinforcement Learning zu, wo wir die Fähigkeit der MLPs beliebige Funktionen zu approximieren, nutzen werden, um unsere Agentenfunktionen, die wir bislang tabellarisch implementiert haben, wie z. B. die Zustandsbewertungsfunktion oder die Policy des Agentenprogramms, parametrisch zu schätzen.

Auch mit unseren „einfachen" Werkzeugen können wir schon einige interessante Ergebnisse erhalten und uns veranschaulichen, wie in Reinforcement-Learning-Algorithmen solche Approximatoren verwendet werden. Im Folgenden werden wir die Zustandsbewertungsfunktion, d. h. die Funktion, die den sensorischen Eingaben eine Bewertung zuweist, im Rahmen eines erweiterten Q- oder Sarsa-Lernens mithilfe von mehrschichtigen Perzeptrons approximieren.

5.2 Generalisierende Zustandsbewertung

Bislang haben wir die Bewertungen der Zustand-Aktionspaare in einer Tabelle gespeichert, was die simpelste Methode ist, eine Zuordnung abzuspeichern. Für sehr große Zustands- und Aktionsräume ist eine solche Tabelle nicht praktikabel, da wir wegen der begrenzten Verfügbarkeit von Zeit und Speicherplatz nicht mehr für jeden möglichen Zustand Werte hinterlegen können. Auch mit Blick auf „wirkliche Umgebungen" oder die biologischen Originale sind solche Tabellen nicht plausibel, man stelle sich beispielsweise die Situation mit optischen oder sonstigen Sensoren vor, die für jeden Zustand zehntausende von kontinuierlichen Werten liefern.

In solchen Zustandsräumen können wir uns zunächst behelfen, in dem wir die Schätzung der Q-Werte als Regressionsproblem auffassen und die Bewertungsfunktionen $\widehat{Q}(s, a, \theta) \approx Q^{\pi}(s, a)$, bzw. $\widehat{V}(s, \theta) \approx V^{\pi}(s)$ mit überwachten Lernmethoden, wie z. B. künstlichen neuronalen Netzen, approximieren, wobei der Parametervektor θ z. B. für die Verbindungsgewichtungen eines kNN stehen kann. Es sind aber auch andere Arten von numerischen Funktionsapproximationen einsetzbar.

Der Fehler über den Zuständen ergibt sich im Prinzip aus dem quadratischen Fehler über dem Zustandsraum.

$$E(\theta) = \sum\nolimits_{s \in S} \left[V^{\pi}(s) - \widehat{V}(s, \theta) \right]^2$$

Der Zustandsraum enthält allerdings viele Zustände, die für uns wenig interessant sind. Da es wenig Sinn macht den Schätzer auf „unwichtige" Zustände zu trainieren und dafür ggf. sogar die Bewertung von „interessanten" Zuständen zu vernachlässigen, wird in (Sutton und Barto 2018) die formale Vorhersagequalität mit einer Art „Interessensverteilung" $\mu(s)$ errechnet, die wichtet, auf welche Zustände hinsichtlich der Vorhersagegenauigkeit überhaupt Wert gelegt wird.

$$\overline{VE}(\theta) = \sum\nolimits_{s \in S} \mu(s) \left[V^{\pi}(s) - \widehat{V}(s, \theta) \right]^2$$

Oft wird dabei $\mu(s)$ mit der relativen Verweildauer in einem Zustand, bzw. mit der relativen Anzahl der Besuche identifiziert. Leider können wir nicht davon ausgehen, dass die Anpassungen des Schätzers die nichtlineare Struktur der Wertfunktion reproduzieren. Dies bedeutet, dass wir mit dem Problem konfrontiert sind, dass wir uns durch die Verbesserung der Abschätzung eines Zustandes eine Verschlechterung an einer anderen Stelle einhandeln können. Dies ist eines der zentralen technischen Probleme beim sogenannten „Deep Reinforcement Learning", also dem Reinforcement Learning mit tiefen neuronalen Netzwerken.

Lernen der Schätzfunktion aus dem TD-Fehler

Normalerweise ist die Anzahl der Gewichte (die Dimensionalität von θ) sehr viel kleiner als die Anzahl der Weltzustände und wir hoffen, dass wir mithilfe des Regressors die Bewertung von (s,a)-Paaren auch dann einigermaßen zweckmäßig vornehmen können, wenn sie bislang nicht vorgekommen sind.

Bei den Lernverfahren der temporalen Differenz wie z. B. Sarsa(0) versuchen wir die Differenz aus $Q(s_t, a_t)$ und $r_{t+1} + \gamma Q(s_{t+1}, a_{t+1})$ zu reduzieren. Mit dieser Aufgabe können wir auch einen überwacht arbeitenden Lerner trainieren, wobei der Eingabe

$x_n = (s_t, a_t)$ die geforderte Ausgabe $y_n = r_{t+1} + \gamma Q(s_{t+1}, a_{t+1})$ zugeordnet wird. Der quadratische TD-Fehler zum Zeitpunkt t kann mit

$$E^V{}_t(\boldsymbol{\theta}) = \left[r_{t+1} + \gamma \widehat{V}(s_{t+1}, \boldsymbol{\theta}) - \widehat{V}(s_t, \boldsymbol{\theta}) \right]^2 \tag{5.5}$$

bzw.

$$E^Q{}_t(\boldsymbol{\theta}) = \left[r_{t+1} + \gamma \widehat{Q}(s_{t+1}, a_{t+1}, \boldsymbol{\theta}) - \widehat{Q}(s_t, a_t, \boldsymbol{\theta}) \right]^2 \tag{5.6}$$

beschrieben werden. Im Prinzip könnten wir nun alle möglichen Regressionsmethoden verwenden, um die Bewertungsfunktion zu lernen. Es gibt allerdings auch einige Herausforderungen bei der Konstruktion des überwachten Lerners für die Bewertungsfunktionen $\widehat{Q}(s, a, \boldsymbol{\theta})$, bzw. $\widehat{V}(s, \boldsymbol{\theta})$

„Ähnliche" Zustands-Aktionspaare sollten auch ähnliche Bewertungen haben, was Schätzer erfordert, die im Lernprozess die entsprechenden charakteristischen Merkmale herausarbeiten. Zudem ist es so, dass die Veränderung eines Parameters den Schätzwert sehr vieler Zustände beeinflusst.

Im tabellarischen Fall konnten wir davon ausgehen, dass die erlernte Bewertungsfunktion den exakten Werten entspricht. Vereinfachend kam hinzu, dass die Werte für jeden Zustand unabhängig von den anderen gelernt worden sind. Eine Aktualisierung bei einem Zustand hatte keinen anderen Zustand beeinflusst. Verwenden wir jedoch einen Schätzer, so wirkt sich eine Aktualisierung bei einem Zustand zugleich auf viele andere Zustände aus. Dies erfordert zum Teil eine Menge „Fingerspitzengefühl" bei der Auswahl und der Einstellung des Lerners. Vom einfachen Q-Learning zum „Deep Q-Learning" überzugehen gestaltet sich daher mitunter problematischer als erwartet. Allgemein empfehlen sich Lerner mit kleinen Lernraten oder welche, die in der Lage sind, lokale Modelle zu bilden, z. B. „kernel-basierte" Approximatoren, wie z. B. RBF-Schätzer (Alpaydin 2019) Abschn. 18.6. Zur Stabilisierung des Lernprozesses empfehlen sich auch andere technische Maßnahmen, wie z. B. „Experience-replay" und „Batch-Learning". Hierbei werden Trainingsdaten zunächst in Bündeln gespeichert und schließlich Paketweise gelernt, wobei die Trainingsdaten auch zufällig gemischt werden.

Seit dem Durchbruch des Deep-Learnings werden die entsprechenden Multilayerperzeptrons bzw. Convolutional Neural Nets mit ihrer Fähigkeit zu nichtlinearen Funktionsapproximationen zunehmend für große Zustands- und Aktionsräume bevorzugt. Insbesondere bei der Verarbeitung von visuellen Daten bis hinab zur Eingabe von „rohen" Pixeldaten zeigen sie ihre Stärke. Allerdings müssen diese Netze nicht immer die beste Wahl sein. Ihre Verallgemeinerungsfähigkeit macht das Lernen mit solchen Schätzern zwar potenziell mächtiger, es ist aber auch tendenziell schwieriger zu handhaben und zu verstehen. Die Frage, wie wir die maschinellen Lernsysteme, insbesondere beim „Deep-Learning", dahingehend erweitern, dass sie uns transparent machen, worauf ihre Entscheidungen beruhen, – Stichwort „Explainable AI") (Been und Pavlus 2019) -, wird zunehmend wichtiger.

Nutzen wir nun eine Gradientenabstiegsmethode wie bei ANNs, dann aktualisieren wir den Parametervektor mit

$$\Delta\boldsymbol{\theta} = \eta\left[r_{t+1} + \gamma\widehat{V}(s_{t+1},\boldsymbol{\theta}) - \widehat{V}(s_t,\boldsymbol{\theta})\right]\nabla_{\theta_t}\widehat{V}(s_t,\boldsymbol{\theta}) \tag{5.7}$$

bzw. mit

$$\Delta\boldsymbol{\theta} = \eta\left[r_{t+1} + \gamma\widehat{Q}(s_{t+1},a_{t+1},\boldsymbol{\theta}) - \widehat{Q}(s_t,a_t,\boldsymbol{\theta})\right]\nabla_{\theta_t}\widehat{Q}(s_t,a_t,\boldsymbol{\theta}) \tag{5.8}$$

für einzelne Aktionen. Die Gleichungen können von Gl. 5.5 bzw. Gl. 5.6 abgeleitet werden.

Ein Algorithmus, der diese Updates verwendet ist der „Semi-gradient Sarsa" (Sutton und Barto 2018) Abb. 5.15.

Semi-gradient Sarsa-Learning Algorithmus nach R. Sutton und A. Barto

```
1   initialize θ ∈ ℝ^d arbitrarily (e.g. θ=0)
2   Loop for each episode
3     initialize s,a  with initial state and action
4     Repeat
5       take action a, observe r and s`
6       if s' is terminal:
7           θ ← θ + η[r − Q̂(s,a,θ)]∇Q̂(s,a,θ)
        Start next episode
8       Choose a' in respect to Q̂(s',·,θ) and the action selection
        strategy of the policy (e.g., ε-greedy or SoftMax).
9       θ ← θ + η[r + γQ̂(s',a',θ) − Q̂(s,a,θ)]∇Q̂(s,a,θ)
10      s ← s',a ← a'
```

Abb. 5.15 Lernen einer Q-Value Abschätzung mit dem Semi-Gradient Sarsa

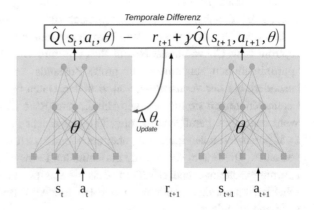

```
11 While s is not terminal.
```

Ein Problem in diesem Verfahren ist z. B., dass zwar die Auswirkungen auf die Abschätzung berücksichtigt werden, die durch das Ändern der Gewichte entstehen, eventuelle Auswirkungen auf die vom Agenten verfolgten Ziele jedoch ignoriert werden. Daher
findet bei dem dargestellten Verfahren nicht unbedingt ein echter Gradientenabstieg statt,
weshalb es auch als „semi-gradient" bezeichnet wird.

Obwohl diese „Bootstrapping"-Methoden („Bootstrapping"- sinngemäß: „sich an
den eigenen Haaren aus dem Sumpf ziehen") nicht so robust konvergieren wie echte
Gradientenmethoden, konvergieren sie doch zuverlässig in wichtigen Fällen. Zudem
ermöglichen sie normalerweise ein wesentlich schnelleres Lernen und erlauben ein
kontinuierliches, „online" stattfindendes Lernen, ohne dass auf das Ende einer Episode
gewartet werden muss, vgl. (Sutton und Barto 2018).

Wichtig ist auch die Eigenschaften des Schätzers $\widehat{Q}(s, a, \boldsymbol{\theta})$ zu berücksichtigen. Eine
solche Einschritt-Aktualisierung stellt, wie bereits erwähnt, besondere Anforderungen an
die Schätzfunktion und die Gestaltung des Lernens, da u. U. viele „Erfahrungen" eintreffen, die wenig relevant sind bzw. wenig oder gar kontraproduktive Informationen
enthalten. Dies kann eine gegebene Abschätzung auch verschlechtern, da solche „Beobachtungen" dann u. U. unzulässig verallgemeinert werden.

„Semigradient Sarsa" Update in Java

```
protected void update( State s, int a, double reward, State s_new, int
a_new, boolean episodeEnd ){
 double observation = 0.0;
 if (episodeEnd) {
     observation = reward;
 }else{// Gets approx. Q from MLPs
     observation = reward + (GAMMA * getQ(s_new, a_new));
 }
 setQ_toMLP(s, a, observation);
}


protected double getQ(State s, int a){
 double[] input = s.holeMerkmalsVektor();
 neuralNetwork[a].setInput(input);
 neuralNetwork[a].calculate();
 double[] output = neuralNetwork[a].getOutput();
 return State.originalWert01(output[0], minimumQ, maximumQ);
}


protected void setQ_toMLP(State s, int a, double observation){
 double[] input = s.getFeatureVector();
 double[] target_output = new double[DIM_output];
```

```
target_output[0]= State.range01(observation,minimumQ,maximumQ);
DataSet trainingSet = new DataSet(DIM_input, DIM_output);
trainingSet.add(new DataSetRow(input, target_output));
neuralNetwork[a].learn(trainingSet);
}
```

Das neuronale „Gedächtnis" des Agenten wurde im Beispiel nicht nur mit einem einzigen Multilayerperzeptron implementiert, sondern es wurde für jede mögliche Aktion ein unabhängiges MLP vorgesehen. Die MLPs liefern jeweils den Wert einer Aktion in einem gegebenen Zustand. Dieses Verfahren funktioniert in Tests ganz gut. Intuitiv lässt sich der Befund auch damit erklären, dass Musterbestandteile, die die Alternativen in eine Abhängigkeit zueinander bringen kaum produktiv sind. Eine solche Aktionsauswahl ist eine Entscheidung mit Entweder-Oder. Für Lebewesen ist es nicht möglich, gleichzeitig zu fliehen oder zu kämpfen oder in eine Frucht zu beißen und diese gleichzeitig zu verwerfen. Vielleicht wäre auch ein kompetitives Arrangement sinnvoll, z. B. mit einem jeweils paarweisen Abgleich der möglichen Alternativen. Gerne mag der Leser mit speziellen Konstruktionen experimentieren.

Es lassen sich in diesem Szenario sogar einige Erfolge erzielen, wenn man die sensorischen Werte, Flughöhe, Geschwindigkeit und Tankinhalt, direkt in das Netz einspeist, wesentlich stabiler wird der Prozess allerdings, wenn wir eine Vorverarbeitung durchführen und einen Merkmalsvektor ähnlich wie in   Abschn. 4.2.2.3 konstruieren. Dies kann man auf verschiedene Weise durchführen. In der einfachsten Variante unterteilt man den kontinuierlichen Raum in gleichmäßige Intervalle und setzt jeweils eine 1, wenn der Wert innerhalb der entsprechenden Grenzen liegt und sonst 0. Mitunter erreicht man dadurch jedoch nicht die nötige Auflösung, um einen stabilen und zum Optimum führenden Lernprozess zu erzeugen.

Eine andere Möglichkeit ist Radiale Basis Funktionen (RBFs) zu verwenden. Das Maximum dieser Funktionen befindet sich bei den „prototypischen" Zentroiden des Merkmals und fällt dann entsprechend der verwendeten „Kern"-Funktion mit zunehmender Entfernung von diesem Zentrum ab. Häufig wird hierbei die Gauss-Funktion verwendet, die eine optimale Beschreibung für die Verteilung von Werten liefert, die rein zufällig von einem bestimmten Mittelpunkt abweichen, wie es z. B. bei Messfehlern auftritt. Ein typisches RBF-Merkmal liefert eine glockenförmige Signalstärke, welche vom Abstand zwischen dem Wert s_i und dem Mittelzustand c_i des Merkmals abhängt.

$$x_i = RBF(s_i) = e^{-\frac{(s_i-c_i)^2}{2\sigma^2}}$$

Die Merkmale lassen sich natürlich auch multimodal definieren, so dass jeweils statt der Differenz $s_i - c_i$ ein wie auch immer geartetes Distanzmaß $d(s, c_i)$ im „Perzeptionsraum" als Grundlage für die Generierung des Merkmalssignals genommen wird.

In der im Java-Beispiel verfügbaren Funktion werden in den Wertebereichen von [0; 1] eine bestimmte Anzahl von Zentroiden (6) gleichmäßig verteilt (Abb. 5.16).

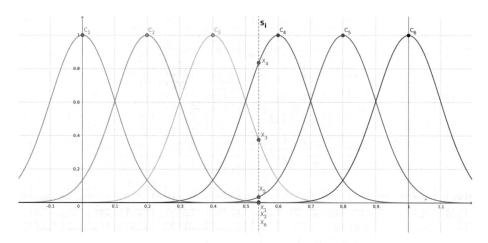

Abb. 5.16 Generierung eines Merkmalsvektor **x** aus **s** mittels RBF-Features

Zwar erzeugen RBFs stetige Approximationen, die kontinuierliche und intuitiv plausible Werte im Hinblick auf die An- oder Abwesenheit eines Merkmals generieren, zudem sind sie auch gut differenzierbar, jedoch hat sich in der Praxis herausgestellt, dass sie einen relativ hohen Rechenaufwand erfordern und insbesondere bei mehr als zwei Zustandsdimensionen die Performanz auch reduzieren können; vgl. (Sutton und Barto 2018).

In (Sutton und Barto 2018) werden binäre Merkmale favorisiert, bei dem der Eingaberaum in „Kacheln" unterteilt wird. Jede Kachel repräsentiert eine Komponente des Feature-Vektors. Eine „Eins" wird nun für die Kachel geschrieben, in der sich der Messwert befindet, ansonsten „Null". Um die Qualität dieses Merkmalsvektors zu erhöhen, werden mehrere Schichten von Kacheln gestapelt und jeweils etwas verschoben. Dadurch erhöht sich die Zahl der „Einsen" im Merkmalsvektor auf die Anzahl der entsprechenden Ebenen. Es empfiehlt sich, die Verschiebung nicht linear, sondern entsprechend eines „Offset"-Vektors, z. B. $(13)^T$ (in 2D) oder $(135)^T$ (in 3D) usw. vorzunehmen (Abb. 5.17).

Wir testen unsere Algorithmen im „Lunar Lander"-Szenario, welches dem Greenfoot-Paket i. d. R. als Einführungsbeispiel beigelegt ist Abb. 5.18. Hierbei handelt es sich um eine einfache, spielerische Simulation einer Mondlandung. Aufgabe ist es, eine auf die Mondoberfläche stürzende Landfähre mit gezielten Raketenimpulsen so abzubremsen, dass die Landegeschwindigkeit minimal ist. Die Sensoren liefern die Parameter Flughöhe, Geschwindigkeit und Tankinhalt. Die Belohnung hängt von der Landegeschwindigkeit ab. Unterschreitet die Landegeschwindigkeit, die maximale Belastungsgrenze (MAX_LANDING_SPEED), dann ist die Landung erfolgreich, ansonsten wird die Landfähre zerstört.

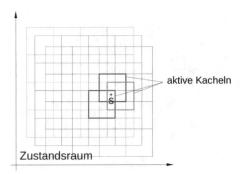

Abb. 5.17 Repräsentation eines Zustandes s durch mehrere sich überlappende und verschobene Unterteilungen. Zählt man von linksoben beginnend, dann ist in der ersten Ebene (orange) die Kachel 12, in der zweiten Ebene (rot) die Kachel 11 und in der dritten Ebene (blau) die Kachel 7 aktiv. „Aktive" Kacheln erhalten den Wert 1 die anderen 0

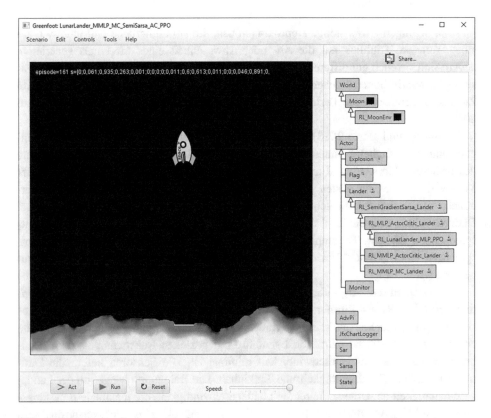

Abb. 5.18 Szenario „Lunar Lander"

Im LunarLander-Beispiel wurde nicht multimodal gearbeitet. Jeder einzelne sensori-sche Bereich wurde in jeweils 6 Intervalle unterteilt. Falls sich der „Messwert" inner-halb des jeweiligen Abschnitts befindet, so erhält der Merkmalsvektor an der jeweiligen Stelle eine 1. Bei drei Sensoren würden wir damit 18 Merkmale erhalten die immer drei „Einsen" und 15 „Nullen" enthalten. Für den Abgebildeten Versuch wurde der Vektor noch durch drei Verschiebungen nach obigem Prinzip erweitert, wodurch ein binärer Merkmalsvektor der Größe 54 entstand (Abb. 5.19).

Hinsichtlich der Belohnung könnte man meinen, es sei angebracht, einen „Bonus" zu geben, wenn die Landung erfolgreich war. Bei Tests hatte es sich allerdings heraus-gestellt, dass es für das Training der MLPs günstiger ist, wenn die Belohnungsfunktion stetig ist, also keine „Sprünge" macht. Die Gestaltung der Belohnungsfunktion kann einen großen Einfluss auf den Erfolg des Lernprozesses haben und auch einige Zeit des „Trial and Error" in Anspruch nehmen.

Reward Funktion in Lunar Lander

```
private double checkReward(){
      double reward = 0;
      if (isLanding()||isExploding()){
            reward= MAX_LANDING_SPEED-((double)speed);
      }
      // Bounds
      if (reward>maximumQ) reward = maximumQ;
      if (reward<minimumQ) reward = minimumQ;
      return reward;
}
```

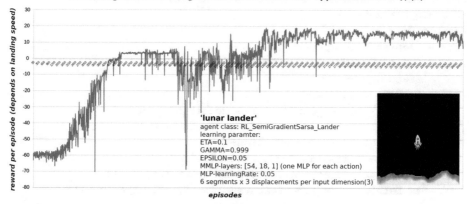

Abb. 5.19 Ein Lernverlauf bei Lunar Lander mit Semigradient Sarsa ($\gamma = 0{,}999$; $\eta = 0{,}1$; $\varepsilon = 0{,}05$). Es wurde jeweils ein MLP pro Aktionsmöglichkeit verwendet. MLP-Layers: [55,18,1] Der Wertebereich der Sensoren wurde in 6 binäre Merkmale unterteilt und dreimal verschoben

Die Zustand-Aktionswert-Funktion zeigt in der Regel kein kontinuierliches Verhalten. Kleine Abweichungen in der Eingabe können einen großen Bewertungsunterschied ausmachen, wenn es bspw. um die An- oder Abwesenheit eines wichtigen Merkmals geht. Auch kann es sein, dass sensorische Werte in großen Wertebereichen gar keine Relevanz haben, ab einem kritischen Punkt entscheiden sie allerdings alles, so z. B. beim Tankinhalt des Lunar Landers. Zunächst hat dieser Sensorwert keine Bedeutung für die Gestaltung der Trajektorie. Wird allerdings ein kritisches Maß beim Treibstoff unterschritten, dann ist das Ergebnis „plötzlich" Absturz. In einem verteilten Lerner kann so etwas dazu führen, dass einiges der vorher erlernten Bewertungsqualität geschmälert wird.

Zur Stabilisierung des Lernprozesses mit kNNs empfehlen sich die erwähnten Maßnahmen, wie z. B. das „Experience-replay". Die zufällige Reihenfolge bei der Verarbeitung der gespeicherten „Erfahrungen" soll verhindern, dass bestimmte wiederkehrende Muster zu unerwünschten Artefakten beim Training des Netzes führen.

Da wir ein episodisches Szenario haben, können wir auch das Monte-Carlo Update verwenden. Hierbei können wir den Vorteil ausnutzen, dass unsere finale Belohnung eine abgesicherte Beobachtung darstellt.

In der Java-Implementation des Updates lässt sich erkennen, wie die aufgezeichnete Episode von hinten abgebaut wird, der skontierte und kumulierte „Nutzen" G wird dabei permanent aktualisiert. Die auf diese Weise bewertete „Erfahrung" wird an einer zufälligen Position im Trainingsdatensatz eingefügt, um eine zufällige Abfolge der Trainingsdaten zu generieren.

Implementation eines Gradienten Monte Carlo Update für einen Zustandswertschätzer im ‚LunarLander' Szenario

```
protected void update(LinkedList <Sar> episode){
 trainingDataReset();
 double G=0;
 while (!episode.isEmpty()){
      Sar e = episode.removeLast();
      State s_e = e.s;
      G=GAMMA*G+e.reward;
      double[] target_output = new double[DIM_output];
      target_output[0]=State.range01(G,minimumQ,maximumQ);
      // insert at random position:
      int size = trainingSet[e.action].size()+1;
      trainingSet[e.action].add( random.nextInt(size),
      new DataSetRow(s_e.getFeatureVector(), target_output));
 }
 adjustMLPs();
}
```

„Beispiel Mountain Car"

Ein gängiges Standard-Szenario ist die „Bergfahrt-Aufgabe" („Mountain Car Task") von Sutton und Barto. Hierbei geht es darum, ein Auto mit zu wenig Motorleistung über einen steilen Hügel zu bringen. Die Schwierigkeit besteht darin, dass die Schwerkraft stärker ist, als der Motor des Autos an Beschleunigung generieren kann und dass das Auto selbst bei Vollgas nicht über den steilen Hang kommt. Die einzige Lösung besteht darin, zunächst rückwärts vom Ziel weg zu fahren und den gegenüberliegenden Hang auf der linken Seite dazu zu verwenden, genügend potentielle Energie zu sammeln, um dann unter Vollgas und unter Ausnutzung der Massenträgheit des Autos, über den Hügel zu kommen. Bei diesem Beispiel besteht der Haken darin, dass sich der Agent in einer Situation befindet, wo sich die Dinge zunächst quasi verschlechtern müssen, bevor sie besser werden können. Viele Steuerungsmethoden haben große Schwierigkeiten Aufgaben in dieser Art zu bewältigen, ohne auf menschliche Hilfestellungen zurückzugreifen (Abb. 5.20).

Die Belohnung in diesem Problem beträgt in jedem Zeitschritt -1, bis das Auto seine Zielposition auf dem Gipfel des Berges passiert hat, was die Episode beendet. Es gibt drei mögliche Aktionen: Vollgas vorwärts, Vollgas rückwärts und einfaches ausgekuppeltes Rollen. Das Auto bewegt sich in dem Szenario nach einer vereinfachten Physik. Ein Zustand wird durch die Position x_t und die Geschwindigkeit $\dot{x}_t$ bestimmt. Die Position x_t und die Geschwindigkeit $\dot{x}_t$, folgen.

$x_{t+1} \doteq x_t + \dot{x}_{t+1}$(wobei x_{t+1} auf $-1, 2 \leq x_{t+1} \leq 0, 5$ limitiert ist) und

$\dot{x}_{t+1} \doteq \dot{x}_t + 0,001A_t - 0,0025cos(3x_t)$ (wobei für die Geschwindigkeit $\dot{x}_{t+1}$ gilt: $-0,07 \leq \dot{x}_{t+1} \leq 0,07$).

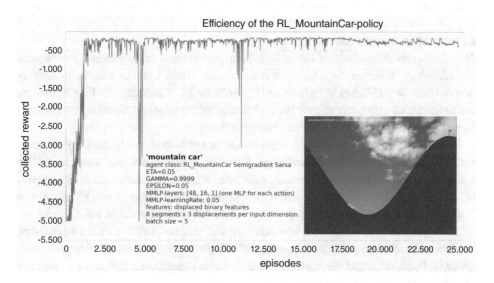

Abb. 5.20 Semigradient Sarsa in Aktion im "Bergfahrt"-Szenario, wobei zur Aktionsbewertung Multilayerperzeptrons dienen. Die Kurve zeigt die für die Bewältigung der Aufgabe benötigte Zeit

Dies entspricht ins Bild übertragen einer „Hügellandschaft", die der Kurve von $y = \sin(3x)$ in den genannten Intervallgrenzen folgt. Außerdem wird in dem Szenario die Geschwindigkeit auf 0 gesetzt, wenn die linke Grenze erreicht wird. An der Intervallgrenze auf der rechten Seite wird das Ziel erreicht und die Episode beendet. Jede Episode beginnt mit einer zufälligen gewählten Position x_0 mit $x_0 \in [0, 6; 0, 4[$ sowie einer Startgeschwindigkeit $\dot{x}_0 = 0$.

Erstaunlich gute Ergebnisse zeigten sich mit einer Anordnung bei der die Netzwerke mit jeweils zwei Eingabeneuronen die Werte für Position und Geschwindigkeit direkt übergeben wurden. Dieser Eingabeschicht folgten dann 16 Neuronen im ersten Hidden-Layer und 4 im zweiten. Der Gedanke hinter der recht großen Anzahl von Neuronen in der ersten verdeckten Schicht war es, zu ermöglichen, dass sich lokale Merkmale herausbilden, die jeweils die eine oder die andere Aktion begünstigen. In der Ausgabeschicht befindet sich nur 1 Neuron, das jeweils den geschätzten Q-Wert abgibt.

Die Beobachtungen ergaben, dass der Algorithmus in dieser Umsetzung stabil lernt, sobald sich mindestens einmal ein Erfolgserlebnis eingestellt hatte. Konkret ist es in der vorgestellten Implementation auch so, dass die künstlichen Neuronalen Netze mit zufälligen Kantengewichten neu initialisiert werden, falls sich nach 10.000 Zeitschritten kein Erfolg eingestellt hatte, in diesem Falle „vergisst" der Agent allerdings alles zuvor Gelernte und beginnt mit seinem Training wieder am Punkt 0. Dadurch wird eine gewisse „selektive" Komponente wirksam, die ungünstige Initialisierungen herausfiltert. Die Implementation und die gewählten Parameter wurden nicht nach wissenschaftlichen Kriterien gestaltet und ausprobiert, also eher nach der Art eines „manuellen Reinforcement-Lernens". Leser, die sich z. B. in wissenschaftlichen Arbeiten auf die Angaben stützen möchten, müssten weitere systematische und vertiefende Untersuchungen durchführen.

KI lernt Atari Arcade Games
Seit 2014 erzeugt ein Google DeepMind-Team mit einigen spektakulären Präsentationen Aufsehen, in denen ein Algorithmus des maschinellen Lernens klassische Arcade-Games ohne menschliches Vorwissen allein durch die Rückmeldung der Pixelbilder und des Spielstandes selbsttätig erlernt hat und sich innerhalb weniger Stunden auf ein übermenschliches Niveau steigern konnte (Hassabis 2014).

Ziel der Entwickler war es einen Algorithmus zu entwickeln, der in der Lage ist, automatisch ein breites Spektrum an Kompetenzen für eine Vielzahl von anspruchsvollen Aufgaben zu entwickeln – ein zentrales Ziel der allgemeinen Künstlichen Intelligenz. Das bestärkende Lernen hatte bis dahin zwar schon einige Erfolge in einer Vielzahl von Domänen erzielen können, allerdings war die Anwendbarkeit bis dahin auf Bereiche beschränkt gewesen, die vollständig beobachtbare und niedrigdimensionale Zustandsräume besaßen oder auf Szenarien, in denen dem künstlichen Agenten manuell eine Reihe von nützliche Funktionen „an die Hand gegeben" werden konnten, die ihm den Umgang mit einer komplexen Umgebung erleichterten.

In (Kavukcuoglu et al. 2015) wurde von den Entwicklern ein entsprechendes Deep Q-Network entwickelt. Das DQN ermöglicht, das Reinforcement Lernen mit den

Deep Convolutional Networks zu kombinieren. In diesen Netzen werden zahlreiche Layers verwendet, um schrittweise abstraktere Darstellungen der Daten aufzubauen Abschn. 5.1.4. Wiederkehrende einfache Grundbausteine („Merkmale") werden aus rohen sensorischen Daten erkannt und können zu komplexeren Repräsentationen synthetisiert werden. Wobei in den CNN hierarchische Schichten von Faltungsfiltern und „Hidden-Layers" die Erkennung unabhängig von Transformationen wie z. B. Verschiebungen, Blickwinkelwechsel oder Skalierung erzeugen können.

Die Netze können daher aus den hochdimensionalen sensorischen Inputs, nämlich 2D-Darstellungen von Arkade-Games, den zu bewältigenden Zustandsraum vorverarbeiten und vereinfachen, was es ermöglicht, ähnliche sensorische Zustände und die entsprechenden „Erfahrungen" des Agenten zu verallgemeinern.

Wenn wir diese Fähigkeiten der CNNs einsetzen, um zu approximieren und mit dem Q-Lernen zu kombinieren, dann müssen wir berücksichtigen, dass das Reinforcement Learning bei nichtlinearen Funktionsapproximatoren instabil sein kann. Den vorn beschriebenen Instabilitäten beim Einsatz von Deep-Networks zum Abschätzen der Aktionswertfunktion $Q^*(s_t, a_t)$ wurde im DQN von (Kavukcuoglu et al. 2015) mit zwei Maßnahmen begegnet: zum einen dem „Experience Replay", das unerwünschte Korrelationen in der Beobachtungssequenz durch Randomisierungen der Reihenfolge der Trainingsdaten beseitigt und zum zweiten einem iterativen Update, das nur wiederkehrend aktualisierte Aktionswerte (Q) anpasst, um falsche Verknüpfungen zum Zielzustand zu verhindern.

Der Algorithmus verläuft grob folgendermaßen: Der Aktionswertschätzer $\widehat{Q}(s, a, \theta_i)$ wird mithilfe eines Deep-CNN parametrisiert, wobei mit θ_i die Gewichte des Q-Netzwerks in der jeweiligen Iteration i bezeichnet werden: Der Eingang zum neuronalen Netzwerk besteht aus einem $84 \times 84 \times 4$-Bild aus der direkten Vorverarbeitung, gefolgt von drei Faltungsschichten und zwei vollständig verbundenen Layers mit einem einzigen Ausgang für jede gültige Aktion. Negative Ergebnisse der versteckten Schichten werden mit $y = \max(0, x)$ „abgeschnitten". Für das „Experience Replay" werden die Erfahrungen des Agenten $e_t = (s_t, a_t, r_t, s_{t+1})$ an jedem Zeitschritt t in einem Datensatz $D_t = (e_1, e_2, \ldots, e_t)$ gespeichert. Während des Lernens werden nun die Q-Learning-Aktualisierungen auf einer zufälligen Stichprobenmenge angewendet, die gleichmäßig nach dem Zufallsprinzip aus dem Pool der gespeicherten Proben entnommen wird.

Weiterhin hängen die Zielzustände in diesem Setting ebenfalls von den Netzwerkgewichten ab, was anders ist, als in Szenarien, wo diese Zustände schon vor Beginn des Lernens festgelegt sind. Das Q-Learning-Update bei Iteration i verwendet die Abstiegsfunktion:

$$L_i(\theta_i) = E_{(s,a,r,s')} \sim U(D) \left[\left(r + \gamma \max Q\left(s', a'|\theta_i^-\right) - Q(s, a|\theta_i) \right)^2 \right]$$

Hierbei sind θ_i die Parameter des Q-Netzwerks in der Iteration i und θ_i^- die Netzwerkparameter, die zur Berechnung eines Zielzustandes in der Iteration i dienen. Die Ziel-Netzgewichte θ_i^- werden zwischen den einzelnen Updates fix gehalten. Die online verfügbaren Originalarbeiten enthalten eine umfassende und übersichtliche Darstellung der Methoden und technischen Details. Es ist zu hoffen, dass die Darstellungen in diesem Buch dazu beitragen konnten, dem Leser den Zugang zu solchen Papers – die übrigens oft auch frei verfügbar sind – zumindest zu erleichtern.

5.3   Neuronale Schätzer für die Aktionsauswahl

5.3.1   Policy Gradient mit neuronalen Netzen

Wie wir schon gesehen haben, ist es nicht notwendig explizite Bewertungen der Umweltzustände zu berücksichtigen, um ein zweckmäßiges Verhalten zu generieren. Bei einfachen reflexartigen biologischen Verhaltensweisen werden sensorische Impulse über ein Nervennetzwerk ziemlich direkt zu motorischen Zellen geleitet. Dies lässt sich z. B. bei den Nervensystemen einfacher Lebewesen wie der Meeresschnecke Aplysia (vgl. Kandel 2009) beobachten. Das „Lernen" erfolgt hier durch Verstärkung oder Hemmung derjenigen Verbindungsparameter, die ein günstiges oder unangenehmes Ergebnis hervorriefen bzw. vom Lernsystem mit dem Ereignis in Verbindung gebracht worden sind.

Können wir neuronale Netzwerke vorsehen, die sensorische Signale in Aktionswahrscheinlichkeiten umwandeln und durch „Erfahrungen" direkt angepasst werden? Im Prinzip entspricht dies der Logik der Taktiksuche, wie wir sie in Abschn. 4.2 für einfache Gridworlds untersucht haben.

In der Praxis bewähren sich unterschiedliche Architekturen und Parameterwerte. Naheliegend ist, die Aktionspräferenzen $h(s, a)$ von einem neuronalen Netz lernen zu lassen.

$$\pi(s, a) = \frac{e^{h_{net}(s,a)}}{\sum_{b \in A}^{A} e^{h_{net}(s,b)}}$$

In dem Actor-Critic Beispiel, dass im Folgenden vorgestellt wird, werden diese Werte jedoch nicht direkt gelernt, sondern die linearen Feature-Parameter θ, die der Berechnung der Aktionspräferenzen $h(s, a, \theta)$ dienen, mithilfe der Ausgaben eines MLPs abgeschätzt $\theta = net_\theta[x(s, a)]$.

$$h_{net}(s, a) = net_\theta[x(s, a)]^T \cdot x(s, a) \tag{5.9}$$

Aus den Aktionspräferenzen werden schließlich, wie gewohnt, die Wahrscheinlichkeitsverteilungen der Policy mit einer SoftMax-Funktion berechnet.

Die Java-Umsetzung ist ganz ähnlich zu derjenigen in Abschn. 4.2.3 für den einfachen AC. Es ist nur nun so, dass sich hinter den Funktionen, die die Bewertungen V oder die Policy-Parameter θ holen, nun keine „tabellarischen" Strukturen, wie Listen, Maps o. ä., verbergen, sondern neuronale Netze arbeiten, die diese Werte mittels der übergebenen Zustands- bzw. Merkmalsvektoren abschätzen. Der Ausgabefehler (Loss) für die Anwendung der Backpropagation ergibt sich mit

$$\Delta \boldsymbol{net_\theta}[x(s,a)] = \eta_\theta I \delta \nabla \ln \pi(s) \tag{5.10}$$

Wobei δ der einfache TD-Error ist:

$$\delta = r + \gamma \widehat{V}(s') - \widehat{V}(s)$$

$\widehat{V}$ wird dabei ebenfalls mit einem neuronalen Netz abgeschätzt. Der „Policy Gradient"
wird mit

$$\nabla \ln \pi(s,a|\boldsymbol{net_\theta}) = x(s,a) - \sum_b \pi(s,b|\boldsymbol{net_\theta}[x(s,b)])x(s,b) \tag{5.11}$$

berechnet. Die Trainingsdaten werden in kleinen Batches in zufälliger Reihenfolge gesammelt und in regelmäßigen Abständen trainiert, um den Lernprozess etwas zu stabilisieren.

**Update eines Actor-Critic mit MLPs für die Zustandswertschätzung V und der
Schätzung eines Vektors θ, der den Einfluss der jeweiligen Merkmale des vorliegenden Zustandes für die Policy gewichtet (in Java)**

```
protected void update( State s, int a, double reward, State s_new,
                                boolean episodeEnd ){
 double[] x_s = s.getFeatureVector();
double observation = 0.0;
 if (episodeEnd) {
     observation = reward;
 }else{
     observation = reward + (GAMMA * getV(s_new.getFeatureVector()));
 }
 // TD-error ("1-step advantage")
 double V_is = getV(x_s);
 double delta=observation-V_is;
 // Update "critic"
 addV_MLP(x_s,observation);
 // Update "actor"
 double[] gradient = gradient_ln_pi(x_s,a);
 double[] theta = p_theta[a];
 for (int k=0;k<theta.length;k++){
     p_theta[a][k] += ETA_theta*I_gamma*delta*gradient[k];
 }
 addTheta_MLP(get_x_sa(x_s,a),theta);
 I_gamma = GAMMA*I_gamma;
 // batch update
 cnt_updates++;
 if ((cnt_updates%mini_batch_size==0)){
     network_theta.learn(trainingSet_theta);
```

```
        trainingSet_theta.clear();
        network_V.learn(trainingSet_V);
        trainingSet_V.clear();
        cnt_updates=0;
    }
}
```

Die Abb. 5.21 zeigt den Lernfortschritt mit einem Actor-Critic LunarLander. Die Merkmalsvektoren wurden auf die gleiche Weise generiert, wie beim Sarsa-Lunar Lander. Zusätzlich zum Netzwerk, dass die Bewertungsfunktion $V(s)$ approximiert, ist nun noch ein Netz vorgesehen, welches die Policy-Parameter θ für einen Merkmalsvektor $x(s, a)$ liefert. Das MLP für die Bewertungsfunktion $V(s)$ besitzt in der Eingabeschicht 55, im Hidden-Layer 18 und in der Ausgabeschicht 1 Neuron. Das MLP für die Produktion der Aktionspräferenzen θ besitzt in allen drei Schichten 23 Neuronen, da für jedes Element des Merkmal (Dimension: 3 mal 7) –Aktionsvektors (Dimension: 2) vgl. Abschn. 4.2.3.3 eine Eingabe und eine Ausgabeeinheit vorgesehen ist. Jedes binäre „Merkmal" bekommt vom Netz einen Parameter zugeordnet, der das Gewicht in der Berechnung der jeweiligen Aktionspräferenz bestimmt $h(s, a, \theta_s) = \theta_s^T x(s, a)$. Da wir die Aktionspreferenzen durch ein lineares Produkt aus dem Parameter- und dem Merkmalsvektor bilden, ist der Policy-Gradient hier der gleiche, wie in Abschn. 4.2.3.3 beschrieben.

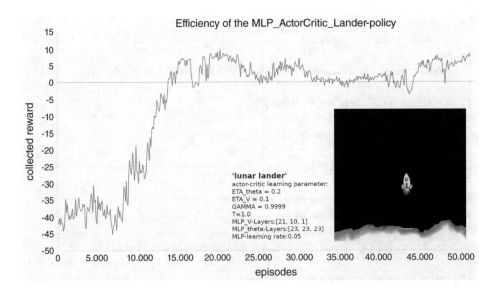

Abb. 5.21 Lernfortschritt beim „LunarLander" mit Actor-Critic mit MLPs für V(s) und für die Policy-Parameter θ. Es wurde jeder drei Sensoren mit 7 binären Features dargestellt. (learning parameter: ηθ = 0,2; ηV = 0,1; γ = 0,9999; MLP-V Layers:[21, 10, 1]; MLP-θ Layers:[23, 23, 23] Es wurden die Ergebnisse von jeweils 100 Episoden gemittelt

5.3.2 Proximal Policy Optimization

Einige erst in letzter Zeit bekannt gewordene Methoden lenken die Aufmerksamkeit weg vom Policy Gradienten und nutzen bei der Erzeugung der Aktionspräferenzen eine zügige Akkumulation der „positiven und negativen Überraschungen" („Advantages"). Die „Trusted Region"-Methoden zeigen eine erstaunliche Leistungsfähigkeit bei gleichzeitig relativer Einfachheit. Das Problem bei dieser Methode besteht darin, dass die Policy nicht zu schnell angepasst werden darf, d. h., dass die alte und neue Policy nicht zu stark divergieren dürfen. Wir benötigen also eine Lernregel, die in gewisser Weise den Trade-off zwischen Offenheit und Konservatismus möglichst optimal löst, d. h. einerseits aus den Beobachtungen zügig lernt, dabei allerdings Bewährtes nicht zu leichtfertig verwirft.

Bei überwachten Lernmethoden wird der Lernfortschritt durch die Verarbeitung der Differenz zwischen der vom System produzierten Ausgabe und der „gewünschten" Ausgabe, dem sog. „Loss", erzeugt. In den Policy Gradienten Methoden berechnet sich der „Loss" durch

$$L^{PG}(\theta) = \widehat{E}_t \left[\log \pi_\theta(a_t|s_t) \widehat{A}_t \right]$$

Wobei $\widehat{A}_t$ eine Schätzung der Vorteils-Funktion zum Zeitschritt t ist, die z. B. gebildet wird durch eine n-step Beobachtung. Für $n = 1$ hat $\widehat{A}_t$ den bekannten Wert der einfachen temporalen Differenz.

Zunächst spielt das Verhältnis aus den Werten der neuen und alten Policy eine wichtige Rolle. Dieser „Probability Ratio"

$$r(\theta) = \frac{\pi_\theta(a_t|s_t)}{\pi_{\theta_{old}}(a_t|s_t)}$$

zeigt an, wie stark eine aktuell vorliegende Policy bereits von einer alten abweicht. Wenn $\theta = \theta_{old}$, dann ist das Verhältnis gleich 1. In Schulman et al. (2017) stellen Schulman et al. mit Verweis auf eine Arbeit von Kakade und Langford[4] aus dem Jahr 2002 einen Loss vor, der dieses Wahrscheinlichkeitsverhältnis zur Anpassung der Netzparameter nutzt:

$$L^{CPI}(\theta) = \widehat{E}_t \left[\frac{\pi_\theta(a_t|s_t)}{\pi_{\theta_{old}}(a_t|s_t)} \widehat{A}_t \right] = \widehat{E}_t \left[r(\theta) \widehat{A}_t \right]$$

Wobei CPI für „conservative policy iteration" steht. Ohne Einschränkungen führt die Anpassung über den L^{CPI} zu übermäßig großen Änderungen der Policy. Bei der „Trusted Region Policy Optimization" (TRPO (Schulman et al. 2015)) wird vorgeschlagen

---

[4] S. Kakade and J. Langford. „Approximately optimal approximate reinforcement learning". In: ICML. Bd. 2. 2002, S. 267–274.

einen „Strafterm" einzuführen, um zu große Anpassungen zu verhindern. Hierfür wird der „Kullback–Leibler Abstand" $KL(P_1,P_2)$ eingesetzt, der ein Maß dafür darstellt, wie sehr sich zwei Wahrscheinlichkeitsverteilungen unterscheiden. TRPO zielt darauf ab, den L^{CPI} zu maximieren, allerdings unter der Bedingung, dass der Abstand zwischen der alten und der neuen Policy, gemessen durch den KL-Abstand, klein ist:

$$\underset{\theta}{\text{maximize}} \; \widehat{E}_t\left[\frac{\pi_\theta(a_t|s_t)}{\pi_{\theta_{old}}(a_t|s_t)}\widehat{A}_t\right] \; \text{vorbehaltlich, dass } \widehat{E}_t\left[KL\left[\pi_{\theta_{old}}(\cdot|s_t), \pi_\theta(\cdot|s_t)\right]\right] \leq \delta$$

Die TRPO ist in der Praxis relativ kompliziert zu implementieren. Ein auf der Theorie der TRPO aufbauendes Verfahren, die „Proximal Policy Optimization" (PPO [12]), zeigt ähnliche Leistungen allerdings unter Verwendung einer erstaunlich einfachen Clipping-Funktion:

$$L^{CLIP}(\theta) = \widehat{E}_t\left[\min(r_t(\theta)\widehat{A}_t, clip(r(\theta), 1 - \epsilon, 1 + \epsilon)\widehat{A}_t\right]$$

Der erste Term innerhalb der min-Funktion ist der „Conservative policy iteration"-Loss, der zweite Term mit der „clip"-Funktion, modifiziert das Ziel, indem er den Probability Ratio einfach abschneidet, so dass er innerhalb des Intervalls $[1 - \epsilon, 1 + \epsilon]$ gehalten wird.

Proximal Policy Optimization, Actor-Critic Style (Schulman et al. 2017)

```
1   for iteration=1, 2, … do
2     for actor=1, 2, …,N do.
3       Run policy π_old in environment for T timesteps.
4       Compute advantage estimatesÂ₁, …,Â_T
5     end for
6     Optimize L^CLIP wrt θ, with K epochs and minibatch size
      M ≤ N · T
7     θ_old ← θ
8 end for
```

PPO gehört zu den derzeit besten Algorithmen des Reinforcement Learnings. Eine besondere Prominenz ist auch noch einmal durch seine Verwendung für das „Feintuning" des Antwortverhalten des berühmten Chatbots „ChatGPT" von OpenAI entstanden. PPO ist für die Verwendung in einer Implementation mit parallel schaffenden Arbeitsthreads ausgelegt. Einen Eindruck von der Wirkungsweise des PPO Updates in unserer Greenfoot-Simulation können Sie sich aber auch in der Single-Thread Implementation verschaffen, indem sie die Update-Methode des Actor-Critic überladen. Das PPO-Update funktioniert übrigens auch in der Gridworld in Kap. 4. Die Idee, den „gedeckelten" Vorteil (Temporale Differenz, ggf. als n-step Vorteil) direkt in die Aktionspreferenzen der Policy einzupflegen, wird hierbei bereits deutlich.

PPO Update in java

```java
protected void update( State s, int a, double reward, State s_new,
boolean episodeEnd ){
    double[] x_s = s.getFeatureVector();
    double observation = 0.0;
    if (episodeEnd) {
    observation = reward;
    } else {
        observation = reward + (GAMMA * getV(s_new));
    }
    // TD-error ("1-step Advantage")
    double V_is = getV(s);
    double delta=observation-V_is;
    // Update "critic"
    addV_MLP(x_s,observation); // add record to net_V minibatch
    // Update "actor"
    double[] pi_s = P_Policy(s);
    advantages.add(new AdvPi(s,a,delta,pi_s[a]));
    if (cnt_steps%horizon==0) {
        while (!advantages.isEmpty()){
            AdvPi e = advantages.removeLast();
            double[] pi = P_Policy(e.s);
            if (!determ_pi(pi_s)){
                double r_theta = (pi[e.a]/e.pi_sa);
                double delta_theta = ETA_ppo*min( r_theta*e.adv,
                clip(r_theta,1-EPSILON_ppo,1+EPSILON_ppo)*e.adv);
                double[] exs = e.s.getFeatureVector();
                double[] theta = get_h(exs); // =actionpref. h(s,a)
                h[e.a]= h[e.a]+delta_theta;
                addH_MLP(exs,theta); //record to net_h minibatch
            }
        }
    }
}
```

Bei Zuständen mit fast deterministischen Entscheidungen können Unendlichkeiten bei den Aktionspräferenzen auftreten, die durch die Funktion determ_pi abgefangen werden sollen, – ist die Wahrscheinlichkeit bei einer Aktion sehr nah bei 1.0, so liefert die Funktion true zurück und verhindert eine weitere Anpassung und einen möglichen Overflow.

Mit η_{PPO} wurde noch eine Art Schrittweite ergänzt. Bei einem Wert von $\eta_{PPO} = 0,5$ zeigte sich ein stabiler Lernfortschritt. Bei geeignet gewählten Parametern, was mitunter nicht ganz einfach ist, zeigt PPO auch in unserer „Spielumgebung" und mit nur einem

Thread eine außergewöhnliche Performanz. Günstig erwies sich in einzelnen Testläufen beim „LunarLander" auch die Nutzung von RBF-Merkmalen (vgl. Abb. 5.16 und 5.22).

Technisch gesehen wäre die nächste Herausforderung A3C und PPO mit neuronalen Netzwerken und parallel arbeitenden Threads zu realisieren. Es handelt sich dabei allerdings in erster Linie um eine softwaretechnische Herausforderung. Technische Experimente mit Parallelisierung in der Greenfoot-Umgebung könnte man am Beispiel „A3C_ Hamster" im HamsterWithPolicyGradient-Szenario aus Kap. 4 anlehnen. Für professionelle Anwendungen und Lerngeschwindigkeiten werden allerdings üblicherweise die Algorithmen mit einer der entsprechenden Machine-Learning Engines verbunden, die auch aktuelle Hardware für das Training der neuronalen Netze optimal einsetzen kann. Für weitere Vertiefungen zum „Deep Reinforcement Learning" sei an der Stelle einmal auf die einschlägige Literatur verwiesen. Im letzten Abschnitt dieses Kapitels soll nun noch einmal eine evolutionäre Optimierungsstrategie mit neuronalen Netzen vorgestellt werden.

5.3.3 Evolutionäre Strategie mit einer neuronalen Policy

Für die Implementierung einer evolutionären Strategie eigenen sich künstliche Neuronale Netzwerke sehr gut. In unserem genetischen Algorithmus bilden wir nun die Verbindungsgewichte des Netzes im Genom ab. Die Adaption erfolgt, wie gehabt dadurch,

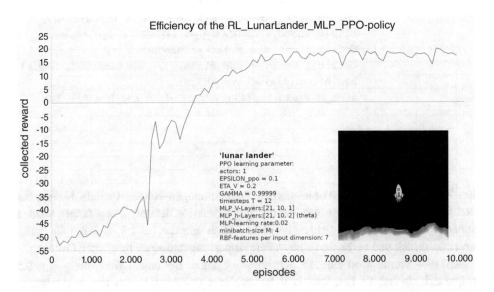

Abb. 5.22 Lernfortschritt beim LunarLander mit Proximal Policy Optimization (PPO). Es wurden RBF-Features verwendet (7 pro Input-Dimension). Die Resultate von jeweils 100 Episoden wurden gemittelt

dass wir am Genom zufällige Modifikationen („Mutationen") durchführen und die Agenten, die am besten funktionieren aussieben und vermehren.

Eine Beispiel-Implementation hierfür finden Sie im Szenario „Evolutionary Robo-Carts". Dabei handelt es sich um eine Simulation von zweirädrigen Roboterautos mit Differentialantrieb, ähnlich wie die eingangs vorgestellten „Lego" oder „Makeblock"-Roboter (vgl. Abb. 5.23).

Das neuronale Netz eines Robots (Objekt „brain") wird im Konstruktor des Robots aus dem Genom erzeugt.

Konstruktor eines individuellen Roboters

```
public AdaptiveMbRobot(MbRobotSensors sensors, MbRobotMotors motors,
Genome gene ){
 super(sensors,motors);
 this.ID = AdaptiveMbRobot.lastID;
 AdaptiveMbRobot.lastID++;
 this.crashed=false;
 this.sum_reward = 0.0;
 this.battery_charge=MAX_BATTERY_CHARGE;
 this.gene = gene;
 this.brain = new NeuralNetwork(NEURAL_NET_STRUCTURE);
 this.brain.createWeightsFromGenome(gene);
}
```

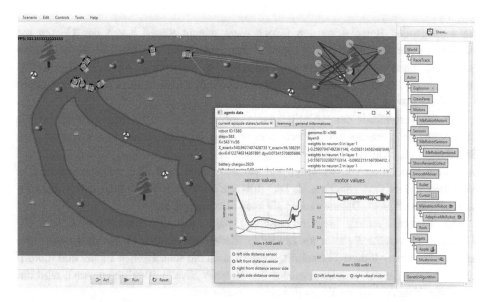

Abb. 5.23 Simulation der evolutionären Optimierung des Verhaltens von Zweirad-Robots mit einem genetischen Algorithmus

Das neuronale Netzwerk ist in dem Szenario nicht mit Neuroph oder einem anderen Framework realisiert, sondern wurde „manuell" codiert, da wir nun ohne Lernregeln wie „Backpropagation" arbeiten, müssen für jeden Layer nur die entsprechenden Matrixmultiplikationen durchgeführt werden, indem die jeweilige Input-Aktivierung mit den Verbindungsgewichten multipliziert und weiterpropagiert wird.

Erzeugung der Gewichte des neuronalen Netzes für die Steuerung aus dem Genom

```
public void createWeightsFromGenome(Genome genome) {
 if (genome == null) return;
 network_weights = new ArrayList<double[][]>();
 int counter=0;
 for (int layer=1; layer<size_of_layer.length; layer++){
    double[][] weights =
       new double[size_of_layer[layer]][size_of_layer[layer-1]+1];
                                     // +1 because of BIAS
    for (int m=0;m<weights.length;m++){ // outputs "to neuron"
       for (int n=0;n<weights[0].length;n++){ // inputs "from neuron"
            weights[m][n]=genome.weights.get(counter);
            counter++;
       }
    }
    network_weights.add(weights.clone());
 }
}
```

Im vorliegenden Beispiel werden jedoch nicht wie in Kap. 4 durch das Genom die Aktionspräferenzen abgebildet, sondern kontinuierliche motorische Werte produziert. Wir haben es also diesmal nicht mit einer stochastischen, sondern mit einer deterministischen Policy zu tun, die allerdings kontinuierliche Sensorwerte in kontinuierliche Aktionswerte umwandelt, d. h. $s \in S \subset \mathbb{R}^n$; $a \in A \subset \mathbb{R}^n$.

Für das Verständnis der evolutionären Algorithmen ist die Environment-Klasse, die die Populationen erzeugt und aussiebt sehr wichtig. Dies übernimmt in der vorgestellten Simulation die Klasse RoboCartRacingWorld2D. Nach dem Starten der Simulation wird eine Population von Robotern auf der Strecke erzeugt. Das zunächst chaotische Verhalten ordnet sich zunehmend. Die Roboter erhalten Belohnungen durch das Einsammeln der „Äpfel". Dadurch laden sie auch ihre Energie auf.

Das Szenario enthält viele technische Details, wie die Sensorstrahlen oder die Möglichkeit einzelne Roboter auszuwählen. Zudem lassen sich im Javafx-Loggingmonitor nicht nur der Fitness-Fortschritt, sondern auch die sensorischen Inputs und motorischen Outputs für den jeweils ausgewählten Roboter „live" mitverfolgen. Auch wird das neuronale Netz des ausgewählten Roboters visualisiert.

Der originale MakeBlock Roboter besitzt nur 2 Ultraschallsensoren, um Entfernungen zu messen. In diesem Szenario wurden noch links und rechts ein Abstandssensor hinzugefügt, wodurch sich das Roboterfahrzeug deutlich besser orientieren kann. In der „World"-Unterklasse „RaceTrack" werden die Roboter mit der Funktion „produceRobot" erzeugt. Hier lässt sich auch die 2-sensorische Variante einstellen, indem sie dort bei den Sensoren die Klasse MbRobotSensors4, durch MbRobotSensors ersetzen. Dabei muss noch darauf geachtet werden, dass die Struktur des neuronalen Netzes so angepasst werden muss. Die Größe des Input-Layers muss hierbei der Anzahl der Sensoren entsprechen. Dies geschieht im Konstruktor der Klasse „RaceTrack". Sie sollten sich nicht von der Komplexität der Software abschrecken lassen. Die act-Funktion des Agenten ist denkbar einfach, weil wir bei genetischen Methoden innerhalb des Agenten keine Lernprozesse benötigen, also auch kein individuelles Update, es sei denn, wir nähmen uns vor, die Lernprozesse selbst mit einer evolutionären Strategie zu optimieren.

Act-Methode in „Evolutionary RoboCarts"

```
public void act() {
 s = getState();
 a = policy(s);
 setAction(a);
 move();
 sum_reward += getReward();
 this.gene.fitness = sum_reward;
 if (this.isCrashed()) world.removeCrashed(this);
 if (connectedCursor!=null) world.updateStateCurveMonitors(this, cnt_
steps,s,a);
 cnt_steps++;
}
```

Im Prinzip folgt der im RoboCart-Szenario implementierte Lernprozess dem in Kap. 4 vorgestellten Verfahren der Auswahl und Vermehrung derjenigen Individuen mit der größten Fitness nach dem Abschluss einer Episode, wenn alle Roboter kaputt oder liegengeblieben sind. Die Funktion makeNextGeneration() in der Klasse RoboCartRacingWorld2D wird aufgerufen, wenn festgestellt wurde, dass eine neue Episode gestartet werden muss.

Erzeugung der nächsten Generation aus den selektierten, gekreuzten, neu kombinierten und mutierten Genomen

```
public void makeNextGeneration(int globalX, int globalY){
 robotPopulation = new
            AdaptiveMbRobot[geneticAlgorithm.getGenePool().size()];
 geneticAlgorithm.breedPopulation();
 ArrayList <Genome> currGenePool = geneticAlgorithm.getGenePool();
 int i=0;
```

```
for (Genome gene : currGenePool){
    robotPopulation[i] = produceRobot(gene);
    robotPopulation[i].setCrashed(false);
    addObject(robotPopulation[i],0,0);
    robotPopulation[i].setGlobalLocation(globalX, globalY);
    i++;
}
cnt_crashed=0;
if (jfxMonitor!=null) jfxMonitor.clearEpsiodeData();
}
```

Es ist faszinierend zu beobachten, wie einige Roboter die Strecke schon nach wenigen Generationen gut absolvieren. Mitunter wird auch die originelle Lösung entdeckt, nach Absolvierung einer kurzen Runde nochmal links abzubiegen, um die Äpfel in der Kurve links unten einzusammeln.

Der allgemeine Aufbau dieses Szenarios ist sehr lehrreich und veranschaulicht auch noch einmal die Wurzeln des Reinforcement Learning in der Evolution von angepasstem Verhalten in „situierten" Systemen, die in ihrer Umgebung erfolgreich sein müssen.

Literatur

Alpaydin E (2019) Maschinelles Lernen. 2., erweiterte Auflage. De Gruyter Studium, Berlin/Boston.

Been K, Pavlus, J (2019) A new approach to understanding how machines think. Quantamagazine. https://www.quantamagazine.org/been-kim-is-building-a-translator-for-artificial-intelligence-20190110/

Churchland PS, Sejnowski TJ (1997) Grundlagen zur Neuroinformatik und Neurobiologie. The Computational Brain in deutscher Sprache: vieweg Computational Intelligence

Frochte, J (2019) Maschinelles Lernen: Grundlagen und Algorithmen in Python. 2. Aufl. Hanser, München

Fyfe C (2007) Hebbian learning and negative feedback networks. Advanced information and knowledge processing. Springer (Advanced Information and Knowledge Processing), Dordrecht. http://gbv.eblib.com/patron/FullRecord.aspx?p=371973

Hassabis, D (2014) Deepmind artificial intelligence @ FDOT14. https://www.youtube.com/watch?v=EfGD2qveGdQ

Hebb D (1949) The Organization of Behavior, John Wiley & Sons, New York.

Kandel E (2009) Auf der Suche nach dem Gedächtnis. Die Entstehung einer neuen Wissenschaft des Geistes. Taschenbuchausg. 4. Aufl. Goldmann, München (Goldmann, 15570)

Kavukcuoglu K, Minh V, Silver D (2015) Human-level control through deep reinforcement learning. Nature. https://web.stanford.edu/class/psych209/Readings/MnihEtAlHassibis15NatureControlDeepRL.pdf

Ribeiro MT, Singh S, Guestrin C (2016) „Why should I trust you?" Explaining the predictions of any classifier. In Proceedings of the 22nd ACM SIGKDD international conference on knowledge discovery and data mining. S 1135–1144. https://arxiv.org/abs/1602.04938

Schulman J, Levine S, Abbeel P, Jordan M, Moritz P (2015) „Trust Region Policy Optimization" Proceedings of the 32nd international conference on machine learning, PMLR 37:1889–1897

Schulman J, Wolski F, Dhariwal P, Radford A, Klimov O (2017) „Proximal policy optimization algorithms." https://arxiv.org/abs/1707.06347v2

Sutton RS, Barto A (2018) Reinforcement learning. An introduction. 2., Aufl., The MIT Press (Adaptive computation and machine learning), Cambridge, MA, London

Turing A, On Computable Numbers, with an Application to the Entscheidungsproblem (1937) Proceedings of the London Mathematical Society. Band 42, ISSN 0024-6115, S 230–265. https://londmathsoc.onlinelibrary.wiley.com/doi/abs/10.1112/plms/s2-42.1.230 (Oxford Journals)

Leitbilder in der Künstlichen Intelligenz 6

U. Lorenz, *Reinforcement Learning,* https://doi.org/10.1007/978-3-662-68311-8_6

Zusammenfassung

Der folgende Text beleuchtet den sich abwechselnden Einfluss von kybernetischen und symbolischen Ansätzen in der Geschichte der KI. Es wird die Wichtigkeit von Embodiment und Situiertheit unterstrichen und für eine Integration von modellbasierten und modellfreien Lernansätzen argumentiert. Abschließend wird über das Verhältnis von Mensch und KI reflektiert, wobei Themen wie Willensfreiheit, mögliche Beiträge von KI zur intellektuellen Weiterentwicklung der Menschheit sowie der Einfluss gesellschaftlicher Rahmenbedingungen auf die Technikentwicklung thematisiert werden.

6.1   Grundvorstellungen im Wandel

Eine frühe wegweisende Klassifizierung von Systemverhalten publizierten Arturo Rosenblueth, Norbert Wiener und Julian Bigelow bereits 1943 in einem Artikel der Zeitschrift „Philosophy of Science" (Rosenblueth et al. 1943). Die Veröffentlichung der drei renommierten Wissenschaftler war dazu geeignet, eine Welle von Diskussionen unter Forschern in vielen Disziplinen anzuregen, darunter Philosophen, Biologen, Neurologen und später auch unter Wissenschaftlern im Bereich der aufkommenden Computertechnologie. Eine Besonderheit des Artikels bestand darin, dass bestimmte Formen von Systemverhalten als „absichtsvoll" und damit aus der Perspektive eines unbeseelten Mechanismus heraus als „zweckmäßig" bezeichnet wurden. Dabei erstellten sie eine Klassifikation von Verhalten:

1. aktiv
2. zweckmäßig
3. mit „Feed-back" (teleologisch)
4. vorhersagend („extrapolierend")
5. mit höheren Stufen der Vorhersage („first-, second-, etc. orders of prediction")

Sie bezeichnen Systemaktivitäten dann als „zweckmäßig" bzw. „absichtsvoll", wenn sie nicht zufällig ablaufen, sondern auf ein bestimmtes Ziel hin ausgerichtet sind. Bemerkenswert war dabei, dass Attribute wie „zweckmäßig" und „absichtvoll" als objektiv messbare Eigenschaften eines Systems erscheinen, erkkenbar daran, dass Aktionsauswahlen begründet vom Zufall abweichen. Die Gründe, d. h. die Zielsetzungen eines zweckmäßig handelnden Systems hängen zwar von der Umgebung, dem „Weltkontext" ab, nicht minder jedoch auch von der Aufgabe, die ein System besitzt, d. h. von seiner Bestimmung bzw. vom „Systemkontext". Die intrinsischen Aktivitätsgründe stammen dabei aus äußeren Prozessen und sind im Zusammenhang mit den Ursachen und Gründen der Entstehung des absichtsvoll agierenden Systems zu sehen. Diese grundlegende Aufgabenstellung, welche die intrinsischen Aktivitätsgründe erzeugt bestimmt die Art und Weise der Auseinandersetzung des Systems mit der Umwelt fundamental, auch der Systemaufbau muss den „Interessen" und „Aufgaben" eines Systems entsprechen, er muss die nützliche Umwandlung der Umwelteinflüsse gewährleisten.

Diese „kybernetische" Sichtweise geriet durch die aufkommende Digitaltechnik und unter dem Eindruck der Leistungsfähigkeit dieser Symbolverarbeitungsmaschinen vorläufig in den Hintergrund. Dominant wurde eine Sichtweise, die heute häufig mit dem Stichwort „GOFAI" bezeichnet wird. In diesem Ansatz werden „Zielsetzungen" als logische „Problemstellungen" aufgefasst, wie in der 1975 von Allen Newell und Herbert A. Simon aufgestellte Physical Symbol Systems Hypothesis (PSSH). Die PSSH besagt, dass ein physisches Symbolverarbeitungssystem „im Prinzip die notwendigen und hinreichenden Bedingungen für intelligentes Handeln"[1] bereitstellt. Der traditionelle GOFAI-Ansatz fügte dieser Hypothese noch die Grundannahme hinzu, geistige Vorgänge seien im Prinzip selbst Vorgänge der logischen Symbolverarbeitung. Im traditionellen Symbolverarbeitungsparadigma der K.I. geht man davon aus, dass Symbole und Symbolstrukturen mit bestimmten Elementen oder Prozessen aus der Umgebung des Systems verknüpft werden können. Die Symbolstrukturen im Speicher des Computersystems sollen also für etwas in der äußeren Welt stehen, wodurch diese Umwelt modellhaft im Inneren der Maschine nachgebildet wird. Die Symbole werden dabei als „Bedeutungsträger" aufgefasst. Auf der Basis des Umgebungsmodells, welches die Wirklichkeit repräsentieren soll, wird operiert, um die beste die Ausgabeoption zu berechnen.

Der rein „modellbasierte" Ansatz geriet durch Kritiken aus verschiedenen Richtungen stark unter Druck. Eine Fundamentalkritik formulierte z. B. Rodney A. Brooks. In seinem Artikel „Intelligence Without Reason" (Brooks) bemängelt er, dass die bisherigen Ideen wesentlich durch die technologischen Einschränkungen der verfügbaren Computertechnologie beeinflusst wurden. Seine Argumente gegen den traditionellen Ansatz stützt er zum einen auf Ergebnisse der biologischen Verhaltensforschung mit Theorien in denen Begriffe wie „motivationaler Wettkampf", „Enthemmung" und „dominantes und subdominantes Verhalten" usw. eine Rolle spielen. Es seien in biologischen Systemen keine expliziten inneren Repräsentationen zu finden, zweckmäßiges Verhalten werde durch „komplexe interne und externe Rückkopplungs-Schleifen" hervorgebracht. Weiterhin führt er an, es sei vollkommen unrealistisch vollständige, objektive Weltmodelle zu erstellen. Die experimentellen „Erfolge" des traditionellen Ansatzes beruhten ausschließlich auf sehr sorgfältig konstruierten, abstrakten „Mini-Welten" („blockworlds"). Auch Ansätze mit „beschränkter Rationalität", bspw. von Russell, weist er als einen Versuch zurück, traditionelle KI mit ihren prinzipiellen Problemen in ein System mit endlicher Rechenkapazität hineinzuquetschen.

Die unlösbaren praktischen Probleme münden in die Diskussionen zum sog. „Rahmen"- oder „Frame-Problem". Wo es im Prinzip um die Frage geht, wie eine adäquate und effiziente Umweltrepräsentation gefunden werden kann. Es stellte sich dabei heraus, dass „Relevanz" nicht unabhängig von konkretem Handeln definiert werden kann. Ein Beispiel soll dies verdeutlichen: Wenn z. B. ein Auto gegen einen Apfelbaum fährt,

---

[1] Aus Gerhard Strube „Wörterbuch der Kognitionswissenschaft".

dann ist nicht nur das Auto kaputt, sondern vielleicht auch der Fahrer, der Baum usw., die Vögel sind weggeflogen, die Äpfel sind heruntergefallen etc. pp. Wie soll man alle Zusammenhänge erkennen und speichern? Dies ist offenbar nicht möglich. Wie soll nun ein rein „wissensbasiertes" System zwischen relevanten und uninteressanten Informationen unterscheiden? Das einzige vollständige „Modell" der Welt wäre die Welt selbst, und dieses „Modell" ist billiger zu haben, wir stünden damit wieder am Ausgangspunkt.

Ein weiteres Argument unterstreicht, dass es bei geistigen Tätigkeiten im Allgemeinen z. B. bei wissenschaftlichen Untersuchungen nicht nur um die Produktion von Lösungen für vorgegebene Probleme, sondern auch um die richtige Produktion der Probleme selbst geht. Das Argument ist in Bezug auf die KI-Forschung auf zwei Ebenen relevant: zum einen für die künstlichen Systeme mit eigenen Zielen, die als „Agenten" aufgefasst werden müssen und einen eigenen Bewertungsmaßstab – Stichwort „Reward"-Funktion – besitzen, zum anderen aber auch für die wissenschaftliche Untersuchung von Künstlicher Intelligenz selbst. Der französische Philosoph Henrí Bergson (1859–1941) weist darauf hin vgl. (Bergson 1991), dass aus der impliziten Problem- und Zielstellung die Perspektive und die „Beleuchtung", also im Prinzip unser komplettes Bild, eines Gegenstandes hervor geht. Ist diese „Beleuchtung" und die Perspektive aufgrund falscher Problem- oder Zielstellungen ungenügend, dann bleibt nicht nur der Gegenstand, sondern auch die Lösung dunkel. Beleuchtet man dagegen einen wissenschaftlichen Gegenstand richtig und stellt man die richtigen Fragen, ergibt sich die Lösung beinahe von selbst. Das heißt, dass es wir es in der Grundlagenforschung nicht nur mit falschen Lösungen, sondern vor allem auch mit falsch gestellten Problemen zu tun haben. Die GOFAI-Implikation, Intelligenz beim Menschen – viel mehr noch beim Tier – geht im Wesentlichen aus einem symbolischen Weltmodell hervor, beruhte auf falschen Voraussetzungen und Zielstellungen.

Aus der Unmöglichkeit, die Welt vollständig und effektiv symbolisch, also in der Sphäre „reinen Wissens" zu modellieren, folgt allerdings nicht, dass es unmöglich ist, mit elektronischen, auch digitaltechnischen, Mitteln „kognitive Apparate" nachzubilden. Gemeinhin wird angenommen, dass das in der Tradition der Mechanik und der Logik entwickelte seriell-algorithmische Maschinenmodell im Vergleich bspw. zum menschlichen Gehirn nur eingeschränkte Fähigkeiten besitzt. Allerdings ist vielmehr das Gegenteil der Fall: Computersysteme sind in ihrer Funktionsweise viel allgemeiner angelegt als biologische kognitive Systeme, sie können nicht nur das Handeln von Agenten steuern und bspw. deren Überleben und Fortpflanzung sichern, sondern auch Filme abspielen oder Atombombenexplosionen simulieren. Sie sind eher mit einem Baukasten, als mit einem kognitiven System vergleichbar, welches die Aufgaben des täglichen Lebens zu bewältigen hat. Es ist daher vielleicht nicht ganz zutreffend, wenn Brooks meint, die unzulängliche KI-Problemstellung beruhe auf den „Einschränkungen" der digitalen Hardware. Zutreffender ist wohl vielmehr, dass der Fehler darin bestand, dass die an formalen Kalkülen orientierten Konstruktionsprinzipien des Rechners auf die Ebene der Produktion von intelligentem Verhalten übertragen worden sind.

In modellfreien Ansätzen verzichtet man auf die Konstruktion expliziter Umweltrepräsentationen und konzentriert sich auf die Untersuchung der Kognition, als „die zwischen Wahrnehmung und Motorik intervenierenden Prozesse"[2]. Der Ausgangspunkt ist zunächst behavioristisch: von zentralem Interesse ist das richtige Verhältnis des Systems zu seiner Umgebung, und nicht die „richtige" innere Organisation. Ein kognitives System besitzt demnach eine vermittelte Wechselwirkung von Perzeption und Motorik, wodurch bedingte Aktionen ermöglicht werden. Beim „Lernen" wird die Kommunikation dieser Elemente justiert, bis das System als Ganzes die gewünschte Beziehung zwischen Ein- und Ausgabe aufweist.

Die verhaltensbasierte Auffassung von „Lernen" erwies sich als außerordentlich tragfähig. Lernen wird nun, genau so, wie wir es im Zusammenhang mit dem „Reinforcement Learning" aufgefasst haben, als ein Prozess verstanden, durch den sich ein gegebenes Systemverhalten so verändert, dass es immer besser bestimmten Gütekriterien entspricht. In der Natur sind diese Gütekriterien phylogenetisch gewachsen und in der Regel an der „Lebens- und Fortpflanzungsfähigkeit" orientiert. In künstlichen Systemen sollten sie an der Aufgabe ausgerichtet sein, die das System für den Menschen erfüllen soll. Adaptionsprozesse sind nun wieder Rückkopplungsprozesse die im Wesentlichen aus zwei Teilen bestehen:

1. „Aktion": antizipatives Verhalten auf der Grundlage gegebener innerer und äußerer Bedingungen
2. „Kritik": konstruktive Korrektur des Systems durch innere oder äußere Prozesse

Aufgabe des „kritischen" Prozesses ist es, „richtige" Anteile zu verstärken und „falsche" zu reduzieren. Dies trifft übrigens auch auf „überwachtes Lernen" zu. Solche Lernverfahren bieten die Möglichkeit innere Nachbildungen der äußeren Umwelt zu vermeiden. Die Problematik besteht nun darin, die „Wirkungsrichtung" des „kritischen Moments" richtig zu konstruieren, d. h. den Lernmechanismus derart zu implementieren, dass sich der Systemkörper durch die Rückmeldungen aufgabenorientiert optimiert. Die kognitiven Komponenten als aktivitätsleitende Bindeglieder zwischen Sensorik und Motorik, haben nun zunächst einmal nicht die Aufgabe ein Umweltmodell zu produzieren, sondern zweckmäßiges Systemverhalten zu erzeugen.

Im biologischen Bereich müssen sich alle Bestandteile des „Systemkörpers", also die sensorischen, vegetativen, motorischen usw. Komponenten, ständig hinsichtlich der Aufgaben des lebendigen Systems bewähren. Wenn sich aber alle Teile des Systemkörpers in ihrer Zweckmäßigkeit permanent bewähren müssen, so wird der Körper insgesamt zu einem Ausdruck der realisierten Verhaltensformen. Verhaltensänderungen werden damit zugleich Änderungen am Systemkörper. Dies führt uns zu der Schlussfolgerung, dass es keine universell gültigen Voraussetzungen bezüglich der Konstitution eines Systemkörpers geben kann, die unabhängig vom Systemkontext sind. Da die von Maschinen oder künstlichen Agenten zu lösenden Aufgaben deutlich von denen abweichen können,

---

[2] Ebenda.

vor die sich biologische Organismen gestellt sehen, können auch die entsprechenden ma-schinellen „Körper" weit von dem abweichen, was man im herkömmlichen biologischen Sinne unter einem Körper versteht. Warum soll ein Texterkennungssystem oder ein Schachcomputer ein „Embodiment" im biologischen Sinn besitzen? Hierfür werden nur die entsprechenden Ein- und Ausgabeeinheiten, sowie die rechnerischen Verarbeitungs-kapazitäten benötigt.

Die Krisis der GOFAI-Ideen beantwortete Brooks mit Begriffen wie Körperlichkeit („embodiment") und Situiertheit („situatedness"). „Embodiment" verweist auf die Be-deutung eines Körpers, ohne den ein künstliches System keine Möglichkeit hat, sinnlich mit der Welt zu interagieren und sie zu erfahren. Ein intelligentes System ist für Brooks nicht in erster Linie ein intelligent „denkendes", sondern ein intelligent handelndes Sys-tem. Echte Intelligenzleistungen sind für ihn ohne Körperbezogenheit nicht denkbar. „Situiertheit" meint eine permanente Wechselwirkungsbeziehung eines Systems mit der Umwelt, in die es eingebettet ist. Es geht ihm hierbei allerdings nicht nur darum auf diese „Einbettung" zu verweisen, sondern auch die Nutzlosigkeit von Plänen innerhalb eines abstrakten, expliziten Weltmodells zu behaupten. Obwohl er wichtige Aspekte an-spricht und viele fruchtbare Diskussionen angeregt hat, schießt dies offenbar über das Ziel, also über das für uns Nützliche, hinaus.

Wenn klar ist, dass kognitive Prozesse und Umweltmodelle nur dem kompetenten Verhalten dienen, dann können diese symbolischen „Umweltmodelle" wieder eine Rolle spielen. Sutton und Barto als die wichtigsten Pioniere des Reinforcement Learnings zei-gen den Weg auf, wenn sie darauf hinweisen, dass es darum gehen muss, diese „ideo-logische" Auseinandersetzung zurück zu lassen und die modellfreien mit den modell-basierten Ansätzen zu kombinieren. Es ist spannend, wie sie z. B. beim Dyna-Q das Modell dazu nutzen virtuelle Beobachtungen zu erzeugen. Das „Modell" dient hier dazu „billige" Beobachtungen zu generieren, die die modellfreie Basis optimieren. Historisch gesehen boten sich die modellfreien Ansätze zunächst als effektivere Methoden des ma-schinellen Lernens an. Dies hat sich geändert. Es deutet sich an, dass modellbasierte Er-gänzungen dazu dienen können, die modellfreien Methoden effizienter zu machen, ge-rade auch in komplexeren Umwelten mit wenigen oder „weit entfernten" Zielzuständen.

Technischer und wissenschaftliche Fortschritt fällt nicht durch geniale Einfälle un-vermittelt vom Himmel, auch wenn manchmal bahnbrechende Ideen einen sprunghaften Fortschritt erzeugen. Das erste Auto sah noch fast wie eine Kutsche aus. Fortschritt ent-steht durch „schreiten", also durch „machen", durch das Aufstellen von Hypothesen, das Bauen von Prototypen und dessen Kritik, durch Prüfen, Anpassen, Beobachten und Verbessern. Es war vielleicht nicht richtig mit einem „wissens-" bzw. „modellbasierten" Ansatz zu beginnen, genauso wenig sind allerdings auch die modellfreien Methoden der „Weisheit letzter Schluss". Gegenwärtig zeichnet sich das Bild eher so ab, dass taktik-basiertes, bewertungsorientiertes, also modellfreies Lernen und modell- bzw. wissens-basierte Methoden aufeinander aufbauen (vgl. auch Abschn. 4.5), was auch mit Hinblick auf die Abfolge in der evolutionären Entstehungsgeschichte der natürlichen Kognition eine gewisse Plausibilität besitzt.

6.2   Über das Verhältnis von Mensch und Künstlicher Intelligenz

„In der Logik der KI gibt es keine Willensfreiheit. Maschinen tun das, wofür sie programmiert worden sind. Sie verhalten sich so, wie sie sollen." Dies wurde von Julian
Nida-Rümelin in einem Artikel im Wissenschaftsmagazin der Max-Planck-Gesellschaft
„MaxPlanckForschung" (Ausgabe 2/19) so formuliert. In dem Artikel wird auch sein aktuelles Buch „Digitaler Humanismus", das er zusammen mit Nathalie Weidenfeld ver-
fasst hat, vorstellt. Vielleicht ist der Leser, auch nach der Lektüre dieses Buchs, ebenfalls
skeptisch, ob Herr Nida-Rümelin mit dieser Aussage noch richtig liegt.

> „Computers aren't supposed to be creative; they're supposed to do what you tell them to. If
> what you tell them to do is be creative, you get machine learning." (Domingos 2015)

Der Google Translator übersetzt diesen Satz von Petro Domingos so ins Deutsche:
„Computer sollen nicht kreativ sein. Sie sollen das tun, was Sie ihnen sagen. Wenn
Sie ihnen sagen, dass sie kreativ sein sollen, erhalten Sie maschinelles Lernen." Kein
Programmierer hat dem Google Translator einprogrammiert, wie er diesen Satz über-
setzen soll. In solchen Übersetzern, wie z. B. auch im DeepL-Translator spielen komplexe neuronale Netzwerke eine Rolle, deren Verhalten durch Training mit Textbei-
spielen erzeugt wurde.

Den Computer nur als einen Rechenautomat zu verstehen, welcher Symbole manipuliert und dabei mechanisch zu mehr oder weniger sinnvollen Ergebnissen kommt, je
nachdem wie gut die Regeln festgelegt wurden, nach denen diese Manipulation stattfindet, entspricht sicherlich nicht mehr dem Stand der Entwicklung. Moderne Softwaresysteme mit den Begriffen des mechanischen Rechnens zu beschreiben, ähnelt dem Versuch z. B. einen Regenwurm mit dem Atommodell zu beschreiben, allein wenn man bedenkt, dass für Privatanwender heute Rechner im Bereich von zweistelligen TFlops (=
Tausend Milliarden Fließkommaoperationen) verfügbar sind und zugleich viele Milliarden Bits an Arbeitsspeicher Standard sind.

Von einer neuen Technologie, wie dem maschinellen Lernen gehen natürlich auch
Gefahren aus, die nur durch verantwortungsbewussten und kompetenten Einsatz der
Technik und entsprechende gesetzliche Regeln eingegrenzt werden können. In der oben
zitierten Kritik von Rümelin stehen die Gefahren durch die neue Technik jedoch nicht
im Mittelpunkt. Er sieht vielmehr den klassischen Humanismus wegen dem naturalisti-
schen, bzw. materialistischen Ansatz der KI-Forschung in Gefahr und nimmt eine Ver-
teidigungshaltung ein. „Der digitale Humanismus transformiert den Menschen nicht in
eine Maschine und interpretiert Maschinen nicht als Menschen." heißt es in dem Artikel.
„Er hält an der Besonderheit des Menschen und seinen Fähigkeiten fest und bedient sich
der digitalen Technologien, um diese zu erweitern, nicht um diese zu beschränken."

Die Erforschung geistiger Prozesse ist allerdings ein zutiefst humanistisches An-
sinnen, das im Übrigen mit den grundlegenden Fragestellungen der Philosophie

zusammengeht. Bisher konnte man sich dieser Aufgabe nur durch Nachdenken und Diskutieren widmen, man war also allein auf die Benutzung seines Gehirns angewiesen. Mit der modernen Digitaltechnik und ihren Möglichkeiten der Simulation steht uns für diese Forschungsarbeit ein neuartiges Instrument zur Verfügung, das uns aufregende neue Erkenntnisse und Möglichkeiten liefert. Aus dieser Warte heraus betrachtet ermöglicht uns die naturalistische Sichtweise gerade, uns „der digitalen Technologien [zu bedienen,] um diese [menschlichen Fähigkeiten und Besonderheiten] zu erweitern, nicht um diese zu beschränken.". Die Philosophie wird durch diese Technik eigentlich um einen empirischen Bereich erweitert. Es wird möglich, philosophische Erkenntnisse oder Fragen, z. B. im Zusammenhang mit dem Verhältnis von Bewusstsein, Geist und Materie, Subjekt und Objekt, Freiheit und Determinismus, Symbol und Begriff usw. aus einer neuen Perspektive heraus zu betrachten und auch experimentell zu untersuchen. Ist nicht gerade die Ansicht einschränkend und mythologisch, dass für uns die Prinzipien der Intelligenz und des Denkens letztlich unbegreiflich bleiben müssen?

Anthropologisch gesehen ist das große Gehirn mit seinen Fähigkeiten zu Sprache, instrumenteller Intelligenz, Empathie usw., mit seinen Möglichkeiten Handlungsziele und Handlungsgründe anderer zu erkennen und diese überindividuell zu teilen, sicherlich ein ganz charakteristisches Merkmal des Menschen, vielleicht so, wie der übergroße Schnabel beim Storch oder der Nagezahn des Bibers.

Trotzdem wird unser „besonders sein" durch die Erfindung „intelligenter" Maschinen nicht infrage gestellt. Bei der Arbeit mit gehandicapten Menschen an einem inklusiven Bildungszentrum, mit hochbegabten Teenagern bis hin zu schwer beschädigten Kindern und Jugendlichen konnte der Autor dieser Zeilen feststellen, dass „Intelligenz" für die Definition von „Menschlichkeit" überhaupt keine Rolle spielt.

Das was für uns das „Besondere des Menschen" darstellt, wird durch eine teilweise Überflügelung unserer biologischen Fähigkeiten durch Maschinen im Prinzip genauso wenig infrage gestellt, wie es durch die Erfindung des Baggers geschehen ist, obwohl dieser unsere Fähigkeiten in gewisser Weise bei Weitem übertrifft. Weiterhin beruhigt vielleicht auch der Gedanke, dass es selbst einer hypothetischen übermenschlich komplexen K.I., auf Grund ihres anderen „Embodiments" und ihrer radikal unterschiedlichen Entstehungsgeschichte immer verwehrt bliebe, wirklich zu wissen, wie es sich „anfühlt" ein Mensch zu sein. Genauso wenig wie wir nachvollziehen können, wie es sich „anfühlt" z. B. eine Honigbiene zu sein.

Der Stand der Forschung ist beim Reinforcement Learning mittlerweile so, dass wir nicht nur viel Wichtiges von der Funktionsweise der neuen autonom agierenden intelligenten Agenten lernen können, sondern das es mitunter auch sehr spannend sein kann, die von diesen „intelligenten" Algorithmen erzeugten Ergebnisse zu untersuchen. Garry Kasparow (ehemaliger Schachweltmeister) meinte zu den Leistungen des von Google DeepMind entwickelten Agenten AlphaZero:

> „Ich bin erstaunt darüber, was man von AlphaZero und grundsätzlich von KI-Programmen lernen kann, die Regeln und Wege erkennen können, die Menschen bisher verborgen geblieben sind. Die Auswirkungen sind offenbar wunderbar und weit jenseits von Schach und

anderen Spielen. Die Fähigkeit einer Maschine, menschliches Wissen aus Jahrhunderten in einem komplexen, geschlossenen System zu kopieren und zu überflügeln, ist ein Werkzeug, das die Welt verändern wird."

Es kann sein, dass sich bald ein größerer Teil der Wissenschaftler mit der Analyse der von künstlichen Intelligenzen erzeugten Ergebnissen befasst. Die Systeme stellen auch keine „Blackboxes" dar, sondern gewähren dem Menschen ohne jeglichen Widerstand einen vollständigen Einblick in die stattfindenden Abläufe. Das Problem besteht darin, die Komplexität zu durchschauen und die Regeln zu entdecken, nach denen die Maschine die „Kompetenzen" erzeugt hat. Es gibt bereits heute etliche Forschungen darüber, wie die Prozesse des maschinellen Lernens nachvollziehbar und transparent gemacht werden können, das Stichwort hierfür lautet „explainable artificial intelligence", kurz „XAI".

Manche befürchten, dass der Mensch durch K.I. zum „Auslaufmodell" wird. Da der „Mensch" Gestalter der Technikentwicklung ist, würde dies heißen, dass sich der Mensch mit der K.I. selbst „entsorgt". Ideen, die Dinge bewirken, die gemeinhin ungewollt sind, sollten als „falsch" identifiziert werden, weil diese nicht nur sinnlos, sondern auch schädlich sind. Allerdings, – warum betrachten sich Menschen, ob „up to date" oder „auslaufend", eigentlich als ein „Modell"? Es gibt tatsächlich eine merk- und kritikwürdige Gleichsetzung von Mensch und Maschine.

Um diese Gleichsetzung aufzulösen, müssen wir allerdings nicht die K.I. beseitigen. Als zweckfrei geschaffene Wesen müssen und sollten wir nicht „funktionieren". Es ist doch fantastisch, dass wir Möglichkeiten schaffen können, die „funktionalen Aufgaben" – also Aufgaben, die „Inputs" in „Soll-Outputs" verwandeln – auf Maschinen zu übertragen. Zwar hätte der biologische „Maschinenmensch" damit tatsächlich ausgedient. Der „echte Mensch" allerdings muss, wenn er glücklich werden will, Aufgaben von gänzlich anderer Art bewältigen als die, vor die wir unsere Maschinen stellen.

Was möchten und sollten wir überhaupt an Maschinen übertragen, und was wollen wir lieber selber in der Hand behalten? Auch sollten sich künstliche intelligente Systeme nie „sicher" sein, dass sie die Aufgabe und den Beweggrund des Menschen richtig verstanden haben, insbesondere, wenn es um Entscheidungen geht. Die lernfähigen maschinellen Systeme müssen uns ihre Entscheidungsgrundlagen transparent machen und uns ggf. das letzte Wort überlassen. Die Widersprüche und Probleme der menschlichen Gesellschaften werden sich in ihnen notwendigerweise abbilden Es ist klar, dass bei der Übergabe von Aufgaben an Maschinen einiges beachtet werden muss. Viele kluge Menschen machen sich darüber seit langem Gedanken. Lernende Systeme werden von ihrem Umweltsystem geformt und wirken auf dieses zurück. Zentraler Dreh- und Angelpunkt des Umweltsystems komplexerer K.I.s muss der Mensch mit seinen Bedürfnissen sein, was durch entsprechende Feedbackmechanismen gewährleistet werden muss, die die KIs auf unsere Bedürfnisse hin ausrichten. Dies kann z. B. auch das Bedürfnis „in Ruhe gelassen zu werden" beinhalten. Leider steht zu befürchten, dass in unserem derzeitigen gesellschaftlichen Zustand mit diesen ins Haus stehenden Werkzeugen einiger schrecklicher Unsinn getrieben werden wird.

Es ist eine alte Diskussion: Sollte eine Technikentwicklung unterbunden werden, wenn sich Unternehmen und Staaten auf eine Weise dieser Technik bedienen, die Menschen – etwa durch Arbeitslosigkeit oder Kriege – in Mitleidenschaft zieht? Aussichtsreicher dürfte es sein, zuerst die Grundlagen der negativen Entwicklungen, also z. B. rücksichtslose Profitmaximierung, infrage zu stellen. Andersfalls werden diese Probleme immer wieder neu erzeugt. Wenn z. B. Suchmaschinen oder „soziale" Netzwerke die Daten der Nutzer so verwerten, dass diese manipuliert oder entmündigt werden, wäre es dann nicht sinnvoller, diese technische Infrastruktur bspw. durch gemeinnützige Stiftungen oder durch unabhängige öffentliche Anstalten nach transparenten Regeln und demokratisch beeinflussbaren Zielstellungen zu betreiben? Solche ursächlichen Änderungen würden auch eine andere Technikentwicklung nach sich ziehen, – vielleicht eine, die uns tatsächlich den erhofften allseitigen globalen Austausch, neue spannende Einsichten, eine in höchstem Maße zweckmäßige Verarbeitung von Informationen jeglicher Art und die Beseitigung von unfreiwilliger, belastender Arbeit ermöglicht.

Literatur

Bergson H (1991) Materie und Gedächtnis. Eine Abhandlung über die Beziehung zwischen Körper und Geist. Meiner (Philosophische Bibliothek, 441), Hamburg
Brooks RA (1991) Intelligence without reason. IJCAI 91:569–595
Domingos P. (2015) The master algorithm. How the quest for the ultimate learning machine will remake our world. Basic Books, New York.
Rosenblueth A, Wiener N, Bigelow J (1943) Behavior, purpose and teleology. Philos Sci 10:18–24

Printed in the United States
by Baker & Taylor Publisher Services